内蒙古师范大学
70周年校庆
70th ANNIVERSARY OF
INNER MONGOLIA NORMAL UNIVERSITY

1952 – 2022

U0178905

内蒙古师范大学七十周年校庆
学术著作出版基金资助出版

构造非线性波方程行波解的 Weierstrass 椭圆函数法

斯仁道尔吉 著

科 学 出 版 社

北 京

内 容 简 介

本书以求解非线性波方程的辅助方程法为研究对象，构造辅助方程的 Weierstrass 椭圆函数解并通过引入 Weierstrass 椭圆函数转换为 Jacobi 椭圆函数的转换公式而系统建立了构造非线性波方程行波解的 Weierstrass 椭圆函数法. 主要内容包括一般椭圆方程的 Weierstrass 椭圆函数公式解、Weierstrass 型 Riccati 方程展开法、Weierstrass 型 F-展开法、Weierstrass 型第三种椭圆方程展开法、Weierstrass 型辅助方程法和 Weierstrass 型第四种椭圆方程展开法、三种 Weierstrass 型高阶辅助方程法和三种 Weierstrass 型子方程展开法等.

本书可供理工科高年级本科生和研究生以及相关科技人员阅读参考.

图书在版编目 (CIP) 数据

构造非线性波方程行波解的 Weierstrass 椭圆函数法/斯仁道尔吉著. —北京：科学出版社，2022.5

ISBN 978-7-03-071556-2

Ⅰ. ①构⋯ Ⅱ. ①斯⋯ Ⅲ. ①魏尔斯特拉斯点-椭圆函数-研究 Ⅳ. ①O187
②O174.54

中国版本图书馆 CIP 数据核字(2022) 第 029328 号

责任编辑：胡庆家 李 萍／责任校对：彭珍珍
责任印制：吴兆东／封面设计：无极书装

科 学 出 版 社 出版
北京东黄城根北街 16 号
邮政编码：100717
http://www.sciencep.com
北京中科印刷有限公司印刷
科学出版社发行 各地新华书店经销
*
2022 年 5 月第 一 版 开本：720×1000 1/16
2025 年 1 月第三次印刷 印张：12 1/8
字数：245 000
定价：98.00 元
(如有印装质量问题，我社负责调换)

前　　言

许多非线性波方程都具有 Weierstrass 椭圆函数解是不争的事实, 并且 Weier-strass 椭圆函数解通常可以退化到 Jacobi 椭圆函数解. 而 Jacobi 椭圆函数解当模 $m \to 1$ 和 $m \to 0$ 时分别给出非线性波方程的孤立波解和三角函数周期解. 这充分说明, 在构造非线性波方程的精确行波解时 Weierstrass 椭圆函数的作用远比 Jacobi 椭圆函数的作用大. 然而, 人们却投入大量的精力研究用 Jacobi 椭圆函数求解非线性波方程的问题, 提出多种 Jacobi 椭圆函数展开法, 甚至已经开发出实现这些 Jacobi 椭圆函数展开法的自动程序. 与此相比, 对于 Weierstrass 椭圆函数在求解非线性波方程中的应用方面的研究几乎处于空白, 不但没有形成系统的方法, 而且连现成的公式都几乎无人问津.

经过研究发现, 建立一个类似 Jacobi 椭圆函数展开法的 Weierstrass 椭圆函数展开法具有较大的难度. 首先, 没有可循的寻找给定辅助方程的 Weierstrass 椭圆函数解的方法. 其次, 就算有了辅助方程的 Weierstrass 椭圆函数解, 按照辅助方程法通过求解代数方程组难以确定截断形式级数解中的待定参数. 最后, 将现成的 Weierstrass 椭圆函数转换为 Jacobi 椭圆函数的公式代入 Weierstrass 椭圆函数解后得到的所有解未必完全正确.

那么, 作者为何挑战上述困难而做建立新方法的工作呢? 究其原因, 一是作者研究辅助方程法多年, 发现该领域中存在的诸多问题并在澄清的基础上出版《非线性波方程的行波解——辅助方程法理论与应用》一书, 感觉还缺少构造非线性波方程的 Weierstrass 椭圆函数解的系统化的工作, 并下决心攻克这一课题; 二是作者认为尽管这是一项基础研究工作, 提出的是新方法, 值得为此做出努力, 这远比跟踪他人的方法或热点课题做零星研究更有意义.

作者以原有的 Riccati 方程展开法、辅助方程法、F-展开法等主要方法为视角, 给出与这些方法对应的辅助方程的 Weierstrass 椭圆函数解, 经过改造截断形式级数解的形式, 并引入和应用 Weierstrass 椭圆函数解的转换公式等, 从而建立了相应的 Weierstrass 型辅助方程法.

更进一步, 作者还引入三个新的高阶辅助方程, 并提出相应的 Weierstrass 型辅助方程法, 从而丰富了辅助方程法的研究内容并拓宽了它的应用领域, 为发现非线性波方程的解提供了新工具.

作者提出的这些 Weierstrass 型辅助方程法, 其优点在于能够给出非线性波方程的由原有方法得到过的旧解, 同时会提供大量的新解. 不过, Weierstrass 型辅助方程法的计算过程冗长而复杂. 为节省篇幅, 书中省略了中间的计算和简化过程而只列出结果. 好在这些中间简化过程用的是三角函数与双曲函数的基本公式, 因此不会对读者自行推导产生困难.

作者努力做到系统化地阐述所引入的新方法, 详尽清晰地介绍相关概念并争取达到自己满意的程度. 现如今, 自己认为已实现预期目标, 终于将本书出版并分享给读者.

本书由四章组成. 第 1 章简要介绍辅助方程法和 Jacobi 椭圆函数展开法, 阐述一般椭圆方程的 Weierstrass 椭圆函数公式解. 并建立构造非线性波方程 Weierstrass 椭圆函数解的 Weierstrass 型 Riccati 方程展开法. 第 2 章建立构造非线性波方程 Weierstrass 椭圆函数解的四种椭圆方程, 即 Weierstrass 型 F-展开法、Weierstrass 型第三种椭圆方程展开法、Weierstrass 型辅助方程法和 Weierstrass 型第四种椭圆方程展开法. 第 3 章建立 Weierstrass 型高阶辅助方程法, 包括第一种和第二种 Weierstrass 型二阶辅助方程法以及一个 Weierstrass 型三阶辅助方程法. 第 4 章给出三种 Weierstrass 型子方程展开法.

特别感谢内蒙古师范大学对本书出版经费的资助, 也感谢内蒙古师范大学数学科学学院领导的大力支持. 感谢科学出版社胡庆家编辑对本书的出版所付出的辛勤劳动与给予的无私帮助.

本书为庆祝内蒙古师范大学建校七十周年而撰写, 时间紧迫, 准备仓促, 加之作者的水平和能力有限, 书中难免出现不当之处, 恳请读者批评指正.

斯仁道尔吉

2021 年 9 月

目　　录

第 1 章　辅助方程法初步

1.1　辅助方程法简介

辅助方程法是将一个辅助常微分方程的某个解为项的截断形式级数展开式代入非线性波方程后将其化为代数方程组, 再借助计算机代数系统进行求解, 从而构造非线性波方程的截断形式级数解的代数方法, 如扩展双曲正切函数法、通用 Riccati 方程展开法、辅助方程法、一般椭圆方程展开法、通用 F-展开法等[1].

通常一个给定的非线性波方程可以通过行波变换转化为行波约化的常微分方程, 然后引入一个以这个行波的相位为自变量且解为已知的辅助常微分方程, 再适当选择以辅助方程的解为项的截断形式级数展开式并将其代入行波约化的常微分方程, 从而将求解非线性波方程的问题转化为求解代数方程组的问题, 这是实现辅助方程法的基本思路.

假设给定了一个 $(1+1)$-维非线性波方程

$$H(u, u_x, u_t, u_{xx}, u_{xt}, u_{tt}, \cdots) = 0, \tag{1.1}$$

这里函数 H 一般为所示变元的多项式且含有未知函数的非线性项及线性最高阶导数项.

作行波变换

$$u(x, t) = u(\xi), \quad \xi = k(x - ct) + \xi_0, \tag{1.2}$$

其中 $\xi = k(x - ct) + \xi_0$ 为行波的相, k 为波数, c 为波速, ξ_0 为初相.

通过变换 (1.2) 可将方程 (1.1) 转化为常微分方程

$$G(u, u', u'', \cdots) = 0, \tag{1.3}$$

这里 G 是所示变元的多项式, 而 $u' = \dfrac{du}{d\xi}, u'' = \dfrac{d^2u}{d\xi^2}, \cdots$.

用辅助方程法求解非线性波方程的具体步骤可概括为如下四步.

第一步　通过行波变换 (1.2) 把给定的非线性波方程 (1.1) 转化为常微分方程 (1.3).

第二步　引入以 $F = F(\xi)$ 为未知函数、相位 ξ 为自变量的辅助常微分方程

$$A\left(F, \frac{dF}{d\xi}, \frac{d^2F}{d\xi^2}, \cdots\right) = 0, \tag{1.4}$$

且已知它的一个解 $F = F(\xi)$, 则可设方程 (1.3) 具有如下截断形式级数解

$$u(\xi) = \sum_{i=0}^{n} a_i F^i(\xi), \tag{1.5}$$

其中 a_i $(i = 0, 1, \cdots, n)$ 为待定常数, n 称为平衡常数, 可令方程 (1.3) 中的线性最高阶导数项与最高幂次的非线性项相互抵消而确定.

第三步　将 (1.5) 同辅助方程 (1.4) 一起代入方程 (1.3) 后令 F 的各次幂的系数等于零, 则得到以 a_i $(i = 0, 1, \cdots, n), k, c$ 为未知数的非线性代数方程组.

第四步　利用计算机代数系统求解第三步中得到的非线性代数方程组, 并将所得到的每组解代回 (1.5) 后通过变换 (1.2), 则得到方程 (1.1) 的精确行波解.

辅助方程法的上述步骤中有两个关键点. 其一, 如何选择辅助方程 (1.4) 及其解. 其二, 如何确定截断形式级数解 (1.5). 下面来回答这两个问题.

当辅助方程 (1.4) 为一阶常微分方程时, 通常取如下两种形式

$$F'(\xi) = \sum_{i=0}^{m} c_i F^i(\xi), \tag{1.6}$$

$$F'^2(\xi) = \sum_{i=0}^{m} c_i F^i(\xi), \tag{1.7}$$

其中 $F' = \dfrac{dF}{d\xi}$, 方程的系数 c_i $(i = 0, 1, 2, \cdots, m)$ 为常数, m 为正整数.

当 $m = 2$ 时, 辅助方程 (1.6) 为 Riccati 方程

$$F'(\xi) = c_0 + c_1 F(\xi) + c_2 F^2(\xi), \tag{1.8}$$

它对应于通用 Riccati 方程展开法, 而 Riccati 方程的解为

$$F(\xi) = \begin{cases} -\dfrac{c_1}{2c_2} - \dfrac{\sqrt{\Delta}\left(r_1 \tanh\left(\dfrac{\sqrt{\Delta}}{2}\xi\right) + r_2\right)}{2c_2\left(r_1 + r_2 \tanh\left(\dfrac{\sqrt{\Delta}}{2}\xi\right)\right)}, & \Delta > 0, r_2 \neq \pm r_1, r_1^2 + r_2^2 \neq 0, \\[4mm] -\dfrac{c_1}{2c_2} - \dfrac{1}{c_2\xi + c}, & \Delta = 0, \\[4mm] -\dfrac{c_1}{2c_2} + \dfrac{\sqrt{-\Delta}\left(r_3 \tan\left(\dfrac{\sqrt{-\Delta}}{2}\xi\right) - r_4\right)}{2c_2\left(r_3 + r_4 \tan\left(\dfrac{\sqrt{-\Delta}}{2}\xi\right)\right)}, & \Delta < 0, r_3^2 + r_4^2 \neq 0, \\[4mm] -\dfrac{c_0}{c_1} + de^{c_1\xi}, & c_2 = 0, \end{cases} \tag{1.9}$$

其中 $\Delta = c_1^2 - 4c_0c_2$, r_i $(i = 1, 2, 3, 4)$ 和 d 为任意常数.

当 $m = 4$ 时, 辅助方程 (1.7) 为一般椭圆方程

$$F'^2(\xi) = c_0 + c_1 F(\xi) + c_2 F^2(\xi) + c_3 F^3(\xi) + c_4 F^4(\xi), \tag{1.10}$$

与此相应的辅助方程法为一般椭圆方程展开法和通用 F-展开法.

应用上更加普遍的是方程 (1.10) 的如下几种特殊情形.

(1) 当 $c_1 = c_3 = 0$ 时, (1.10) 为第一种椭圆方程

$$F'^2(\xi) = c_0 + c_2 F^2(\xi) + c_4 F^4(\xi), \tag{1.11}$$

与此对应的是第一种椭圆方程展开法和 F-展开法.

(2) 当 $c_0 = c_4 = 0$ 时, (1.10) 为第二种椭圆方程

$$F'^2(\xi) = c_1 F(\xi) + c_2 F^2(\xi) + c_3 F^3(\xi), \tag{1.12}$$

与此对应的是第二种椭圆方程展开法.

(3) 当 $c_4 = 0$ 时, (1.10) 为第三种椭圆方程

$$F'^2(\xi) = c_0 + c_1 F(\xi) + c_2 F^2(\xi) + c_3 F^3(\xi), \tag{1.13}$$

与此对应的是第三种椭圆方程展开法.

(4) 当 $c_0 = c_1 = c_4 = 0$, $c_0 = c_1 = c_3 = 0$, $c_0 = c_1 = 0$ 和 $c_3 = c_4 = 0$ 时, (1.10) 分别为以下第四种椭圆方程

$$F'^2(\xi) = c_2 F^2(\xi) + c_3 F^3(\xi), \tag{1.14}$$

$$F'^2(\xi) = c_2 F^2(\xi) + c_4 F^4(\xi), \tag{1.15}$$

$$F'^2(\xi) = c_2 F^2(\xi) + c_3 F^3(\xi) + c_4 F^4(\xi), \tag{1.16}$$

$$F'^2(\xi) = c_0 + c_1 F(\xi) + c_2 F^2(\xi), \tag{1.17}$$

其中 (1.16) 对应于辅助方程法, 通常把 (1.16) 也称为辅助方程.

一般椭圆方程 (1.10) 的解可分为如下五种情形, 亦即

情形 1 $c_0 = c_1 = 0$. 记 $\Delta = c_3^2 - 4c_2 c_4, \varepsilon = \pm 1$, 则

$$F_1(\xi) = \frac{2c_2}{\varepsilon\sqrt{\Delta}\cosh\left(\sqrt{c_2}\xi\right) - c_3}, \quad \Delta > 0, \quad c_2 > 0,$$

$$F_2(\xi) = \frac{2c_2}{\varepsilon\sqrt{-\Delta}\sinh\left(\sqrt{c_2}\xi\right) - c_3}, \quad \Delta > 0, \quad c_2 < 0,$$

$$F_{3a}(\xi) = \frac{2c_2}{\varepsilon\sqrt{\Delta}\cos\left(\sqrt{-c_2}\xi\right) - c_3}, \quad F_{3b}(\xi) = \frac{2c_2}{\varepsilon\sqrt{\Delta}\sin\left(\sqrt{-c_2}\xi\right) - c_3},$$

$$\Delta > 0, \quad c_2 < 0,$$

$$F_4(\xi) = -\frac{c_2}{c_3}\left(1 + \varepsilon\tanh\left(\frac{\sqrt{c_2}}{2}\xi\right)\right), \quad \Delta = 0, \quad c_2 > 0,$$

$$F_5(\xi) = -\frac{c_2}{c_3}\left(1 + \varepsilon\coth\left(\frac{\sqrt{c_2}}{2}\xi\right)\right), \quad \Delta = 0, \quad c_2 > 0,$$

$$F_6(\xi) = \frac{\varepsilon}{\sqrt{c_4}\xi}, \quad c_2 = c_3 = 0, \quad c_4 > 0,$$

$$F_7(\xi) = \frac{4c_3}{c_3^2\xi^2 - 4c_4}, \quad c_2 = 0.$$

情形 2 $c_3 = c_4 = 0$. 记 $\delta = c_1^2 - 4c_0 c_2, \varepsilon = \pm 1$, 则

$$F_8(\xi) = -\frac{c_1}{2c_2} + \frac{\varepsilon\sqrt{\delta}}{2c_2}\cosh\left(\sqrt{c_2}\xi\right), \quad \delta > 0, \quad c_2 > 0,$$

$$F_9(\xi) = -\frac{c_1}{2c_2} + \frac{\varepsilon\sqrt{-\delta}}{2c_2}\sinh\left(\sqrt{c_2}\xi\right), \quad \delta < 0, \quad c_2 > 0,$$

$$F_{10a}(\xi) = -\frac{c_1}{2c_2} + \frac{\varepsilon\sqrt{\delta}}{2c_2}\cos\left(\sqrt{-c_2}\xi\right), \quad F_{10b}(\xi) = -\frac{c_1}{2c_2} + \frac{\varepsilon\sqrt{\delta}}{2c_2}\sin\left(\sqrt{-c_2}\xi\right),$$

$$\delta > 0, \quad c_2 < 0,$$

$$F_{11}(\xi) = -\frac{c_1}{2c_2} + e^{\varepsilon\sqrt{c_2}\xi}, \quad \delta = 0, \quad c_2 > 0,$$

$$F_{12}(\xi) = \varepsilon\sqrt{c_0}\,\xi, \quad c_1 = c_2 = 0, \quad c_0 > 0,$$

$$F_{13}(\xi) = -\frac{c_0}{c_1} + \frac{c_1}{4}\xi^2, \quad c_2 = 0, \quad c_1 \neq 0.$$

情形 3 $c_1 = c_3 = 0$. 记 $\Delta_1 = c_2^2 - 4c_0c_4, \varepsilon = \pm 1$, 则

$$F_{14}(\xi) = \varepsilon\sqrt{-\frac{c_2}{2c_4}}\tanh\left(\sqrt{-\frac{c_2}{2}}\xi\right), \quad \Delta_1 = 0, \quad c_2 < 0, \quad c_4 > 0,$$

$$F_{15}(\xi) = \varepsilon\sqrt{-\frac{c_2}{2c_4}}\coth\left(\sqrt{-\frac{c_2}{2}}\xi\right), \quad \Delta_1 = 0, \quad c_2 < 0, \quad c_4 > 0,$$

$$F_{16a}(\xi) = \varepsilon\sqrt{\frac{c_2}{2c_4}}\tan\left(\sqrt{\frac{c_2}{2}}\xi\right), \quad F_{16b}(\xi) = \varepsilon\sqrt{\frac{c_2}{2c_4}}\cot\left(\sqrt{\frac{c_2}{2}}\xi\right),$$

$$\Delta_1 = 0, \quad c_2 > 0, \quad c_4 > 0,$$

$$F_{17}(\xi) = \sqrt{\frac{-c_2m^2}{c_4(m^2+1)}}\,\mathrm{sn}\left(\sqrt{\frac{-c_2}{m^2+1}}\xi\right),$$

$$c_0 = \frac{c_2^2m^2}{c_4(m^2+1)^2}, \quad c_2 < 0, \quad c_4 > 0,$$

$$F_{18}(\xi) = \sqrt{\frac{-c_2m^2}{c_4(2m^2-1)}}\,\mathrm{cn}\left(\sqrt{\frac{c_2}{2m^2-1}}\xi\right),$$

$$c_0 = \frac{c_2^2m^2(m^2-1)}{c_4(2m^2-1)^2}, \quad c_2 > 0, \quad c_4 < 0,$$

$$F_{19}(\xi) = \sqrt{\frac{-c_2}{c_4(2-m^2)}}\,\mathrm{dn}\left(\sqrt{\frac{c_2}{2-m^2}}\xi\right),$$

$$c_0 = \frac{c_2^2(1-m^2)}{c_4(2-m^2)^2}, \quad c_2 > 0, \quad c_4 < 0,$$

$$F_{20}(\xi) = \varepsilon\left(-\frac{4c_0}{c_4}\right)^{\frac{1}{4}}\mathrm{ds}\left((-4c_0c_4)^{\frac{1}{4}}\xi, \frac{\sqrt{2}}{2}\right), \quad c_2 = 0, \quad c_0c_4 < 0,$$

$$F_{21}(\xi) = \varepsilon\left(\frac{c_0}{c_4}\right)^{\frac{1}{4}}\left(\mathrm{ns}\left(2(c_0c_4)^{\frac{1}{4}}\xi, \frac{\sqrt{2}}{2}\right) + \mathrm{cs}\left(2(c_0c_4)^{\frac{1}{4}}\xi, \frac{\sqrt{2}}{2}\right)\right),$$

$$c_2 = 0, \quad c_0c_4 > 0.$$

情形 4 $c_2 = c_4 = 0$.

$$F_{22}(\xi) = \wp\left(\frac{\sqrt{c_3}}{2}\xi, g_2, g_3\right), \quad g_2 = -\frac{4c_1}{c_3}, \quad g_3 = -\frac{4c_0}{c_3}, \quad c_3 > 0.$$

情形 5 $c_0 = 0$, 记 $\varepsilon = \pm 1$, 则

$$F_{23}(\xi) = -\frac{8c_2 \tanh^2\left(\sqrt{-\frac{c_2}{12}}\xi\right)}{3c_3\left(3 + \tanh^2\left(\sqrt{-\frac{c_2}{12}}\xi\right)\right)},$$

$$F_{24}(\xi) = -\frac{8c_2 \coth^2\left(\sqrt{-\frac{c_2}{12}}\xi\right)}{3c_3\left(3 + \coth^2\left(\sqrt{-\frac{c_2}{12}}\xi\right)\right)},$$

$$c_2 < 0, \quad c_1 = \frac{8c_2^2}{27c_3}, \quad c_4 = \frac{c_3^2}{4c_2},$$

$$F_{25}(\xi) = \frac{8c_2 \tan^2\left(\sqrt{\frac{c_2}{12}}\xi\right)}{3c_3\left(3 - \tan^2\left(\sqrt{\frac{c_2}{12}}\xi\right)\right)}, \quad F_{26}(\xi) = \frac{8c_2 \cot^2\left(\sqrt{\frac{c_2}{12}}\xi\right)}{3c_3\left(3 - \cot^2\left(\sqrt{\frac{c_2}{12}}\xi\right)\right)},$$

$$c_2 > 0, \quad c_1 = \frac{8c_2^2}{27c_3}, \quad c_4 = \frac{c_3^2}{4c_2},$$

$$F_{27}(\xi) = -\frac{c_3}{4c_4}\left(1 + \varepsilon \operatorname{sn}\left(\frac{c_3}{4m\sqrt{c_4}}\xi\right)\right),$$

$$F_{28}(\xi) = -\frac{c_3}{4c_4}\left(1 + \frac{\varepsilon}{m\operatorname{sn}\left(\frac{c_3}{4m\sqrt{c_4}}\xi\right)}\right),$$

$$c_4 > 0, \quad c_1 = \frac{c_3^3(m^2 - 1)}{32m^2c_4^2}, \quad c_2 = \frac{c_3^2(5m^2 - 1)}{16m^2c_4},$$

$$F_{29}(\xi) = -\frac{c_3}{4c_4}\left(1 + \varepsilon m\operatorname{sn}\left(\frac{c_3}{4\sqrt{c_4}}\xi\right)\right), \quad F_{30}(\xi) = -\frac{c_3}{4c_4}\left(1 + \frac{\varepsilon}{\operatorname{sn}\left(\frac{c_3}{4\sqrt{c_4}}\xi\right)}\right),$$

$$c_4 > 0, \quad c_1 = \frac{c_3^3(1 - m^2)}{32c_4^2}, \quad c_2 = \frac{c_3^2(5 - m^2)}{16c_4},$$

$$F_{31}(\xi) = -\frac{c_3}{4c_4}\left(1 + \varepsilon \operatorname{cn}\left(-\frac{c_3}{4m\sqrt{-c_4}}\xi\right)\right),$$

$$F_{32}(\xi) = -\frac{c_3}{4c_4}\left(1 + \frac{\varepsilon\sqrt{1 - m^2}\operatorname{sn}\left(-\frac{c_3}{4m\sqrt{-c_4}}\xi\right)}{\operatorname{dn}\left(-\frac{c_3}{4m\sqrt{-c_4}}\xi\right)}\right),$$

$$c_4 < 0, \quad c_1 = \frac{c_3^3}{32m^2 c_4^2}, \quad c_2 = \frac{c_3^2(4m^2+1)}{16m^2 c_4},$$

$$F_{33}(\xi) = -\frac{c_3}{4c_4}\left(1 + \frac{\varepsilon}{\sqrt{1-m^2}}\mathrm{dn}\left(\frac{c_3}{4\sqrt{c_4(m^2-1)}}\xi\right)\right),$$

$$F_{34}(\xi) = -\frac{c_3}{4c_4}\left(1 + \frac{\varepsilon}{\mathrm{dn}\left(\dfrac{c_3}{4\sqrt{c_4(m^2-1)}}\xi\right)}\right),$$

$$c_4 < 0, \quad c_1 = \frac{c_3^3 m^2}{32 c_4^2(m^2-1)}, \quad c_2 = \frac{c_3^2(5m^2-4)}{16 c_4(m^2-1)},$$

$$F_{35}(\xi) = -\frac{c_3}{4c_4}\left(1 + \frac{\varepsilon}{\mathrm{cn}\left(\dfrac{c_3}{4\sqrt{c_4(1-m^2)}}\xi\right)}\right),$$

$$F_{36}(\xi) = -\frac{c_3}{4c_4}\left(1 + \frac{\varepsilon \mathrm{dn}\left(\dfrac{c_3}{4\sqrt{c_4(1-m^2)}}\xi\right)}{\sqrt{1-m^2}\mathrm{cn}\left(\dfrac{c_3}{4\sqrt{c_4(1-m^2)}}\xi\right)}\right),$$

$$c_4 > 0, \quad c_1 = \frac{c_3^3}{32 c_4^2(1-m^2)}, \quad c_2 = \frac{c_3^2(4m^2-5)}{16 c_4(m^2-1)},$$

$$F_{37}(\xi) = -\frac{c_3}{4c_4}\left(1 + \varepsilon \mathrm{dn}\left(-\frac{c_3}{4\sqrt{-c_4}}\xi\right)\right),$$

$$F_{38}(\xi) = -\frac{c_3}{4c_4}\left(1 + \frac{\varepsilon\sqrt{1-m^2}}{\mathrm{dn}\left(-\dfrac{c_3}{4\sqrt{-c_4}}\xi\right)}\right),$$

$$c_4 < 0, \quad c_1 = \frac{c_3^3 m^2}{32 c_4^2}, \quad c_2 = \frac{c_3^2(m^2+4)}{16 c_4}.$$

其中 sn, cn, dn, ds, ns, cs 等表示 Jacobi 椭圆函数, 具体定义见 1.2 节.

确定截断形式级数解 (1.5), 也就是确定行波解的阶数, 即确定平衡常数 n. 通常采用的齐次平衡原理使用上并不方便. 因此, 这里给出确定平衡常数的另一种简单方法.

假设行波解中的 F 的最高幂次, 即行波解的阶数为 $O(u) = n$, 则由 (1.5), 当

辅助方程取 (1.6) 时, $O(F') = m$, 故有

$$O(u') = O(F^{n-1}F') = n - 1 + m,$$

$$O(u'') = O(F^{n-2+m}F') = n - 2 + 2m,$$

$$O(u''') = O(F^{n-3+2m}F') = n - 3 + 3m,$$

$$\cdots\cdots$$

由此, 可以推出下面的一般公式

$$\begin{cases} O(u^{(p)}) = n + p(m-1), O(u^r) = rn, & p, r = 1, 2, \cdots, \\ O\left(u^q \dfrac{d^p u}{d\xi^p}\right) = (q+1)n + p(m-1), & p, q = 1, 2, \cdots. \end{cases} \tag{1.18}$$

当辅助方程取 (1.7) 时, $O(F') = \dfrac{m}{2}$, 故有

$$O(u') = O(F^{n-1}F') = n - 1 + \frac{m}{2},$$

$$O(u'') = O(F^{n-2+\frac{m}{2}}F') = n - 2 + 2 \cdot \frac{m}{2},$$

$$O(u''') = O(F^{n-3+2\cdot\frac{m}{2}}F') = n - 3 + 3 \cdot \frac{m}{2},$$

$$\cdots\cdots$$

因此, 同理可以得到如下一般公式

$$\begin{cases} O(u^{(p)}) = n + p\left(\dfrac{m}{2}-1\right), O(u^r) = rn, & p, r = 1, 2, \cdots, \\ O\left(u^q \dfrac{d^p u}{d\xi^p}\right) = (q+1)n + p\left(\dfrac{m}{2}-1\right), & p, q = 1, 2, \cdots. \end{cases} \tag{1.19}$$

借助一般公式 (1.18) 和 (1.19) 就容易平衡行波约化的常微分方程 (1.3) 中的线性最高阶导数项与最高幂次的非线性项来确定平衡常数 n.

例 1.1 用 Riccati 方程展开法和第三种椭圆方程展开法求 KdV 方程

$$u_t + 6uu_x + u_{xxx} = 0$$

的行波解, 确定这两种方法所对应的截断形式级数解的具体形式.

将行波变换 (1.2) 代入 KdV 方程, 则得到如下行波约化的常微分方程

$$-cu' + 6uu' + k^2 u''' = 0.$$

用 Riccati 方程展开法时有 $m = 2$. 于是假设 $O(u) = n$, 则由 (1.18) 可知方程中的线性最高阶导数项 u''' 的阶数为 $O(u''') = n + 3 \times (2-1) = n + 3$, 而最高

幂次的非线性项 uu' 的阶数为 $O(uu') = (1+1)n + 1 \times (2-1) = 2n + 1$. 因此, 将它们相互抵消, 则有

$$n + 3 = 2n + 1,$$

由此得到平衡常数 $n = 2$. 故用 Riccati 方程展开法求 KdV 方程的行波解, 则截断形式级数解取下面形式

$$u(x,t) = u(\xi) = a_0 + a_1 F(\xi) + a_2 F^2(\xi), \quad \xi = k(x - ct) + \xi_0,$$

其中 a_i $(i = 0, 1, 2)$ 及 k, c 为待定常数, $F(\xi)$ 为 Riccati 方程 (1.8) 的某个解.

用第三种椭圆方程展开法时有 $m = 3$. 假设 $O(u) = n$, 则由公式 (1.19), 方程中的线性最高阶导数项 u''' 的阶数为 $O(u''') = n + 3 \times \left(\dfrac{3}{2} - 1\right) = n + \dfrac{3}{2}$, 而最高幂次的非线性项 uu' 的阶数为 $O(uu') = (1+1)n + 1 \times \left(\dfrac{3}{2} - 1\right) = 2n + \dfrac{1}{2}$. 因此, 将它们相互抵消, 则有

$$n + \frac{3}{2} = 2n + \frac{1}{2},$$

由此得到平衡常数 $n = 1$. 故用第三种椭圆方程展开法求 KdV 方程的行波解, 则截断形式级数解取下面形式

$$u(x,t) = u(\xi) = a_0 + a_1 F(\xi), \quad \xi = k(x - ct) + \xi_0,$$

其中 a_i $(i = 0, 1)$ 及 k, c 为待定常数, $F(\xi)$ 为第三种椭圆方程 (1.13) 的某个解.

值得注意的是, 一般情况下平衡常数 n 为正整数, 但对某些非线性波方程可能会出现 n 为负整数或分数的情形. 如果 n 为负整数, 则作变换

$$u(\xi) = v^{-n}(\xi),$$

而若 n 为分数 $n = r/s$, 则作变换

$$u(\xi) = v^{\frac{\text{sgn}(n)}{s}}(\xi),$$

后可将方程 (1.3) 化为平衡常数为正整数的情形.

例 1.2 用通用 Riccati 方程展开法求解一类新的 Benjamin-Bona-Mahony 方程

$$u_t + au_x + bu_{xxt} + \left(pe^u + qe^{-u}\right)_x = 0, \tag{1.20}$$

这里 a, b, p, q 为常数, $ab \neq 0$ 且 $qp \neq 0$.

利用对数变换

$$u(x,t) = \ln v(x,t), \tag{1.21}$$

可将方程 (1.20) 转化为方程

$$(v_t + av_x + bv_{xxt}) v^2 - b\left(v_{xx}v_t + 2v_x v_{xt}\right) v + 2bv_x^2 v_t + \left(pv^2 - q\right) vv_x = 0. \tag{1.22}$$

将行波变换

$$v(x,t) = v(\xi), \quad \xi = x - \omega t \tag{1.23}$$

代入 (1.22), 则得

$$\left((a - \omega)v' - b\omega v'''\right) v^2 + b\omega \left(3vv'' - 2(v')^2\right) v' + \left(pv^2 - q\right) vv' = 0. \tag{1.24}$$

由于使用的辅助方程为 Riccati 方程, 故 $m = 2$. 从而由 (1.18) 可知 (1.24) 中 $v^2 v'''$ 项的阶数为 $O(v^2 v''') = 3n + 3$, $v^3 v'$ 项的阶数为 $O(v^3 v') = 4n + 1$, 因此平衡常数 $n = 2$. 于是可将方程 (1.24) 的截断形式级数解取为

$$v(\xi) = a_0 + a_1 F(\xi) + a_2 F^2(\xi), \tag{1.25}$$

其中 a_i $(i = 0, 1, 2)$ 为待定常数, $F(\xi)$ 为 Riccati 方程 (1.8) 的某个解.

将 (1.25), (1.8) 一起代入 (1.24) 后令 $F^j(\xi)$ $(j = 0, 1, \cdots, 9)$ 的系数等于零, 则得到关于未知数 $a_0, a_1, a_2, c_0, c_1, c_2$ 及 ω 的冗长的代数方程组. 可以验证当 $a_2 = 0$ 时, 该代数方程组不存在非零解. 因而只有当 $a_2 \neq 0$ 时, 该代数方程组才有可能存在非零解. 不失一般性, 取 $a_2 = 1$, 并用 Maple 求解该代数方程组, 则得

$$a_0 = 0, \quad a_1 = 0, \quad c_0 = \pm\sqrt{\frac{-q}{2ab}}, \quad c_1 = 0, \quad c_2 = \mp\sqrt{\frac{p}{2ab}}, \quad \omega = a, \tag{1.26}$$

$$a_0 = 0, \quad a_1 = 0, \quad c_0 = \pm\sqrt{\frac{-q}{2ab}}, \quad c_1 = 0, \quad c_2 = \pm\sqrt{\frac{p}{2ab}}, \quad \omega = a. \tag{1.27}$$

将 (1.26) 和 (1.27) 分别代入 (1.25) 并用关系式 (1.23) 和 (1.21), 则得到方程 (1.20) 的如下精确行波解

$$u_1(x,t) = \ln\left(\sqrt{-\frac{q}{p}}\left(\frac{r_1 \tanh\sqrt{\frac{\sqrt{-qp}}{2ab}}\xi + r_2}{r_1 + r_2 \tanh\sqrt{\frac{\sqrt{-qp}}{2ab}}\xi}\right)^2\right),$$

$$\xi = x - at, \quad ab > 0, \quad q < 0, \quad p > 0,$$

$$u_2(x,t) = \ln\left(\sqrt{-\frac{q}{p}}\left(\frac{r_1\tanh\sqrt{-\frac{\sqrt{-qp}}{2ab}}\xi + r_2}{r_1 + r_2\tanh\sqrt{-\frac{\sqrt{-qp}}{2ab}}\xi}\right)^2\right),$$

$$\xi = x - at, \quad ab < 0, \quad q > 0, \quad p < 0,$$

$$u_3(x,t) = \ln\left(\sqrt{-\frac{q}{p}}\left(\frac{r_3\tan\sqrt{\frac{\sqrt{-qp}}{2ab}}\xi - r_4}{r_3 + r_4\tan\sqrt{\frac{\sqrt{-qp}}{2ab}}\xi}\right)^2\right),$$

$$\xi = x - at, \quad ab > 0, \quad q < 0, \quad p > 0,$$

$$u_4(x,t) = \ln\left(\sqrt{-\frac{q}{p}}\left(\frac{r_3\tan\sqrt{-\frac{\sqrt{-qp}}{2ab}}\xi - r_4}{r_3 + r_4\tan\sqrt{-\frac{\sqrt{-qp}}{2ab}}\xi}\right)^2\right),$$

$$\xi = x - at, \quad ab < 0, \quad q > 0, \quad p < 0.$$

事实上, 代数方程组还有另外八组解, 但与此相对应的只能得到方程 (1.20) 的以上四个解, 故在这里未列出这些重复的解. 另外, 当 $r_i\ (i = 1, 2, 3, 4)$ 取不同的值时, 以上给出的四个分式型解将给出方程 (1.20) 的无穷多个解且其中不但包含用 Riccati 方程展开法得到过的旧解而且包含 Riccati 方程展开法所得不到的一些新解. 这说明 Riccati 方程展开法只是通用 Riccati 方程展开法的特例.

例 1.3　用辅助方程法求解正则长波 (RLW) 方程

$$u_t + u_x + \alpha(u^2)_x - \beta u_{xxt} = 0, \tag{1.28}$$

这里 α, β 为常数.

将行波变换

$$u(x,t) = u(\xi), \quad \xi = x - \omega t \tag{1.29}$$

代入 RLW 方程后积分一次并取积分常数为零, 则有

$$(1 - \omega)u + \alpha u^2 + \beta\omega u'' = 0. \tag{1.30}$$

由于使用的辅助方程为 (1.16), 故 $m = 4$. 假设 $O(u) = n$, 则由 (1.19) 可得 $O(u'') = n + 2$, $O(u^2) = 2n$, 从而平衡常数为 $n = 2$. 于是可取方程 (1.30) 的截断

形式级数解为

$$u(\xi) = a_0 + a_1 F(\xi) + a_2 F^2(\xi), \tag{1.31}$$

其中 a_1 ($i = 0, 1, 2$) 为待定常数, $F(\xi)$ 为辅助方程 (1.16) 的某个解.

将 (1.31) 和 (1.16) 代入 (1.30), 并令 F^j ($j = 0, 1, 2, 3, 4$) 的系数等于零, 则得到代数方程组

$$\begin{cases} a_2 - \omega a_2 + 2\alpha a_0 a_2 + \alpha a_1^2 + 4\beta\omega c_2 a_2 + \dfrac{3}{2}\beta\omega c_3 a_1 = 0, \\ 6\beta\omega c_4 a_2 + \alpha a_2^2 = 0, \\ \alpha a_0^2 - \omega a_0 + a_0 = 0, \\ 2\beta\omega c_4 a_1 + 5\beta\omega c_3 a_2 + 2\alpha a_1 a_2 = 0, \\ \beta\omega c_2 a_1 + 2\alpha a_0 a_1 - \omega a_1 + a_1 = 0. \end{cases}$$

用 Maple 得到该代数方程组的解为

(1) $a_0 = 0, a_2 = -\dfrac{a_1^2\alpha}{6(\omega-1)}, c_2 = \dfrac{\omega-1}{\beta\omega}, c_3 = -\dfrac{a_1\alpha}{3\beta\omega}, c_4 = \dfrac{a_1^2\alpha^2}{36\beta\omega(\omega-1)};$

(2) $a_0 = 0, a_2 = 0, c_2 = \dfrac{\omega-1}{\beta\omega}, c_3 = -\dfrac{2a_1\alpha}{3\beta\omega}, c_4 = 0;$

(3) $a_0 = 0, a_1 = 0, a_2 = -\dfrac{6c_4\beta\omega}{\alpha}, c_2 = \dfrac{\omega-1}{4\beta\omega}, c_3 = 0;$

(4) $a_2 = \dfrac{a_1^2}{6a_0}, c_2 = -\dfrac{a_0\alpha}{\beta(a_0\alpha+1)}, c_3 = -\dfrac{a_1\alpha}{3\beta(a_0\alpha+1)},$

$\quad c_4 = -\dfrac{a_1^2\alpha}{36\beta(a_0\alpha+1)}, \omega = a_0\alpha+1;$

(5) $a_2 = 0, c_2 = -\dfrac{a_0\alpha}{\beta(a_0\alpha+1)}, c_3 = -\dfrac{2a_1\alpha}{3\beta(a_0\alpha+1)}, c_4 = 0, \omega = a_0\alpha+1;$

(6) $a_1 = 0, a_2 = -\dfrac{6c_4\beta(a_0\alpha+1)}{\alpha}, c_2 = -\dfrac{a_0\alpha}{4\beta(a_0\alpha+1)}, c_3 = 0, \omega = a_0\alpha+1.$

将解 (1)~(3) 和一般椭圆方程 (1.10) 的解的分类中情形 1 的相应解一起代入 (1.31) 并借助 (1.29), 则得到 RLW 方程的如下孤波解与周期解

$$u_1(x,t) = \frac{3(\omega-1)}{2\alpha}\left(1 - \tanh^2\frac{1}{2}\sqrt{\frac{\omega-1}{\beta\omega}}(x-\omega t)\right), \quad \beta\omega(\omega-1) > 0,$$

$$u_2(x,t) = \frac{3(\omega-1)}{2\alpha}\left(1 - \coth^2\frac{1}{2}\sqrt{\frac{\omega-1}{\beta\omega}}(x-\omega t)\right), \quad \beta\omega(\omega-1)>0,$$

$$u_3(x,t) = \frac{3(\omega-1)}{\alpha\left(\varepsilon\cosh\sqrt{\dfrac{\omega-1}{\beta\omega}}(x-\omega t)+1\right)}, \quad \beta\omega(\omega-1)>0,$$

$$u_4(x,t) = \frac{3(\omega-1)}{\alpha\left(\varepsilon\cos\sqrt{\dfrac{1-\omega}{\beta\omega}}(x-\omega t)+1\right)}, \quad \beta\omega(\omega-1)<0,$$

$$u_5(x,t) = \frac{3(\omega-1)}{\alpha\left(\varepsilon\sin\sqrt{\dfrac{1-\omega}{\beta\omega}}(x-\omega t)+1\right)}, \quad \beta\omega(\omega-1)<0,$$

$$u_6(x,t) = \frac{3(\omega-1)}{2\alpha}\mathrm{sech}^2\frac{1}{2}\sqrt{\frac{\omega-1}{\beta\omega}}(x-\omega t), \quad \beta\omega(\omega-1)>0,$$

$$u_7(x,t) = \frac{3(1-\omega)}{2\alpha}\mathrm{csch}^2\frac{1}{2}\sqrt{\frac{\omega-1}{\beta\omega}}(x-\omega t), \quad \beta\omega(\omega-1)>0,$$

$$u_8(x,t) = \frac{3(\omega-1)}{2\alpha}\sec^2\frac{1}{2}\sqrt{\frac{1-\omega}{\beta\omega}}(x-\omega t), \quad \beta\omega(\omega-1)<0,$$

$$u_9(x,t) = \frac{3(\omega-1)}{2\alpha}\csc^2\frac{1}{2}\sqrt{\frac{1-\omega}{\beta\omega}}(x-\omega t), \quad \beta\omega(\omega-1)<0.$$

为简化起见, 在解 (4)~(6) 中置 $a_0=1$, 将这三组解同一般椭圆方程 (1.10) 的解的分类中情形 1 的相应解一起代入 (1.31) 并借助 (1.29), 则得到 RLW 方程的如下孤波解与周期解

$$u_{10}(x,t) = -\frac{1}{2}\left(1 - 3\tanh^2\frac{1}{2}\sqrt{-\frac{\alpha}{\beta(\alpha+1)}}(x-(\alpha+1)t)\right), \quad \alpha\beta(\alpha+1)<0,$$

$$u_{11}(x,t) = -\frac{1}{2}\left(1 - 3\coth^2\frac{1}{2}\sqrt{-\frac{\alpha}{\beta(\alpha+1)}}(x-(\alpha+1)t)\right), \quad \alpha\beta(\alpha+1)<0,$$

$$u_{12}(x,t) = \frac{\varepsilon\cosh\sqrt{-\dfrac{\alpha}{\beta(\alpha+1)}}(x-(\alpha+1)t)-2}{\varepsilon\cosh\sqrt{-\dfrac{\alpha}{\beta(\alpha+1)}}(x-(\alpha+1)t)+1}, \quad \alpha\beta(\alpha+1)<0,$$

$$u_{13}(x,t) = \frac{\varepsilon\cos\sqrt{\dfrac{\alpha}{\beta(\alpha+1)}}(x-(\alpha+1)t)-2}{\varepsilon\cos\sqrt{\dfrac{\alpha}{\beta(\alpha+1)}}(x-(\alpha+1)t)+1}, \quad \alpha\beta(\alpha+1)>0,$$

$$u_{14}(x,t) = \cfrac{\varepsilon \sin \sqrt{\dfrac{\alpha}{\beta(\alpha+1)}}(x-(\alpha+1)t) - 2}{\varepsilon \sin \sqrt{\dfrac{\alpha}{\beta(\alpha+1)}}(x-(\alpha+1)t) + 1}, \quad \alpha\beta(\alpha+1) > 0,$$

$$u_{15}(x,t) = 1 - \frac{3}{2}\mathrm{sech}^2 \frac{1}{2}\sqrt{-\frac{\alpha}{\beta(\alpha+1)}}(x-(\alpha+1)t), \quad \alpha\beta(\alpha+1) < 0,$$

$$u_{16}(x,t) = 1 + \frac{3}{2}\mathrm{csch}^2 \frac{1}{2}\sqrt{-\frac{\alpha}{\beta(\alpha+1)}}(x-(\alpha+1)t), \quad \alpha\beta(\alpha+1) < 0,$$

$$u_{17}(x,t) = 1 - \frac{3}{2}\sec^2 \frac{1}{2}\sqrt{\frac{\alpha}{\beta(\alpha+1)}}(x-(\alpha+1)t), \quad \alpha\beta(\alpha+1) > 0,$$

$$u_{18}(x,t) = 1 - \frac{3}{2}\csc^2 \frac{1}{2}\sqrt{\frac{\alpha}{\beta(\alpha+1)}}(x-(\alpha+1)t), \quad \alpha\beta(\alpha+1) > 0.$$

1.2   Jacobi 椭圆函数展开法简介

　　非线性波方程的由 Jacobi 椭圆函数表示的行波解, 在退化情形下给出双曲函数型行波解与三角函数型周期行波解. 因此, Jacobi 椭圆函数展开法包含着双曲函数展开法与三角函数展开法. 另外, 在某些情况下 Weierstrass 椭圆函数可以退化到 Jacobi 椭圆函数. 因此, Jacobi 椭圆函数是确定非线性波方程 Weierstrass 椭圆函数解的退化形式的桥梁. 基于此, 在研究非线性波方程的 Weierstrass 椭圆函数解之前有必要了解 Jacobi 椭圆函数的概念、性质和 Jacobi 椭圆函数展开法等.

　　考虑第一类 Legendre 椭圆积分

$$v(w) = \int_0^w \frac{dt}{\sqrt{1-m^2\sin^2 t}} = \int_0^{\sin w} \frac{dx}{\sqrt{(1-x^2)(1-m^2x^2)}}, \tag{1.32}$$

其中 m $(0 < m < 1)$ 称为椭圆函数的模, 而

$$K(k) = \int_0^{\frac{\pi}{2}} \frac{dt}{\sqrt{1-m^2\sin^2 t}} = \int_0^1 \frac{dx}{\sqrt{(1-x^2)(1-m^2x^2)}}$$

称为第一类 Legendre 完全积分. 把积分

$$v(w) = \int_0^w \frac{dx}{\sqrt{(1-x^2)(1-m^2x^2)}} \tag{1.33}$$

的反函数记作

$$w = \mathrm{sn}(v) = \mathrm{sn}(v,m), \tag{1.34}$$

并称为 Jacobi 椭圆正弦函数, 它具有基本周期 $4K(k)$. 又用等式

$$\operatorname{cn}(v, m) = \cos w = \sqrt{1 - \operatorname{sn}^2(v)}, \quad \operatorname{dn}(v, m) = \sqrt{1 - m^2\operatorname{sn}^2 v} \tag{1.35}$$

或者椭圆积分

$$v(w) = \int_0^w \frac{dx}{\sqrt{(1 - x^2)(1 - m^2 + m^2 x^2)}}, \tag{1.36}$$

$$v(w) = \int_0^w \frac{dx}{\sqrt{(1 - x^2)(x^2 - 1 + m^2)}} \tag{1.37}$$

的反函数来定义 Jacobi 椭圆余弦函数和 Jacobi 第三类椭圆函数, 并记作

$$w = \operatorname{cn}(v) = \operatorname{cn}(v, m), \quad w = \operatorname{dn}(v) = \operatorname{dn}(v, m). \tag{1.38}$$

若用微分方程来描述, 则以上定义的三个 Jacobi 椭圆函数 $w = \operatorname{sn}(v, m), w = \operatorname{cn}(v, m), w = \operatorname{dn}(v, m)$ 分别满足常微分方程

$$\left(\frac{dw}{dv}\right)^2 = (1 - w^2)(1 - m^2 w^2), \tag{1.39}$$

$$\left(\frac{dw}{dv}\right)^2 = (1 - w^2)(1 - m^2 + m^2 w^2), \tag{1.40}$$

$$\left(\frac{dw}{dv}\right)^2 = (1 - w^2)(w^2 - 1 + m^2). \tag{1.41}$$

除上述三个基本的 Jacobi 椭圆函数外, 其他 Jacobi 椭圆函数定义为

$$\begin{cases} \operatorname{ns}(v) = \dfrac{1}{\operatorname{sn}(v)}, & \operatorname{nc}(v) = \dfrac{1}{\operatorname{cn}(v)}, & \operatorname{nd}(v) = \dfrac{1}{\operatorname{dn}(v)}, \\[2mm] \operatorname{sc}(v) = \dfrac{\operatorname{sn}(v)}{\operatorname{cn}(v)}, & \operatorname{sd}(v) = \dfrac{\operatorname{sn}(v)}{\operatorname{dn}(v)}, & \operatorname{cd}(v) = \dfrac{\operatorname{cn}(v)}{\operatorname{dn}(v)}, \\[2mm] \operatorname{cs}(v) = \dfrac{\operatorname{cn}(v)}{\operatorname{sn}(v)}, & \operatorname{ds}(v) = \dfrac{\operatorname{dn}(v)}{\operatorname{sn}(v)}, & \operatorname{dc}(v) = \dfrac{\operatorname{dn}(v)}{\operatorname{cn}(v)}. \end{cases} \tag{1.42}$$

应用中通常遇到的 Jacobi 椭圆函数的相关性质和常用公式主要有

(1) 奇偶性:

$$\operatorname{sn}(-v) = -\operatorname{sn}(v), \quad \operatorname{cn}(-v) = \operatorname{cn}(v), \quad \operatorname{dn}(-v) = \operatorname{dn}(v).$$

(2) 周期性:

$$\mathrm{sn}(v+4K)=\mathrm{sn}(v), \quad \mathrm{cn}(v+4K)=\mathrm{cn}(v), \quad \mathrm{dn}(v+2K)=\mathrm{dn}(v).$$

(3) 恒等式:

$$\mathrm{sn}^2(v)+\mathrm{cn}^2(v)=1, \quad \mathrm{dn}^2(v)+m^2\mathrm{sn}^2(v)=1, \quad \mathrm{dn}^2(v)-m^2\mathrm{cn}^2(v)=1-m^2,$$

$$\mathrm{ns}^2(v)=1+\mathrm{cs}^2(v), \quad \mathrm{ns}^2(v)=m^2+\mathrm{ds}^2(v), \quad \mathrm{ds}^2(v)=1-m^2+\mathrm{cs}^2(v),$$

$$\mathrm{dc}^2(v)=m^2+(1-m^2)\mathrm{nc}^2(v), \quad \mathrm{dc}^2(v)=1+(1-m^2)\mathrm{sc}^2(v),$$

$$\mathrm{nd}^2(v)=1+m^2\mathrm{sd}^2(v), \quad \mathrm{nc}^2(v)=1+\mathrm{sc}^2(v),$$

$$(1-m^2)\mathrm{nd}^2(v)+m^2\mathrm{cd}^2(v)=1, \quad \mathrm{cd}^2(v)+(1-m^2)\mathrm{sd}^2(v)=1.$$

(4) 退化情形:

当 $K\to 1$ 时, $K(k)\to\infty$. 当 $m\to 1$ 时, Jacobi 椭圆函数退化为双曲函数

$$\mathrm{sn}(v,m)\to\tanh(v), \quad \mathrm{cn}(v,m)\to\mathrm{sech}(v), \quad \mathrm{dn}(v,m)\to\mathrm{sech}(v),$$

$$\mathrm{nc}(v,m)\to\cosh(v), \quad \mathrm{cs}(v,m)\to\mathrm{csch}(v), \quad \mathrm{sc}(v,m)\to\sinh(v),$$

$$\mathrm{sd}(v,m)\to\sinh(v), \quad \mathrm{cd}(v,m)\to 1, \qquad\quad \mathrm{ns}(v,m)\to\coth(v),$$

$$\mathrm{nd}(v,m)\to\cosh(v), \quad \mathrm{ds}(v,m)\to\mathrm{csch}(v), \quad \mathrm{dc}(v,m)\to 1.$$

当 $K\to 0$ 时, $K(k)\to\dfrac{\pi}{2}$. 当 $m\to 0$ 时, Jacobi 椭圆函数退化为三角函数

$$\mathrm{sn}(v,m)\to\sin(v), \quad \mathrm{cn}(v,m)\to\cos(v), \quad \mathrm{dn}(v,m)\to 1,$$

$$\mathrm{nc}(v,m)\to\sec(v), \quad \mathrm{cs}(v,m)\to\cot(v), \quad \mathrm{sc}(v,m)\to\tan(v),$$

$$\mathrm{sd}(v,m)\to\sin(v), \quad \mathrm{cd}(v,m)\to\cos(v), \quad \mathrm{ns}(v,m)\to\csc(v),$$

$$\mathrm{nd}(v,m)\to 1, \qquad\quad \mathrm{ds}(v,m)\to\csc(v), \quad \mathrm{dc}(v,m)\to\sec(v).$$

(5) 求导公式:

$$\mathrm{sn}'(v)=\mathrm{cn}(v)\mathrm{dn}(v), \qquad \mathrm{cn}'(v)=-\mathrm{sn}(v)\mathrm{dn}(v),$$

$$\mathrm{dn}'(v)=-m^2\mathrm{sn}(v)\mathrm{cn}(v), \quad \mathrm{cd}'(v)=-(1-m^2)\mathrm{sd}(v)\mathrm{nd}(v),$$

$$\mathrm{ns}'(v)=-\mathrm{ds}(v)\mathrm{cs}(v), \qquad \mathrm{ds}'(v)=-\mathrm{cs}(v)\mathrm{ns}(v),$$

$$\mathrm{cs}'(v)=-\mathrm{ns}(v)\mathrm{ds}(v), \qquad \mathrm{dc}'(v)=(1-m^2)\mathrm{nc}(v)\mathrm{sc}(v),$$

$$\mathrm{nc}'(v) = \mathrm{sc}(v)\mathrm{dc}(v), \qquad \mathrm{nd}'(v) = m^2\mathrm{cd}(v)\mathrm{sd}(v),$$

$$\mathrm{sc}'(v) = \mathrm{dc}(v)\mathrm{nc}(v), \qquad \mathrm{sd}'(v) = \mathrm{nd}(v)\mathrm{cd}(v).$$

每个 Jacobi 椭圆函数所满足的常微分方程就相当于辅助方程法中所选取的辅助方程. 因此, Jacobi 椭圆函数展开法可以看作是辅助方程法的一种.

Jacobi 椭圆正弦函数展开法是在辅助方程法步骤的第二步中取展开式

$$u(\xi) = \sum_{i=0}^{n} a_i S^i, \quad S = \mathrm{sn}(\xi, m), \tag{1.43}$$

其中 n 为平衡常数, a_i $(i = 0, 1, \cdots, n)$ 为待定常数.

将展开式 (1.43) 代入常微分方程 (1.3) 时需要计算 $u(\xi)$ 的各阶导数. 为此, 若记 $C = \mathrm{cn}(\xi, m), D = \mathrm{dn}(\xi, m)$, 则由 Jacobi 椭圆函数的求导公式和恒等式得到

$$\frac{d}{d\xi} = CD\frac{d}{dS}, \quad \frac{d}{d\xi}(CD) = S(2m^2S^2 - 1 - m^2).$$

置 $F(S) = S(2m^2S^2 - 1 - m^2), G(S) = (1 - S^2)(1 - m^2S^2)$, 则由 $C^2D^2 = G(S)$, 可得

$$\frac{d^2}{d\xi^2} = F(S)\frac{d}{dS} + G(S)\frac{d^2}{dS^2},$$

$$\frac{d^3}{d\xi^3} = CD\frac{d}{dS}\left(F(S)\frac{d}{dS} + G(S)\frac{d^2}{dS^2}\right),$$

$$\frac{d^4}{d\xi^4} = F(S)\frac{d}{dS}\left(F(S)\frac{d}{dS} + G(S)\frac{d^2}{dS^2}\right) + G(S)\frac{d^2}{dS^2}\left(F(S)\frac{d}{dS} + G(S)\frac{d^2}{dS^2}\right),$$

等等. 由此归纳可知, 当 p 为偶数时, 则 $d^p u/d\xi^p$ 是 S 的 $m + p$ 次多项式. 而当 p 为奇数时, 则 $d^p u/d\xi^p$ 是 CD 与 S 的 $m + p - 2$ 次多项式的乘积. 于是, 将展开式 (1.43) 代入常微分方程 (1.3) 后得到的代数方程可以写成

$$P_1(S) + CDP_2(S) = 0,$$

其中 $P_1(S), P_2(S)$ 为 S 的多项式. 因此, 令 $P_1(S), P_2(S)$ 中 S 的各次幂的系数等于零, 则得到辅助方程法第三步的以 a_i $(i = 0, 1, \cdots, n), k, c$ 为未知数的代数方程组.

例 1.4 用 Jacobi 椭圆正弦函数展开法求解 Kaup-Kupershmidt 方程

$$u_t = u_{xxxxx} + 10uu_{xxx} + 25u_x u_{xx} + 20u^2 u_x. \tag{1.44}$$

作行波变换

$$u(x,t) = u(\xi), \quad \xi = kx - \omega t, \tag{1.45}$$

其中 k, ω 为待定常数, 则将方程 (1.44) 化为常微分方程

$$\omega u' + k^5 u^{(5)} + 10k^3 uu''' + 25k^3 u'u'' + 20ku^2 u' = 0. \tag{1.46}$$

由于所选辅助方程为 (1.39), 故 $m = 4$. 假设 $O(u) = n$, 则由 (1.19) 知线性最高阶导数项 $u^{(5)}$ 的阶数 $O(u^{(5)}) = n + 5$, 而最高幂次的非线性项 uu''' 的阶数为 $O(uu''') = 2n + 3$, 所以平衡常数 $n = 2$. 于是可设方程 (1.46) 有如下解

$$u(\xi) = a_0 + a_1 \mathrm{sn}(\xi) + a_2 \mathrm{sn}^2(\xi), \tag{1.47}$$

其中 $a_i \ (i = 0, 1, 2)$ 为待定常数.

把 (1.47) 式代入方程 (1.46) 后借助 $u(\xi)$ 的各阶导数的递推关系式和 Jacobi 椭圆函数的恒等式进行简化, 并令表达式 $\mathrm{cn}(\xi)\mathrm{dn}(\xi)\mathrm{sn}^j(\xi) \ (j = 0, 1, \cdots, 5)$ 的系数等于零, 则得到代数方程组

$$\begin{cases} 720k^5 m^4 a_2 + 540k^3 m^2 a_2^2 + 40k a_2^3 = 0, \\ 120k^5 m^4 a_1 + 550k^3 m^2 a_1 a_2 + 100k a_1 a_2^2 = 0, \\ -60k^5 m^4 a_1 - 60k^5 m^2 a_1 + 60k^3 m^2 a_0 a_1 - 240k^3 m^2 a_1 a_2 \\ \quad - 240k^3 a_1 a_2 + 120k a_0 a_1 a_2 + 20k a_1^3 = 0, \\ -480k^5 m^4 a_2 - 480k^5 m^2 a_2 + 240k^3 m^2 a_0 a_2 + 110k^3 m^2 a_1^2 \\ \quad - 280k^3 m^2 a_2^2 - 280k^3 a_2^2 + 80k a_0 a_2^2 + 80k a_1^2 a_2 = 0, \\ k^5 m^4 a_1 + 14k^5 m^2 a_1 - 10k^3 m^2 a_0 a_1 + k^5 a_1 - 10k^3 a_0 a_1 \\ \quad + 50k^3 a_1 a_2 + 20k a_0^2 a_1 + \omega a_1 = 0, \\ 32k^5 m^4 a_2 + 208k^5 m^2 a_2 - 80k^3 m^2 a_0 a_2 - 35k^3 m^2 a_1^2 + 32k^5 a_2 + 2\omega a_2 \\ \quad - 80k^3 a_0 a_2 - 35k^3 a_1^2 + 100k^3 a_2^2 + 40k a_0^2 a_2 + 40k a_0 a_1^2 = 0. \end{cases}$$

用 Maple 求解此代数方程组, 可得

$$a_0 = \frac{k^2}{2}\left(m^2 + 1\right), \quad a_1 = 0, \quad a_2 = -\frac{3}{2}m^2 k^2, \quad \omega = -k^5(m^4 - m^2 + 1), \tag{1.48}$$

$$a_0 = 4k^2\left(m^2 + 1\right), \quad a_1 = 0, \quad a_2 = -12m^2 k^2, \quad \omega = -176k^5(m^4 - m^2 + 1). \tag{1.49}$$

将 (1.48) 和 (1.49) 同 (1.45) 一起代入 (1.47), 则得到方程 (1.44) 的如下两个 Jacobi 椭圆正弦波解

$$u_1(x,t) = \frac{1}{2}k^2(m^2+1) - \frac{3}{2}k^2 m^2 \text{sn}^2\left(kx + k^5(m^4 - m^2 + 1)t, m\right),$$

$$u_2(x,t) = 4k^2(m^2+1) - 12k^2 m^2 \text{sn}^2\left(kx + 176k^5(m^4 - m^2 + 1)t, m\right),$$

其中 k 为常数, m $(0 < m < 1)$ 为椭圆函数的模.

当 $m \to 1$ 时, 以上两个椭圆函数解将退化为方程 (1.44) 的孤波解

$$u_{1a}(x,t) = k^2 - \frac{3}{2}k^2 \tanh^2 k(x + k^4 t),$$

$$u_{2a}(x,t) = 8k^2 - 12k^2 \tanh^2 k(x + 176k^4 t).$$

1.3 一般椭圆方程的 Weierstrass 椭圆函数公式解

非线性波方程的 Weierstrass 椭圆函数解的覆盖范围远比 Jacobi 椭圆函数解广泛, 但它的构造更加复杂且难以发现, 至今还未形成系统的方法. 假如有幸发现非线性波方程的 Weierstrass 椭圆函数解, 并且能够使其退化到 Jacobi 椭圆函数解, 甚至是双曲函数解与三角函数周期解, 就有可能给出非线性波方程的新解. 为建立构造非线性波方程的 Weierstrass 椭圆函数解的系统方法, 本节将介绍 Weierstrass 椭圆函数的定义、性质和相关公式, 并考虑用公式法构造一般椭圆方程的 Weierstrass 椭圆函数解的问题.

被誉为"分析之父"的德国著名数学家 K. T. W. Weierstrass 于 1882 年用一个三次多项式的平方根的三个不同形式来表示椭圆函数, 并把第一个积分的反函数所确定的椭圆函数称为基本椭圆函数. 也就是说, Weierstrass 第一种椭圆积分

$$z = \int_{\infty}^{w} \frac{dt}{\sqrt{4t^3 - g_2 t - g_3}} \tag{1.50}$$

的反函数, 即椭圆方程

$$(w')^2 = 4w^3 - g_2 w - g_3 \tag{1.51}$$

的解所确定的椭圆函数称为基本椭圆函数. 现在我们把它称为 Weierstrass P 函数, 简称 Weierstrass 椭圆函数, 并记作 $w = \wp(z, g_2, g_3)$, 其中常数 g_2, g_3 称为不变量.

Weierstrass 第二种椭圆积分

$$z = \int_{\infty}^{w} \frac{tdt}{\sqrt{4t^3 - g_2 t - g_3}}$$

和 Weierstrass 第三种椭圆积分

$$z = \int_{\infty}^{w} \frac{dt}{(t-c)\sqrt{4t^3 - g_2 t - g_3}}$$

的反函数分别称为 Weierstrass ζ 函数和 Weierstrass σ 函数, 并记作 $w = \zeta(z, g_2, g_3)$ 和 $w = \sigma(z, g_2, g_3)$.

如果对复平面 $\mathbb{C}$ 上的单值解析函数 $f(z)$ 存在 $\omega_1, \omega_2 \in \mathbb{C} \backslash \{0\}$ 且 $\mathrm{Im}\left(\dfrac{\omega_2}{\omega_1}\right) > 0, \forall m_1, m_2 \in \mathbb{Z}$ 都有

$$f(z + 2m_1\omega_1 + 2m_2\omega_2) = f(z),$$

则称 $f(z)$ 为双周期函数, 而 $2\omega_1, 2\omega_2$ 称为函数 $f(z)$ 的周期.

除用积分的反函数来定义 Weierstrass 函数外, 还可以在覆盖全平面 $\mathbb{C}$ 的平行四边形网格 $S = \{\omega = 2m_1\omega_1 + 2m_2\omega_2 | m_1, m_2 \in \mathbb{Z}\}$ 上用无穷级数和无穷乘积来定义以上三种 Weierstrass 函数, 即有

$$\wp(z, g_2, g_3) = \frac{1}{z^2} + \sum_{\substack{m_1, m_2 \in \mathbb{Z} \\ m_1^2 + m_2^2 \neq 0}} \left(\frac{1}{(z-\omega)^2} - \frac{1}{\omega^2} \right),$$

$$\zeta(z, g_2, g_3) = \frac{1}{z} + \sum_{\substack{m_1, m_2 \in \mathbb{Z} \\ m_1^2 + m_2^2 \neq 0}} \left(\frac{1}{z-\omega} + \frac{1}{\omega} + \frac{z}{\omega^2} \right),$$

$$\sigma(z, g_2, g_3) = z \prod_{\substack{m_1, m_2 \in \mathbb{Z} \\ m_1^2 + m_2^2 \neq 0}} \left(1 - \frac{z}{\omega} \right) e^{\frac{z}{\omega} + \frac{z^2}{2\omega^2}},$$

其中不变量 g_2, g_3 与周期 ω_1, ω_2 之间有如下联系

$$g_2 = 60 \sum_{\substack{m_1, m_2 \in \mathbb{Z} \\ m_1^2 + m_2^2 \neq 0}} \frac{1}{\omega^4}, \quad g_3 = 140 \sum_{\substack{m_1, m_2 \in \mathbb{Z} \\ m_1^2 + m_2^2 \neq 0}} \frac{1}{\omega^6},$$

以上各式中 $\omega = 2m_1\omega_1 + 2m_2\omega_2 \in S$, $\sum$ 和 $\prod$ 表示对除 $m_1 = m_2 = 0$ 外的所有 $m_1, m_2 \in \mathbb{Z}$ 取和与取积.

此外, Weierstrass ζ 函数与 Weierstrass σ 函数还具有下面的积分表示

$$\zeta(z, g_2, g_3) = -\int_0^z \wp(t, g_2, g_3) dt,$$

$$\sigma(z, g_2, g_3) = e^{\int_0^z \zeta(t, g_2, g_3) dt}.$$

由于 Weierstrass 椭圆函数法中只用 Weierstrass 椭圆函数 $\wp(z, g_2, g_3)$ 及其他的导函数, 因此这里只考虑有关 Weierstrass 椭圆函数 $\wp(z, g_2, g_3)$ 的简单性质和公式.

Weierstrass 椭圆函数 $\wp(z, g_2, g_3)$ 及其导函数 $\wp'(z, g_2, g_3)$ 具有下面的奇偶性与周期性:

$$\wp(-z, g_2, g_3) = \wp(z, g_2, g_3), \quad \wp'(-z, g_2, g_3) = -\wp'(z, g_2, g_3),$$

$$\wp(z + 2\omega_1, g_2, g_3) = \wp(z + 2\omega_2, g_2, g_3) = \wp(z, g_2, g_3),$$

$$\wp'(z + 2\omega_1, g_2, g_3) = \wp'(z + 2\omega_2, g_2, g_3) = \wp'(z, g_2, g_3).$$

K. T. W. Weierstrass 还证明了 Weierstrass 椭圆函数是最简单的双周期函数, 其他的椭圆函数都可以用 $\wp(z, g_2, g_3)$ 以及它的导函数的组合形式来表示. 根据这一事实可知, 非线性波方程的行波解可以用 Weierstrass 椭圆函数 $\wp(z, g_2, g_3)$ 及其他的导函数 $\wp'(z, g_2, g_3)$ 的组合给出.

假设 e_1, e_2, e_3 为方程 $4w^3 - g_2w - g_3 = 0$ 的三个根且 $e_1 \geqslant e_2 \geqslant e_3$, 则有

$$(w')^2 = 4w^3 - g_2w - g_3 = 4(w - e_1)(w - e_2)(w - e_3).$$

于是由上式得到如下关系式

$$\begin{cases} e_1 + e_2 + e_3 = 0, \\ e_1 e_2 + e_1 e_3 + e_2 e_3 = -\dfrac{1}{4}g_2, \\ e_1 e_2 e_3 = \dfrac{1}{4}g_3. \end{cases} \tag{1.52}$$

把非线性波方程的 Weierstrass 椭圆函数解转化为 Jacobi 椭圆函数解时将用到 Weierstrass 椭圆函数与 Jacobi 椭圆函数之间的如下已知转换公式

$$\begin{aligned} \wp(\xi, g_2, g_3) &= e_2 - (e_2 - e_3)\mathrm{cn}^2(\sqrt{e_1 - e_3}\,\xi, m), \\ \wp(\xi, g_2, g_3) &= e_3 + (e_2 - e_3)\mathrm{sn}^2(\sqrt{e_1 - e_3}\,\xi, m), \\ \wp(\xi, g_2, g_3) &= e_2 + (e_1 - e_3)\mathrm{cs}^2(\sqrt{e_1 - e_3}\,\xi, m), \\ \wp(\xi, g_2, g_3) &= e_3 + (e_1 - e_3)\mathrm{ns}^2(\sqrt{e_1 - e_3}\,\xi, m), \end{aligned} \tag{1.53}$$

其中 Jacobi 椭圆函数的模 m 由下式给定

$$m = \sqrt{\frac{e_2 - e_3}{e_1 - e_3}} \quad (e_1 \geqslant e_2 \geqslant e_3). \tag{1.54}$$

以 (1.53) 的第二和第一个等式为例, 作变换 $w = e_3 + (e_2 - e_3)\sin^2 t$, 则 $dw = 2(e_2 - e_3)\sin t \cos t\, dt$, 从而有

$$(w - e_1)(w - e_2)(w - e_3) = (e_2 - e_3)^2 \sin^2 t \cos^2 t\left(e_1 - e_3 - (e_2 - e_3)\sin^2 t\right).$$

因此, 由方程 (1.51) 可得

$$
\begin{aligned}
dz &= \frac{dw}{\sqrt{4w^3 - g_4 w - g_3}} = \frac{dw}{\sqrt{(w - e_1)(w - e_2)(w - e_3)}} \\
&= \frac{1}{\sqrt{e_1 - e_3}} \frac{dt}{\sqrt{1 - \dfrac{e_2 - e_3}{e_1 - e_3}\sin^2 t}}.
\end{aligned}
$$

积分上式有

$$z = \frac{1}{\sqrt{e_1 - e_3}} \int_0^\theta \frac{dt}{\sqrt{1 - \dfrac{e_2 - e_3}{e_1 - e_3}\sin^2 t}}.$$

由此得到

$$\sin\theta = \operatorname{sn}\left(\sqrt{e_1 - e_3}\,z, m\right), \quad m = \sqrt{\frac{e_2 - e_3}{e_1 - e_3}}.$$

至此证明了转换公式 (1.54) 的第二和第一个公式成立, 即有

$$
\begin{aligned}
w &= \wp(z, g_2, g_3) = e_3 + (e_2 - e_3)\operatorname{sn}^2\left(\sqrt{e_1 - e_3}\,z, m\right), \\
&= e_2 - (e_2 - e_3)\operatorname{cn}^2\left(\sqrt{e_1 - e_3}\,z, m\right).
\end{aligned}
$$

下面的例子说明, 用以上转换公式未必能够将非线性波方程的所有 Weierstrass 椭圆函数解转化为 Jacobi 椭圆函数解.

例 1.5　试求修正 Camassa-Holm (mCH) 方程

$$u_t - u_{xxt} + 3u^2 u_x = 2u_x u_{xx} + u u_{xxx} \tag{1.55}$$

的 Weierstrass 椭圆函数解并将其转化为 Jacobi 椭圆函数解.

将行波变换

$$u(x, t) = u(\xi), \quad \xi = k(x - \omega t) \tag{1.56}$$

代入方程 (1.55), 则得到常微分方程

$$-k\omega u' + k^3 \omega u''' + 3ku^2 u' = 2k^3 u' u'' + k^3 u u'''. \tag{1.57}$$

由于现在选择的辅助方程为 (1.51), 因此 $m = 3$. 于是假设 $O(u) = n$, 则线性最高阶导数项 u''' 的阶数 $O(u''') = n + \dfrac{3}{2}$, 最高幂次的非线性项 $u^2 u'$ 的阶数 $O(u^2 u') = 3n + \dfrac{1}{2}$, 从而平衡常数 $n = 1$. 于是可设方程 (1.57) 具有如下形式的解

$$u(\xi) = a_0 + a_1 \wp(\xi, g_2, g_3), \tag{1.58}$$

其中 a_i $(i = 0,1)$ 和 g_2, g_3 为待定常数.

将 (1.51) 同 (1.58) 一起代入 (1.57) 后, 令 $\wp^j(\xi, g_2, g_3)$ $(j = 0,1,2,3)$ 的系数等于零, 则得到代数方程组

$$\begin{cases} k a_1 \left(k^2 g_2 a_1 + 3a_0^2 - \omega \right) = 0, \\ 6 k a_1 \left(a_0 a_1 + 2k^2 \omega - 2k^2 a_0 \right) = 0, \\ 3 k a_1^2 \left(a_1 - 8k^2 \right) = 0. \end{cases}$$

用 Maple 求解此代数方程组, 则得到

$$a_0 = -\frac{1}{3}\omega, \quad a_1 = 8k^2, \quad g_2 = -\frac{\omega(\omega-3)}{24k^4}. \tag{1.59}$$

将 (1.59) 代入 (1.58) 并借助 (1.56), 则得到方程 (1.55) 的 Weierstrass 椭圆函数解

$$u(x,t) = -\frac{1}{3}\omega + 8k^2 \wp\left(k(x-\omega t), -\frac{\omega(\omega-3)}{24k^4}, g_3 \right), \tag{1.60}$$

其中 k, g_3 为任意常数.

将 (1.53) 的第一个等式代入 (1.60), 则得到方程 (1.55) 的 Jacobi 椭圆余弦波解

$$u(x,t) = -\frac{\omega}{3} + 8e_2 k^2 - 8(e_2 - e_3)k^2 \mathrm{cn}^2(\sqrt{e_1 - e_3}\, k(x-\omega t), m),$$
$$= -\frac{\omega}{3} + \frac{8(2m^2-1)K^2}{3} - 8m^2 K^2 \mathrm{cn}^2(K(x-\omega t), m), \tag{1.61}$$

这里 K, ω 为任意常数, m $(0 < m < 1)$ 为 Jacobi 椭圆函数的模且必须满足条件

$$32K^4(m^4 - m^2 + 1) + \omega(\omega - 3) = 0,$$

也就是说, 如果模 m 不满足以上条件, 则 (1.61) 就不是方程 (1.55) 的解.

特别地, 当 $m \to 1$ 时, 得到方程 (1.55) 的孤波解

$$u(x,t) = -\frac{\omega}{3} + \frac{8K^2}{3} - 8K^2\text{sech}^2 K(x - \omega t),$$

其中

$$K = \frac{1}{4}(24\omega - 8\omega^2)^{\frac{1}{4}}, \quad 0 < \omega < 3.$$

由此例可知, 把转换公式 (1.53) 代入非线性波方程的 Weierstrass 椭圆函数解后得到的表达式未必是原非线性波方程的解. 因此, 还必须把得到的表达式代入原方程进行验证, 并找出表达式成为原方程的 Jacobi 椭圆函数解的条件.

一般椭圆方程还可取另一种形式

$$f'^2(\xi) = P(f) = a_0 f^4(\xi) + 4a_1 f^3(\xi) + 6a_2 f^2(\xi) + 4a_3 f(\xi) + a_4, \tag{1.62}$$

其中 a_i $(i = 0, 1, 2, 3, 4)$ 为常数.

方程 (1.62) 的通解可用 Weierstrass 椭圆函数表示为[2, 3, 4]

$$f(\xi) = f_0 + \frac{\sqrt{P(f_0)}\wp'(\xi) + \frac{1}{2}P'(f_0)\left(\wp(\xi) - \frac{1}{24}P''(f_0)\right) + \frac{1}{24}P(f_0)P^{(3)}(f_0)}{2\left(\wp(\xi) - \frac{1}{24}P''(f_0)\right)^2 - \frac{1}{48}P(f_0)P^{(4)}(f_0)}, \tag{1.63}$$

这里 f_0 为任意常数, $P''(f_0), P^{(3)}(f_0), P^{(4)}(f_0)$ 分别为 $P(f)$ 在点 f_0 处关于 f 的二阶、三阶和四阶导数, $\wp(\xi) = \wp(\xi, g_2, g_3)$ 且它的不变量 g_2, g_3 由方程 (1.62) 的系数确定, 即有

$$\begin{cases} g_2 = a_0 a_4 - 4a_1 a_3 + 3a_2^2, \\ g_3 = a_0 a_2 a_4 + 2a_1 a_2 a_3 - a_0 a_3^2 - a_2^3 - a_4 a_1^2, \end{cases} \tag{1.64}$$

而判别式定义为

$$\Delta = g_2^3 - 27g_3^2. \tag{1.65}$$

特别地, 当 f_0 为多项式 $P(f)$ 的单零点, 即 $P(f_0) = 0, P'(f_0) \neq 0$ 时, 则公式 (1.63) 可退化为

$$f(\xi) = f_0 + \frac{P'(f_0)}{4\left(\wp(\xi, g_2, g_3) - \frac{1}{24}P''(f_0)\right)}. \tag{1.66}$$

J. Nickel 和 H. W. Schürmann 等对公式 (1.66) 及其退化问题进行过较为系统的研究. 他们把 (1.66) 当 $\Delta = 0$ 时的由双曲函数与三角函数表示的退化表达式和 $\Delta \neq 0$ 时的由 Jacobi 椭圆函数表示的退化表达式应用于非线性波方程的求解[5]. 但这些退化表达式都借用了转换公式 (1.54), 从而绕不开三次方程 $4w^3 - g_2 w - g_3 = 0$ 的求根问题. 因此, 经常会碰到一个单根和一对共轭复根所造成的冗长复杂的计算问题并导致某些结果的计算错误[1].

为了克服上述困难, 这里将采用利用公式 (1.63) 和 (1.66) 直接求出 Weierstrass 椭圆函数解, 再通过直接假设法绕开三次代数方程的求根问题进而确定转换公式和 Weierstrass 椭圆函数解的退化表达式的方法. 这一方法的优点在于: 一是不用求三次代数方程的根, 从而简化了计算; 二是在多数情形下, 能够得出将 Weierstrass 椭圆函数转化为双曲函数和三角函数的转换公式, 从而又简化了计算步骤; 三是保证了将转换公式代入非线性波方程的 Weierstrass 椭圆函数解后得到退化解的正确性.

实现上述方法的具体步骤可简述如下:

(1) 求方程 (1.62) 的 Weierstrass 椭圆函数公式解.

公式 (1.66) 中 f_0 是 $P(f) = 0$ 的单零点, 因此能够确定 $P(f) = 0$ 的几个单实根, 就可相应地确定一般椭圆方程的几个 Weierstrass 椭圆函数解.

公式 (1.63) 中 f_0 为任意常数, 因此只有 $f_0 = 0$ 或 $f_0 \neq 0$ 两种选择. 所以, 当 $P(0) \neq 0, P(1) \neq 0$ 时取 $f_0 = 0$ 和 $f_0 = 1$, 则可以确定一般椭圆方程的两个 Weierstrass 椭圆函数解. 如果 $P(1) = 0$, 则可以任意选取另一个确定的 $f_0 \neq 0$ 且 $P(f_0) \neq 0$ 的常数, 就可得出与此相应的一个 Weierstrass 椭圆函数解.

(2) 确定将 Weierstrass 椭圆函数退化为 Jacobi 椭圆函数的转换公式.

假设 Weierstrass 椭圆函数与 Jacobi 椭圆函数之间的转换公式取如下形式

$$\wp(\xi, g_2, g_3) = A + B\mathrm{cn}^2(k\xi, m), \tag{1.67}$$

并将其代入方程 (1.51), 化简后令所有出现的 Jacobi 椭圆函数的不同幂次的系数等于零, 则得到关于 A, B, k, m 的代数方程组. 这个代数方程组关于 A, B, k, m 求解并将得到的解依次代入 (1.67) 就得到转换公式.

(3) 确定 Weierstrass 椭圆函数解的退化表达式.

用转换公式 (1.67) 替代 Weierstrass 椭圆函数解中的 Weierstrass 椭圆函数, 则得到解的退化表达式. 当 $m = 1$ 和 $m = 0$ 时, 退化解分别为双曲函数解和三角函数解, 而当 $m \neq 0, 1$ 时, 退化解为 Jacobi 椭圆函数解.

直接假设的转换公式 (1.67) 不但不用考虑三次方程 $4w^3 - g_2 w - g_3 = 0$ 的求根问题而且还具有很大的灵活性, 即可以将 (1.67) 中的 Jacobi 余弦函数换成任何其他的 Jacobi 椭圆函数, 甚至可以换成任何双曲函数或三角函数来推导相应的转换公式.

例 1.6 试确定将 Weierstrass 椭圆函数 $\wp\left(\xi, \dfrac{\theta^2}{12}, -\dfrac{\theta^3}{216}\right)$ 转化为双曲函数与三角函数的转换公式为

$$\wp\left(\xi, \frac{\theta^2}{12}, -\frac{\theta^3}{216}\right) = \frac{\theta}{12} - \frac{\theta}{4}\mathrm{sech}^2\left(\frac{\sqrt{\theta}}{2}\xi\right), \quad \theta > 0, \tag{1.68}$$

$$\wp\left(\xi, \frac{\theta^2}{12}, -\frac{\theta^3}{216}\right) = \frac{\theta}{12} + \frac{\theta}{4}\mathrm{csch}^2\left(\frac{\sqrt{\theta}}{2}\xi\right), \quad \theta > 0, \tag{1.69}$$

$$\wp\left(\xi, \frac{\theta^2}{12}, -\frac{\theta^3}{216}\right) = \frac{\theta}{12} - \frac{\theta}{4}\sec^2\left(\frac{\sqrt{-\theta}}{2}\xi\right), \quad \theta < 0, \tag{1.70}$$

$$\wp\left(\xi, \frac{\theta^2}{12}, -\frac{\theta^3}{216}\right) = \frac{\theta}{12} - \frac{\theta}{4}\csc^2\left(\frac{\sqrt{-\theta}}{2}\xi\right), \quad \theta < 0. \tag{1.71}$$

把假设式 (1.67) 代入方程 (1.51) 并化简后令 $\mathrm{sn}^j(k\xi, m)\,(j = 0, 2, 4, 6)$ 的系数等于零, 则得到代数方程组

$$\begin{cases} 864k^2m^2B^2 + 864B^3 = 0, \\ -864k^2m^2B^2 - 864k^2B^2 - 2592AB^2 - 2592B^3 = 0, \\ 864k^2B^2 + 2592A^2B + 5184AB^2 + 2592B^3 - 18\theta^2B = 0, \\ -864A^3 - 2592A^2B - 2592AB^2 + 18\theta^2A - 864B^3 + 18\theta^2B - \theta^3 = 0. \end{cases}$$

该代数方程组关于 A, B, k, m 求解且只保留 $m = 1$ 的解, 则得到

$$A = \frac{\theta}{12}, \quad B = -\frac{\theta}{4}, \quad k = \pm\frac{\sqrt{\theta}}{2}, \quad m = 1.$$

将其代入 (1.67) 并用 Jacobi 椭圆函数的极限

$$\mathrm{cn}(k\xi, 1) = \lim_{m \to 1} \mathrm{cn}(k\xi, m) = \mathrm{sech}(k\xi),$$

则有

$$\wp\left(\xi, \frac{\theta^2}{12}, -\frac{\theta^3}{216}\right) = \frac{\theta}{12} - \frac{\theta}{4}\mathrm{cn}^2\left(\pm\frac{\sqrt{\theta}}{2}\xi, 1\right) = \frac{\theta}{12} - \frac{\theta}{4}\mathrm{sech}^2\left(\frac{\sqrt{\theta}}{2}\xi\right).$$

同理, 将 (1.67) 中的 Jacobi 椭圆余弦函数换成其他的 Jacobi 椭圆函数并用 Jacobi 椭圆函数的极限, 则可以推出其他的转换公式.

另外, 也可以用以下转换公式来替代转换公式 (1.68)～(1.71), 即

$$\wp\left(\xi, \frac{\theta^2}{12}, -\frac{\theta^3}{216}\right) = -\frac{\theta}{6} + \frac{\theta}{4}\tanh^2\left(\frac{\sqrt{\theta}}{2}\xi\right), \quad \theta > 0,$$

$$\wp\left(\xi, \frac{\theta^2}{12}, -\frac{\theta^3}{216}\right) = -\frac{\theta}{6} + \frac{\theta}{4}\coth^2\left(\frac{\sqrt{\theta}}{2}\xi\right), \quad \theta > 0,$$

$$\wp\left(\xi, \frac{\theta^2}{12}, -\frac{\theta^3}{216}\right) = -\frac{\theta}{6} - \frac{\theta}{4}\tan^2\left(\frac{\sqrt{-\theta}}{2}\xi\right), \quad \theta < 0,$$

$$\wp\left(\xi, \frac{\theta^2}{12}, -\frac{\theta^3}{216}\right) = -\frac{\theta}{6} - \frac{\theta}{4}\cot^2\left(\frac{\sqrt{-\theta}}{2}\xi\right), \quad \theta < 0.$$

下面通过具体实例来说明用公式 (1.63) 和 (1.66) 构造方程的 Weierstrass 椭圆函数解以及用转换公式 (1.68)～(1.71) 给出退化解的问题.

例 1.7 求下面常微分方程的 Weierstrass 椭圆函数解及其退化解

$$f'^2(\xi) = P(f) = c_1 f(\xi) + c_2 f^2(\xi), \tag{1.72}$$

其中 c_1, c_2 为常数.

因为

$$a_0 = a_1 = 0, \quad a_2 = \frac{c_2}{6}, \quad a_3 = \frac{c_1}{4}, \quad a_4 = 0,$$

所以, 由 (1.64), 可得

$$g_2 = \frac{c_2^2}{12}, \quad g_3 = -\frac{c_2^3}{216}.$$

多项式方程 $P(f) = 0$ 有两个单根 $f_0 = 0, -\dfrac{c_1}{c_2}$.

当 $f_0 = 0$ 时, $P'(0) = c_1, P''(0) = 2c_2$. 于是由 (1.66) 得到方程 (1.72) 的 Weierstrass 椭圆函数解

$$f(\xi) = \frac{c_1}{4\wp\left(\xi, \dfrac{c_2^2}{12}, -\dfrac{c_2^3}{216}\right) - \dfrac{c_3}{3}}. \tag{1.73}$$

当 $f_0 = -\dfrac{c_1}{c_2}$ 时, $P'\left(-\dfrac{c_1}{c_2}\right) = -c_1, P''\left(-\dfrac{c_1}{c_2}\right) = 2c_2$. 因此, 由 (1.66) 得到方程 (1.72) 的 Weierstrass 椭圆函数解

$$f(\xi) = -\frac{c_1}{c_2} + \frac{c_1}{4\wp\left(\xi, \dfrac{c_2^2}{12}, -\dfrac{c_2^3}{216}\right) - \dfrac{c_3}{3}}. \tag{1.74}$$

取 $f_0 = 1$(不是 $P(f) = 0$ 的根) 时, 得到

$$P(1) = c_1 + c_2, \quad P'(1) = c_1 + 2c_2, \quad P''(1) = 2c_2, \quad P'''(1) = P^{(4)}(1) = 0.$$

并将其代入 (1.63), 则得到方程 (1.72) 的 Weierstrass 椭圆函数解

$$f(\xi) = 1 + \frac{\sqrt{c_1 + c_2}\,\wp'\left(\xi, \dfrac{c_2^2}{12}, -\dfrac{c_2^3}{216}\right) + \dfrac{1}{2}(c_1 + 2c_2)\left(\wp\left(\xi, \dfrac{c_2^2}{12}, -\dfrac{c_2^3}{216}\right) - \dfrac{c_2}{12}\right)}{2\left(\wp\left(\xi, \dfrac{c_2^2}{12}, -\dfrac{c_2^3}{216}\right) - \dfrac{c_2}{12}\right)^2},$$

$$\tag{1.75}$$

其中 $c_1 + c_2 > 0$.

在转换公式 (1.68)~(1.71) 中置 $\theta = c_2$, 并将其依次代入 Weierstrass 椭圆函数解 (1.73) 和 (1.74), 则得到方程 (1.72) 的如下双曲函数解与三角函数解

$$f_1(\xi) = -\frac{c_1}{c_2}\cosh^2\left(\frac{\sqrt{c_2}}{2}\xi\right), \quad c_2 > 0,$$

$$f_2(\xi) = \frac{c_1}{c_2}\sinh^2\left(\frac{\sqrt{c_2}}{2}\xi\right), \quad c_2 > 0,$$

$$f_3(\xi) = -\frac{c_1}{c_2}\cos^2\left(\frac{\sqrt{-c_2}}{2}\xi\right), \quad c_2 < 0,$$

$$f_4(\xi) = -\frac{c_1}{c_2}\sin^2\left(\frac{\sqrt{-c_2}}{2}\xi\right), \quad c_2 < 0.$$

最后, 在转换公式 (1.68)~(1.71) 中置 $\theta = c_2$ 后, 将其依次代入 Weierstrass 椭圆函数解 (1.75), 并进行化简后得到方程 (1.72) 的如下双曲函数解与三角函数解

$$f_5(\xi) = \sqrt{\frac{c_1 + c_2}{c_2}}\sinh(\sqrt{c_2}\,\xi) - \frac{c_1 + 2c_2}{2c_2}\cosh(\sqrt{c_2}\,\xi) - \frac{c_1}{2c_2}, \quad c_2 > 0,$$

$$f_6(\xi) = -\sqrt{\frac{c_1 + c_2}{c_2}}\sinh(\sqrt{c_2}\,\xi) + \frac{c_1 + 2c_2}{2c_2}\cosh(\sqrt{c_2}\,\xi) - \frac{c_1}{2c_2}, \quad c_2 > 0,$$

$$f_7(\xi) = \sqrt{-\frac{c_1 + c_2}{c_2}}\sin(\sqrt{-c_2}\,\xi) - \frac{c_1 + 2c_2}{2c_2}\cos(\sqrt{-c_2}\,\xi) - \frac{c_1}{2c_2}, \quad c_2 < 0,$$

$$f_8(\xi) = -\sqrt{-\frac{c_1 + c_2}{c_2}} \sin(\sqrt{-c_2}\,\xi) + \frac{c_1 + 2c_2}{2c_2} \cos(\sqrt{-c_2}\,\xi) - \frac{c_1}{2c_2}, \quad c_2 < 0,$$

这些解同时还满足条件 $c_1 + c_2 > 0$.

例 1.8 试确定 mKdV 方程

$$u_t + 6u^2 u_x + u_{xxx} = 0 \tag{1.76}$$

的 Weierstrass 椭圆函数解及其退化解.

将行波变换

$$u(x, t) = f(\xi), \quad \xi = x - \omega t \tag{1.77}$$

代入 mKdV 方程后积分两次并取积分常数为零, 则得到

$$f'^2(\xi) = P(f) = \omega f^2(\xi) - f^4(\xi). \tag{1.78}$$

于是有

$$a_0 = -1, \quad a_1 = 0, \quad a_2 = \frac{\omega}{6}, \quad a_3 = a_4 = 0, \quad g_2 = \frac{\omega^2}{12}, \quad g_3 = -\frac{\omega^3}{216}. \tag{1.79}$$

而 $P(f) = 0$ 的根为

$$f_0 = 0, \varepsilon\sqrt{\omega}.$$

当 $f_0 = 0$ 时, 由公式 (1.66) 得不到非平凡解.

当 $f_0 = \varepsilon\sqrt{\omega}$ 时, 有

$$P'(\varepsilon\sqrt{\omega}) = -2\varepsilon\omega^{\frac{3}{2}}, \quad P''(\varepsilon\sqrt{\omega}) = -10\omega.$$

由公式 (1.66) 得到 mKdV 方程的 Weierstrass 椭圆函数解

$$u(x, t) = \varepsilon\sqrt{\omega} - \frac{\varepsilon\omega^{\frac{3}{2}}}{2\wp\left(x - \omega t, \dfrac{\omega^2}{12}, -\dfrac{\omega^3}{216}\right) + \dfrac{5\omega}{6}}, \quad \omega > 0. \tag{1.80}$$

由于 $\theta = \omega > 0$, 从而 (1.80) 只能退化到双曲函数解, 所以将转换公式 (1.68) 和 (1.69) 中置 $\theta = \omega$ 并将其代入 (1.80), 则得到 mKdV 方程的同一个孤波解

$$u_1(x, t) = \varepsilon\sqrt{\omega}\, \text{sech}\sqrt{\omega}(x - \omega t), \quad \omega > 0.$$

取 $f_0 = 1$, 则

$$P(1) = \omega - 1, \quad P'(1) = 2(\omega - 2), \quad P''(1) = 2(\omega - 6),$$

$$P'''(1) = -24, \quad P^{(4)}(1) = -24.$$

从而由公式 (1.63) 得到 mKdV 方程的 Weierstrass 椭圆函数解

$$u(x,t) = 1 + \frac{\sqrt{\omega - 1}\, \wp'(\xi, g_2, g_3) + (\omega - 2)\left(\wp(\xi, g_2, g_3) - \dfrac{\omega}{12} + \dfrac{1}{2}\right) - \omega + 1}{2\left(\wp(\xi, g_2, g_3) - \dfrac{\omega}{12} + \dfrac{1}{2}\right)^2 + \dfrac{\omega - 1}{2}},$$

$$\omega > 1, \tag{1.81}$$

其中 $\xi = x - \omega t$, g_2, g_3 由 (1.79) 式给定.

由于 $\theta = \omega > 1$, 于是可知 (1.81) 只能退化到双曲函数解. 所以将转换公式 (1.68) 和 (1.69) 中置 $\theta = \omega$ 并将其依次代入 (1.81), 则得到 mKdV 方程的孤波解

$$u_2(x,t) = \frac{\sqrt{\omega(\omega - 1)}\, \sinh\sqrt{\omega}(x - \omega t) - \omega \cosh\sqrt{\omega}(x - \omega t)}{\sinh^2\sqrt{\omega}(x - \omega t) + \omega}, \quad \omega > 1,$$

$$u_3(x,t) = -\frac{\sqrt{\omega(\omega - 1)}\, \sinh\sqrt{\omega}(x - \omega t) - \omega \cosh\sqrt{\omega}(x - \omega t)}{\sinh^2\sqrt{\omega}(x - \omega t) + \omega}, \quad \omega > 1.$$

1.4   Weierstrass 型 Riccati 方程展开法

Weierstrass 型 Riccati 方程展开法指的是 Riccati 方程展开法中用 Riccati 方程的 Weierstrass 椭圆函数解来求非线性波方程行波解的方法.

在一般情况下, 辅助方程的解由 Weierstrass 椭圆函数给定, 截断形式级数解由 (1.5) 式确定, 则难以通过求解代数方程组的途径来确定 (1.5) 中的待定参数 a_i $(i = 0, 1, \cdots, n)$, 这就需要针对不同的辅助方程, 选取合适的解的截断展开式去替代 (1.5) 式.

基于以上原则, 对 Riccati 方程展开法做适当修改并提出 Weierstrass 型 Riccati 方程展开法如下:

(1) 辅助方程取为 Riccati 方程

$$F'(\xi) = c_0 + c_1 F(\xi) + c_2 F^2(\xi), \tag{1.82}$$

且方程 (1.82) 取下面的 Weierstrass 椭圆函数解

$$F(\xi) = \begin{cases} -\dfrac{c_1}{2c_2} + \dfrac{\wp'(\xi, g_2, g_3)}{2c_2\left(\wp(\xi, g_2, g_3) - \dfrac{\delta}{12}\right)}, \\[4mm] -\dfrac{(2c_0 + c_1)\left(\wp(\xi, g_2, g_3) - \dfrac{\delta}{12}\right) - \wp'(\xi, g_2, g_3)}{(c_1 + 2c_2)\left(\wp(\xi, g_2, g_3) - \dfrac{\delta}{12}\right) + \wp'(\xi, g_2, g_3)}, \\[4mm] \dfrac{\dfrac{1}{2}c_0 c_1\left(\wp(\xi, g_2, g_3) - \dfrac{\delta}{12}\right) - \dfrac{1}{2}c_0\wp'(\xi, g_2, g_3)}{\left(\wp(\xi, g_2, g_3) - \dfrac{c_0 c_2}{6} - \dfrac{c_1^2}{12}\right)^2 - \left(\dfrac{c_0 c_2}{2}\right)^2}, \end{cases} \tag{1.83}$$

其中

$$g_2 = \frac{\delta^2}{12}, \quad g_3 = -\frac{\delta^3}{216}, \quad \delta = c_1^2 - 4c_0 c_2. \tag{1.84}$$

(2) 将截断形式级数解 (1.5) 修正为

$$u(\xi) = \begin{cases} c_2 + c_1 F, & n = 1, \\ c_2 + c_1 F + c_0 F^2, & n = 2, \\ \displaystyle\sum_{i=0}^{n} c_i F^i, & n > 2, \end{cases} \tag{1.85}$$

其中 c_i $(i = 0, 1, 2)$ 为 Riccati 方程的系数且将所有 c_i 视为待定常数, n 为平衡常数, $F(\xi)$ 为 Riccati 方程的某个 Weierstrass 椭圆函数解.

Riccati 方程, 甚至其他辅助方程都有可能存在多个 Weierstrass 椭圆函数解. 因此, 只能以相互独立且使用方便为前提选择这些 Weierstrass 椭圆函数解, 并由此提出相应的 Weierstrass 型辅助方程法.

例 1.9 求 Burgers 方程

$$u_t + 2uu_x + u_{xx} = 0 \tag{1.86}$$

的 Weierstrass 椭圆函数解及其退化解.

将行波变换

$$u(x, t) = u(\xi), \quad \xi = x - \omega t \tag{1.87}$$

代入 (1.86), 则得到

$$-\omega u' + 2uu' + u'' = 0. \tag{1.88}$$

由于辅助方程取 Riccati 方程, 故 $m = 2$. 假设 $O(u) = n$, 则由 (1.18) 可知, 线性最高阶导数项的阶数 $O(u'') = n + 2$, 最高幂次的非线性项的阶数 $O(uu') = 2n + 1$, 将两者相互抵消, 则得到平衡常数 $n = 1$. 于是, 由 (1.85) 可假设方程 (1.88) 具有如下截断形式级数解

$$u(\xi) = c_2 + c_1 F(\xi). \tag{1.89}$$

为确定起见, 取 $c_0 = 1$, 并将其同 (1.89) 和 (1.82) 一起代入 (1.88) 后, 令 F^j $(j = 0, 1, 2, 3)$ 的系数等于零, 则得到如下代数方程组

$$\begin{cases} 2c_1^2 c_2 + 2c_1 c_2^2 = 0, \\ c_1^2 + 2c_1 c_2 - \omega c_1 = 0, \\ 2c_1^3 + 3c_1^2 c_2 + 2c_1 c_2^2 - \omega c_1 c_2 = 0, \\ c_1^3 + 2c_1^2 c_2 - \omega c_1^2 + 2c_1^2 + 2c_1 c_2 = 0. \end{cases}$$

借助 Maple 系统求得该代数方程组的解

$$c_0 = 1, \quad c_1 = -\omega, \quad c_2 = \omega, \tag{1.90}$$

这里为表示全部待定常数的值起见, 加入了预先选取的 c_0 的值. 由 (1.84) 式可得

$$g_2 = \frac{\delta^2}{12}, \quad g_3 = -\frac{\delta^3}{216}, \quad \delta = \omega^2 - 4\omega. \tag{1.91}$$

将 (1.90), (1.91) 和 (1.83) 中的三个解依次代入 (1.89) 并借助 (1.87), 则得到 Burgers 方程的如下三个 Weierstrass 椭圆函数解

$$u(x, t) = \frac{\omega}{2} - \frac{\wp'\left(x - \omega t, \dfrac{\delta^2}{12}, -\dfrac{\delta^3}{216}\right)}{2\left(\wp\left(x - \omega t, \dfrac{\delta^2}{12}, -\dfrac{\delta^3}{216}\right) - \dfrac{\delta}{12}\right)}, \tag{1.92}$$

$$u(x, t)$$

$$= \omega + \frac{\omega\left((2 - \omega)\left(\wp\left(x - \omega t, \dfrac{\delta^2}{12}, -\dfrac{\delta^3}{216}\right) - \dfrac{\delta}{12}\right) - \wp'\left(x - \omega t, \dfrac{\delta^2}{12}, -\dfrac{\delta^3}{216}\right)\right)}{\omega\left(\wp\left(x - \omega t, \dfrac{\delta^2}{12}, -\dfrac{\delta^3}{216}\right) - \dfrac{\delta}{12}\right) + \wp'\left(x - \omega t, \dfrac{\delta^2}{12}, -\dfrac{\delta^3}{216}\right)},$$

$$\tag{1.93}$$

$$u(x,t) = \omega + \frac{\omega\left(\omega\left(\wp\left(x-\omega t, \frac{\delta^2}{12}, -\frac{\delta^3}{216}\right) - \frac{\delta}{12}\right) + \wp'\left(x-\omega t, \frac{\delta^2}{12}, -\frac{\delta^3}{216}\right)\right)}{2\left(\left(\wp\left(x-\omega t, \frac{\delta^2}{12}, -\frac{\delta^3}{216}\right) - \frac{\omega}{6} - \frac{\omega^2}{12}\right)^2 - \frac{\omega^2}{4}\right)},$$

$$\tag{1.94}$$

其中 $\delta = \omega^2 - 4\omega$.

下面将利用转换公式给出以上 Weierstrass 椭圆函数解所对应的退化解. 由于有些退化解较为复杂, 需要做适当的简化. 这里将省略中间过程, 只写出最终的简化结果.

在转换公式 (1.68)~(1.71) 中置 $\theta = \delta$, 并将其依次代入 (1.92), 则得到 Burgers 方程的孤波解和周期解

$$u_1(x,t) = \frac{\omega}{2} + \frac{\sqrt{\omega^2-4\omega}}{2}\tanh\frac{\sqrt{\omega^2-4\omega}}{2}(x-\omega t), \quad \omega<0 \text{ 或 } \omega>4,$$

$$u_2(x,t) = \frac{\omega}{2} + \frac{\sqrt{\omega^2-4\omega}}{2}\coth\frac{\sqrt{\omega^2-4\omega}}{2}(x-\omega t), \quad \omega<0 \text{ 或 } \omega>4,$$

$$u_3(x,t) = \frac{\omega}{2} - \frac{\sqrt{4\omega-\omega^2}}{2}\tan\frac{\sqrt{4\omega-\omega^2}}{2}(x-\omega t), \quad 0<\omega<4,$$

$$u_4(x,t) = \frac{\omega}{2} + \frac{\sqrt{4\omega-\omega^2}}{2}\cot\frac{\sqrt{4\omega-\omega^2}}{2}(x-\omega t), \quad 0<\omega<4.$$

在转换公式 (1.68)~(1.71) 中置 $\theta = \delta$, 并将其依次代入 (1.93), 则得到 Burgers 方程的孤波解和周期解

$$u_5(x,t) = \frac{2\omega}{\omega - \sqrt{\omega^2-4\omega}\tanh\dfrac{\sqrt{\omega^2-4\omega}}{2}(x-\omega t)}, \quad \omega<0 \text{ 或 } \omega>4,$$

$$u_6(x,t) = \frac{2\omega}{\omega - \sqrt{\omega^2-4\omega}\coth\dfrac{\sqrt{\omega^2-4\omega}}{2}(x-\omega t)}, \quad \omega<0 \text{ 或 } \omega>4,$$

$$u_7(x,t) = \frac{2\omega}{\omega + \sqrt{4\omega-\omega^2}\tan\dfrac{\sqrt{4\omega-\omega^2}}{2}(x-\omega t)}, \quad 0<\omega<4,$$

$$u_8(x,t) = \frac{2\omega}{\omega - \sqrt{4\omega-\omega^2}\cot\dfrac{\sqrt{4\omega-\omega^2}}{2}(x-\omega t)}, \quad 0<\omega<4.$$

在转换公式 (1.68)~(1.71) 中置 $\theta = \delta$, 并将其依次代入 (1.94), 则得到 Burgers 方程的孤波解和周期解

$$u_9(x,t)$$
$$= \frac{\omega \cosh\sqrt{\omega^2 - 4\omega}(x - \omega t) + \sqrt{\omega^2 - 4\omega}\sinh\sqrt{\omega^2 - 4\omega}(x - \omega t) + \omega^2 - 3\omega}{2\cosh\sqrt{\omega^2 - 4\omega}(x - \omega t) + \omega - 2},$$

$$u_{10}(x,t)$$
$$= \frac{\omega \cosh\sqrt{\omega^2 - 4\omega}(x - \omega t) + \sqrt{\omega^2 - 4\omega}\sinh\sqrt{\omega^2 - 4\omega}(x - \omega t) - \omega^2 + 3\omega}{2\cosh\sqrt{\omega^2 - 4\omega}(x - \omega t) - \omega + 2},$$

$$\omega < 0 \text{ 或 } \omega > 4,$$

$$u_{11}(x,t)$$
$$= \frac{\omega \cos\sqrt{4\omega - \omega^2}(x - \omega t) - \sqrt{4\omega - \omega^2}\sin\sqrt{4\omega - \omega^2}(x - \omega t) + \omega^2 - 3\omega}{2\cos\sqrt{4\omega - \omega^2}(x - \omega t) + \omega - 2},$$

$$u_{12}(x,t)$$
$$= \frac{\omega \cos\sqrt{4\omega - \omega^2}(x - \omega t) - \sqrt{4\omega - \omega^2}\sin\sqrt{\omega^2 - 4\omega}(x - \omega t) - \omega^2 + 3\omega}{2\cos\sqrt{4\omega - \omega^2}(x - \omega t) - \omega + 2},$$

$$0 < \omega < 4.$$

由以上得到的退化解不难看出利用 Riccati 方程的 Weierstrass 椭圆函数解, 不但能够给出用原有方法得到过的旧解 (如解 $u_1 \sim u_4$), 而且还可以获得不少的新解 (如解 $u_5 \sim u_{12}$). 这充分说明 Weierstrass 椭圆函数法比以往的多种辅助方程法更有威力.

解 u_1, u_2 分别为扭结孤波解与奇异孤波解, 而 u_2, u_4 为周期波解. Burgers 方程的解具有以这四种基本形状出现的规律. 但解 u_5, u_6 则兼有两种不同形状, 如 u_5 当 $\omega > 4$ 时为扭结孤波 (图 1.1), 而当 $\omega < 0$ 时为奇异孤波 (图 1.2). u_6 当 $\omega > 4$ 时为奇异孤波 (图 1.3), 而当 $\omega < 0$ 时为扭结孤波 (图 1.4). 同样, 解 u_9, u_{10} 也具有与 u_5, u_6 类似的性质, 这里不再细述. 这四个解所具有的不同范围内具有不同形状的性质与 u_1, u_2 在 $\omega < 0$ 和 $\omega > 4$ 的范围内都是扭结孤波与奇异孤波的性质完全不同.

例 1.10　求 KdV 方程

$$u_t + 6uu_x + u_{xxx} = 0 \tag{1.95}$$

的 Weierstrass 椭圆函数解及其退化解.

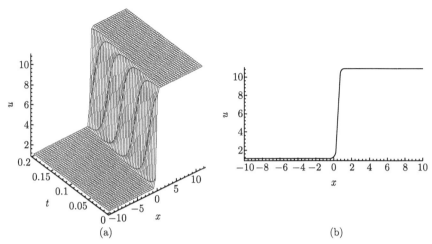

(a) (b)

图 1.1 扭结孤波解 u_5 的图形, $\omega = 12$, 图 (b) 中参数 $t = 0.02$

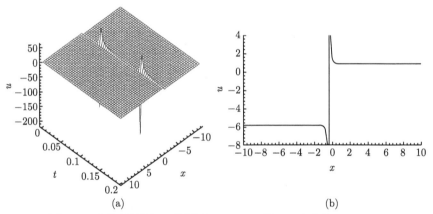

(a) (b)

图 1.2 奇异孤波解 u_5 的图形, $\omega = -5$, 图 (b) 中参数 $t = 0.02$

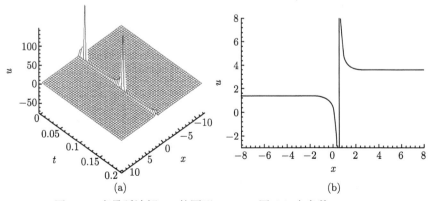

(a) (b)

图 1.3 奇异孤波解 u_6 的图形, $\omega = 5$, 图 (b) 中参数 $t = 0.02$

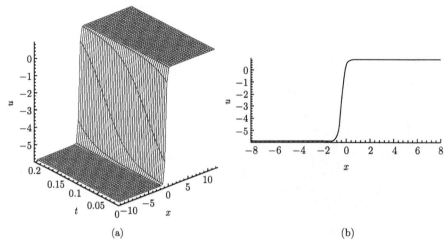

(a)   (b)

图 1.4　扭结孤波解 u_6 的图形, $\omega = -5$, 图 (b) 中参数 $t = 0.02$

将行波变换 (1.87) 代入 KdV 方程, 则得到

$$-\omega u' + 6uu' + u''' = 0. \tag{1.96}$$

因为辅助方程为 Riccati 方程, 故 $m = 2$. 于是若假设 $O(u) = n$, 则由 (1.18) 可知 $O(u''') = n + 3, O(uu') = 2n + 1$, 从而平衡常数 $n = 2$. 因此, 由 (1.85) 式取解的展开式为

$$u(\xi) = c_2 + c_1 F(\xi) + c_0 F^2(\xi), \tag{1.97}$$

其中 c_i $(i = 0, 1, 2)$ 为 Riccati 方程 (1.82) 的系数, $F(\xi)$ 为 Riccati 方程的某个 Weierstrass 椭圆函数解.

将 (1.97) 式同 Riccati 方程 (1.82) 一起代入方程 (1.96), 并令 F^j $(j = 0, 1, 2, 3, 4, 5)$ 的系数等于零, 则得到如下代数方程组

$$\begin{cases} 24c_0c_2^3 + 12c_0^2c_2 = 0, \\ 54c_0c_1c_2^2 + 6c_1c_2^3 + 12c_0^2c_1 + 18c_0c_1c_2 = 0, \\ 6c_0^3c_1 + 2c_0^2c_1c_2 + c_0c_1^3 + 6c_0c_1c_2 - c_0c_1\omega = 0, \\ 40c_0^2c_2^2 + 38c_0c_1^2c_2 + 12c_1^2c_2^2 + 12c_0^3 + 18c_0c_1^2 + 12c_0c_2^2 - 2c_0c_2\omega + 6c_1^2c_2 = 0, \\ 16c_0^3c_2 + 14c_0^2c_1^2 + 8c_0c_1^2c_2 + c_1^4 + 12c_0^2c_2 - 2c_0^2\omega + 6c_0c_1^2 + 6c_1^2c_2 - c_1^2\omega = 0, \\ 52c_0^2c_1c_2 + 8c_0c_1^3 + 8c_0c_1c_2^2 + 7c_1^3c_2 + 18c_0^2c_1 + 12c_0c_1c_2 - 2c_0c_1\omega \\ \qquad + 6c_1^3 + 6c_1c_2^2 - c_1c_2\omega = 0. \end{cases}$$

用 Maple 求解该代数方程组则得到三组解. 下面将给出代数方程组的这三组解所确定的 KdV 方程的 Weierstrass 椭圆函数解与退化解.

情形 1 代数方程组的第一组解为

$$c_0 = -\frac{1}{2}, \quad c_1 = \varepsilon\sqrt{\omega + 1}, \quad c_2 = -\frac{1}{2}, \quad \varepsilon = \pm 1. \tag{1.98}$$

由 (1.84) 算出

$$g_2 = \frac{\omega^2}{12}, \quad g_3 = -\frac{\omega^3}{216}, \quad \delta = \omega. \tag{1.99}$$

将 (1.98), (1.99) 同 (1.83) 式给定的 Riccati 方程的三个解依次代入 (1.97) 式, 则得到 KdV 方程的如下 Weierstrass 椭圆函数解

$$u(x, t) = \frac{\omega}{6} - 2\wp\left(x - \omega t, \frac{\omega^2}{12}, -\frac{\omega^3}{216}\right), \tag{1.100}$$

$$u(x, t) = -\frac{1}{2} + \varepsilon\sqrt{\omega + 1}\, F_2(\xi) - \frac{1}{2}F_2^2(\xi),$$

$$F_2(\xi)$$

$$= -\frac{(\varepsilon\sqrt{\omega + 1} - 1)\left(\wp\left(x - \omega t, \frac{\omega^2}{12}, -\frac{\omega^3}{216}\right) - \frac{\omega}{12}\right) - \wp'\left(x - \omega t, \frac{\omega^2}{12}, -\frac{\omega^3}{216}\right)}{(\varepsilon\sqrt{\omega + 1} - 1)\left(\wp\left(x - \omega t, \frac{\omega^2}{12}, -\frac{\omega^3}{216}\right) - \frac{\omega}{12}\right) + \wp'\left(x - \omega t, \frac{\omega^2}{12}, -\frac{\omega^3}{216}\right)},$$

$$\tag{1.101}$$

$$u(x, t) = -\frac{1}{2} + \varepsilon\sqrt{\omega + 1}\, F_3(\xi) - \frac{1}{2}F_3^2(\xi),$$

$$F_3(\xi) = \frac{-\varepsilon\sqrt{\omega + 1}\left(\wp\left(x - \omega t, \frac{\omega^2}{12}, -\frac{\omega^3}{216}\right) - \frac{\omega}{12}\right) + \wp'\left(x - \omega t, \frac{\omega^2}{12}, -\frac{\omega^3}{216}\right)}{4\left(\left(\wp\left(x - \omega t, \frac{\omega^2}{12}, -\frac{\omega^3}{216}\right) - \frac{1}{8} - \frac{\omega}{12}\right)^2 - \frac{1}{64}\right)},$$

$$\tag{1.102}$$

这里解 (1.101) 和 (1.102) 还满足条件 $\omega > -1$.

在 (1.68)~(1.71) 中置 $\theta = \delta$, 并将其依次代入 (1.100), 则得到 KdV 方程的如下孤波解与周期解

$$u_1(x, t) = \frac{\omega}{2}\operatorname{sech}^2\frac{\sqrt{\omega}}{2}(x - \omega t), \quad \omega > 0,$$

$$u_2(x,t) = -\frac{\omega}{2}\operatorname{csch}^2\frac{\sqrt{\omega}}{2}(x-\omega t), \quad \omega > 0,$$

$$u_3(x,t) = \frac{\omega}{2}\sec^2\frac{\sqrt{-\omega}}{2}(x-\omega t), \quad \omega < 0,$$

$$u_4(x,t) = \frac{\omega}{2}\csc^2\frac{\sqrt{-\omega}}{2}(x-\omega t), \quad \omega < 0.$$

在 (1.68)~(1.71) 中置 $\theta = \delta$, 并将其依次代入 (1.101), 则得到 KdV 方程的如下孤波解与周期解

$$u_5(x,t)$$

$$= \frac{-\omega(\varepsilon\sqrt{\omega+1}-1)}{\left((\varepsilon\sqrt{\omega+1}-1)\cosh\frac{\sqrt{\omega}}{2}(x-\omega t)-\sqrt{\omega}\sinh\frac{\sqrt{\omega}}{2}(x-\omega t)\right)^2}, \quad \omega > 0,$$

$$u_6(x,t)$$

$$= \frac{\omega(\varepsilon\sqrt{\omega+1}-1)}{\left((\varepsilon\sqrt{\omega+1}-1)\sinh\frac{\sqrt{\omega}}{2}(x-\omega t)-\sqrt{\omega}\cosh\frac{\sqrt{\omega}}{2}(x-\omega t)\right)^2}, \quad \omega > 0,$$

$$u_7(x,t)$$

$$= \frac{\omega(\varepsilon\sqrt{\omega+1}-1)}{(\varepsilon\sqrt{\omega+1}-\omega-1)\cos\eta-(\varepsilon\sqrt{\omega+1}-1)\left(\sqrt{-\omega}\sin\eta-1\right)}, \quad -1 < \omega < 0,$$

$$u_8(x,t)$$

$$= \frac{-\omega(\varepsilon\sqrt{\omega+1}-1)}{(\varepsilon\sqrt{\omega+1}-\omega-1)\cos\eta-(\varepsilon\sqrt{\omega+1}-1)\left(\sqrt{-\omega}\sin\eta+1\right)}, \quad -1 < \omega < 0,$$

其中 $\eta = \frac{\sqrt{-\omega}}{2}(x-\omega t)$.

KdV 方程的解 u_5 当 $\varepsilon = 1$ 和 $\varepsilon = -1$ 时分别为奇异孤波和钟状孤波解 (图 1.5 和图 1.6). 与此相反, u_6 当 $\varepsilon = 1$ 和 $\varepsilon = -1$ 时分别为钟状孤波和奇异孤波解 (图 1.7 和图 1.8).

在 (1.68)~(1.71) 中置 $\theta = \delta$, 并将其依次代入 (1.102), 则得到 KdV 方程的如下孤波解与周期解

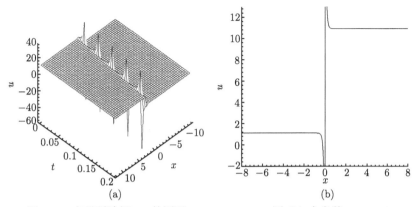

图 1.5 奇异孤波解 u_5 的图形, $\varepsilon = 1$, $\omega = 15$, 图 (b) 中参数 $t = 0.04$

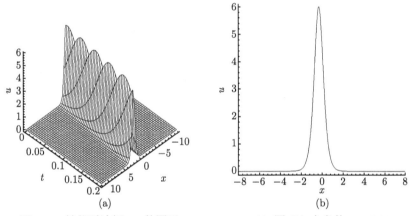

图 1.6 钟状孤波解 u_5 的图形, $\varepsilon = -1$, $\omega = 12$, 图 (b) 中参数 $t = 0.02$

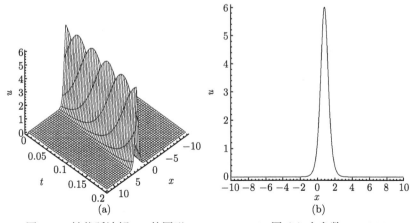

图 1.7 钟状孤波解 u_6 的图形, $\varepsilon = 1$, $\omega = 12$, 图 (b) 中参数 $t = 0.02$

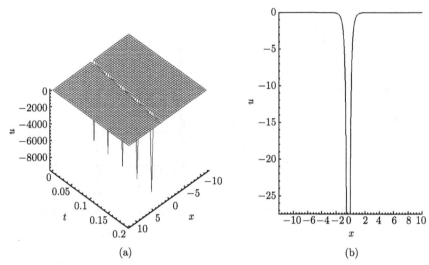

(a)   (b)

图 1.8　奇异孤波解 u_6 的图形, $\varepsilon = -1$, $\omega = 12$, 图 (b) 中参数 $t = 0.02$

$u_9(x, t)$

$$= \frac{\omega \left(2\varepsilon\sqrt{\omega(\omega+1)}\sinh\sqrt{\omega}(x-\omega t) + (2\omega+1)\cosh\sqrt{\omega}(x-\omega t) + 1\right)}{\left(\cosh\sqrt{\omega}(x-\omega t) + 2\omega + 1\right)^2}, \quad \omega > 0,$$

$u_{10}(x, t)$

$$= -\frac{\omega \left(2\varepsilon\sqrt{\omega(\omega+1)}\sinh\sqrt{\omega}(x-\omega t) + (2\omega+1)\cosh\sqrt{\omega}(x-\omega t) - 1\right)}{\left(\cosh\sqrt{\omega}(x-\omega t) - 2\omega - 1\right)^2}, \quad \omega > 0,$$

$u_{11}(x, t)$

$$= -\frac{\omega \left(2\varepsilon\sqrt{-\omega(\omega+1)}\sin\sqrt{-\omega}(x-\omega t) - (2\omega+1)\cos\sqrt{-\omega}(x-\omega t) - 1\right)}{\left(\cos\sqrt{-\omega}(x-\omega t) + 2\omega + 1\right)^2},$$

$u_{12}(x, t)$

$$= \frac{\omega \left(2\varepsilon\sqrt{-\omega(\omega+1)}\sin\sqrt{-\omega}(x-\omega t) - (2\omega+1)\cos\sqrt{-\omega}(x-\omega t) + 1\right)}{\left(\cos\sqrt{-\omega}(x-\omega t) - 2\omega - 1\right)^2},$$

其中解 u_{11} 和 u_{12} 的参数 ω 满足条件 $-1 < \omega < 0$.

　　与 u_5, u_6 不同, 不管 $\varepsilon = 1$ 还是 $\varepsilon = -1$, u_9 给出钟状孤波, 而 u_{10} 则给出奇异孤波. 感兴趣的读者可以自己作图观察.

情形 2 代数方程组的第二组解为

$$c_0 = -\frac{\sigma^2}{2}, \quad c_1 = 0, \quad c_2 = \frac{\sigma}{2},$$

$$\sigma = \frac{(-2\omega + 2\sqrt{\omega^2 - 2})^{\frac{1}{3}}}{2} + \frac{1}{(-2\omega + 2\sqrt{\omega^2 - 2})^{\frac{1}{3}}}. \tag{1.103}$$

由 (1.84) 可以算出

$$g_2 = \frac{\sigma^6}{12}, \quad g_3 = -\frac{\sigma^9}{216}, \quad \delta = \sigma^3. \tag{1.104}$$

依次将 (1.103) 和 (1.104) 同 Riccati 方程的解 (1.83) 一起代入 (1.97), 则得到 KdV 方程的 Weierstrass 椭圆函数解

$$u(x,t) = \frac{\sigma}{2} - \frac{1}{2}\left(\frac{\wp'\left(x - \omega t, \frac{\sigma^6}{12}, -\frac{\sigma^9}{216}\right)}{\wp\left(x - \omega t, \frac{\sigma^6}{12}, -\frac{\sigma^9}{216}\right) - \frac{\sigma^3}{12}}\right)^2, \tag{1.105}$$

$$u(x,t)$$
$$= \frac{\sigma}{2} - \frac{\sigma^2}{2}\left(\frac{-\sigma^2\left(\wp\left(x - \omega t, \frac{\sigma^6}{12}, -\frac{\sigma^9}{216}\right) - \frac{\sigma^3}{12}\right) - \wp'\left(x - \omega t, \frac{\sigma^6}{12}, -\frac{\sigma^9}{216}\right)}{\sigma\left(\wp\left(x - \omega t, \frac{\sigma^6}{12}, -\frac{\sigma^9}{216}\right) - \frac{\sigma^3}{12}\right) + \wp'\left(x - \omega t, \frac{\sigma^6}{12}, -\frac{\sigma^9}{216}\right)}\right)^2, \tag{1.106}$$

$$u(x,t) = \frac{\sigma}{2} - \frac{\sigma^6}{32}\left(\frac{\wp'\left(x - \omega t, \frac{\sigma^6}{12}, -\frac{\sigma^9}{216}\right)}{\left(\wp\left(x - \omega t, \frac{\sigma^6}{12}, -\frac{\sigma^9}{216}\right) + \frac{\sigma^3}{24}\right)^2 - \frac{\sigma^6}{64}}\right)^2, \tag{1.107}$$

其中 σ 由 (1.103) 式给定.

在 (1.68) 和 (1.69) 中取 $\theta = \delta$, 并将其依次代入 (1.105) 和 (1.106), 则得到 KdV 方程的孤波解

$$u_{13}(x,t) = \frac{\sigma}{2} - \frac{\sigma^3}{2}\tanh^2\frac{\sigma\sqrt{\sigma}}{2}(x - \omega t), \quad \omega < -\sqrt{2},$$

$$u_{14}(x,t) = \frac{\sigma}{2} - \frac{\sigma^3}{2}\coth^2\frac{\sigma\sqrt{\sigma}}{2}(x - \omega t), \quad \omega < -\sqrt{2},$$

$$u_{15}(x,t) = -\frac{\sigma^2(\sigma - 1)\left(\left(\sqrt{\sigma}\tanh\frac{\sigma\sqrt{\sigma}}{2}(x - \omega t) - \sigma - 1\right)^2 - \sigma\right)}{2\left(\sigma\tanh\frac{\sigma\sqrt{\sigma}}{2}(x - \omega t) - \sqrt{\sigma}\right)^2}, \quad \omega < -\sqrt{2},$$

$$u_{16}(x,t) = -\frac{\sigma^2(\sigma-1)\left(\left(\sqrt{\sigma}\coth\frac{\sigma\sqrt{\sigma}}{2}(x-\omega t)-\sigma-1\right)^2-\sigma\right)}{2\left(\sigma\coth\frac{\sigma\sqrt{\sigma}}{2}(x-\omega t)-\sqrt{\sigma}\right)^2}, \quad \omega < -\sqrt{2},$$

其中 σ 由 (1.103) 式给定.

由于 $\theta = \delta = \sigma^3 > 0$, 故 (1.105), (1.106) 和 (1.107) 不能给出 KdV 方程的三角函数周期解. 而把 (1.68) 和 (1.69) 同 $\theta = \delta$ 代入 (1.107) 时分别得到解 u_{14} 和 u_{13}.

通过作图观察可知, 在以上求得的 KdV 方程的解当中, 解 u_{13} 为钟状孤波 (图 1.9), 解 u_{14} 为奇异孤波 (图 1.10). 而解 u_{15} 和 u_{16} 分别为奇异孤波与钟状孤波 (图 1.11 和图 1.12).

情形 3 代数方程组的第三组解为

$$c_0 = -\frac{\tau^2}{2}, \quad c_1 = 0, \quad c_2 = -\frac{\tau}{2}, \quad \tau = \frac{(2\omega+2\sqrt{\omega^2-2})^{\frac{1}{3}}}{2} + \frac{1}{(2\omega+2\sqrt{\omega^2-2})^{\frac{1}{3}}}, \tag{1.108}$$

由 (1.84), 可得

$$g_2 = \frac{\tau^6}{12}, \quad g_3 = -\frac{\tau^9}{216}, \quad \delta = -\tau^3. \tag{1.109}$$

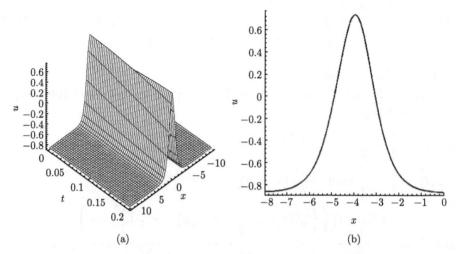

(a)   (b)

图 1.9 钟状孤波解 u_{13} 的图形, $\omega = -2$, 图 (b) 中参数 $t = 2$

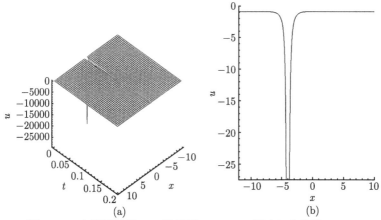

图 1.10　奇异孤波解 u_{14} 的图形, $\omega = -2$, 图 (b) 中参数 $t = 2$

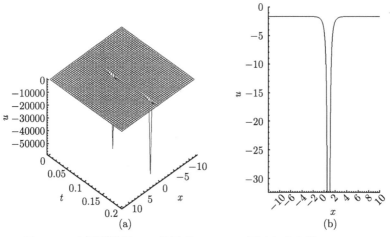

图 1.11　奇异孤波解 u_{15} 的图形, $\omega = -5$, 图 (b) 中参数 $t = 0.02$

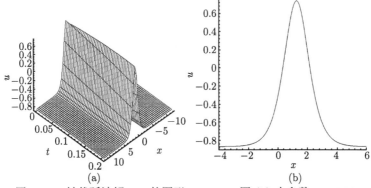

图 1.12　钟状孤波解 u_{16} 的图形, $\omega = -2$, 图 (b) 中参数 $t = 0.02$

将 (1.108), (1.109), (1.83) 和 (1.87) 代入 (1.97), 则得到 KdV 方程的 Weierstrass 椭圆函数解

$$u(x,t) = -\frac{\tau}{2} - \frac{1}{2}\left(\frac{\wp'\left(x-\omega t, \frac{\tau^6}{12}, -\frac{\tau^9}{216}\right)}{\wp\left(x-\omega t, \frac{\tau^6}{12}, -\frac{\tau^9}{216}\right) + \frac{\tau^3}{12}}\right)^2, \tag{1.110}$$

$$u(x,t)$$
$$= -\frac{\tau}{2} - \frac{\tau^2}{2}\left(\frac{-\tau^2\left(\wp\left(x-\omega t, \frac{\tau^6}{12}, -\frac{\tau^9}{216}\right) + \frac{\tau^3}{12}\right) - \wp'\left(x-\omega t, \frac{\tau^6}{12}, -\frac{\tau^9}{216}\right)}{-\tau\left(\wp\left(x-\omega t, \frac{\tau^6}{12}, -\frac{\tau^9}{216}\right) + \frac{\tau^3}{12}\right) + \wp'\left(x-\omega t, \frac{\tau^6}{12}, -\frac{\tau^9}{216}\right)}\right)^2, \tag{1.111}$$

$$u(x,t) = -\frac{\tau}{2} - \frac{\tau^6}{32}\left(\frac{\wp'\left(x-\omega t, \frac{\tau^6}{12}, -\frac{\tau^9}{216}\right)}{\wp\left(x-\omega t, \frac{\tau^6}{12}, -\frac{\tau^9}{216}\right) - \frac{\tau^3}{64}}\right)^2, \tag{1.112}$$

其中 τ 由 (1.108) 式给定.

由于 $\tau > 0$, 从而 $\theta = \delta = -\tau^3 < 0$, 于是可知以上给出的 KdV 方程的 Weierstrass 椭圆函数解只能退化到三角函数解. 因此将转换公式 (1.70) 和 (1.71) 代入 (1.110), (1.111) 和 (1.112), 则得到 KdV 方程的如下周期解

$$u_{17}(x,t) = -\frac{\tau}{2} - \frac{\tau^3}{2}\tan^2\frac{\tau\sqrt{\tau}}{2}(x-\omega t), \quad \omega > \sqrt{2},$$

$$u_{18}(x,t) = -\frac{\tau}{2} - \frac{\tau^3}{2}\cot^2\frac{\tau\sqrt{\tau}}{2}(x-\omega t), \quad \omega > \sqrt{2},$$

$$u_{19}(x,t) = -\frac{(\tau+1)\left(\left(\tau\left(\tan\frac{\tau\sqrt{\tau}}{2}(x-\omega t) - \sqrt{\tau}\right) - \sqrt{\tau}\right)^2 + \tau^2\right)}{2\left(\sqrt{\tau}\tan\frac{\tau\sqrt{\tau}}{2}(x-\omega t) - 1\right)^2}, \quad \omega > \sqrt{2},$$

$$u_{20}(x,t) = -\frac{(\tau+1)\left(\left(\tau\left(\cot\frac{\tau\sqrt{\tau}}{2}(x-\omega t) - \sqrt{\tau}\right) + \sqrt{\tau}\right)^2 + \tau^2\right)}{2\left(\sqrt{\tau}\cot\frac{\tau\sqrt{\tau}}{2}(x-\omega t) + 1\right)^2}, \quad \omega > \sqrt{2},$$

其中 τ 由 (1.108) 式给定.

例 1.11 求 Kawahara 方程

$$u_t + uu_x + u_{xxx} - u_{xxxxx} = 0 \tag{1.113}$$

的 Weierstrass 椭圆函数解及其退化解.

将行波变换 (1.87) 代入 Kawahara 方程, 则得到

$$-\omega u' + uu' + u''' - u^{(5)} = 0. \tag{1.114}$$

因为辅助方程为 Riccati 方程, 所以 $m = 2$. 假设 $O(u) = n$, 则由 (1.18) 可知 $O(u^{(5)}) = n + 5$, $O(uu') = 2n + 1$, 故平衡常数 $n = 4$. 据此, 由 (1.85) 可取如下展式

$$u(\xi) = c_0 + c_1 F(\xi) + c_2 F^2(\xi) + c_3 F^3(\xi) + c_4 F^4(\xi), \tag{1.115}$$

其中 c_i $(i = 0, 1, 2, 3, 4)$ 为 Riccati 方程 (1.82) 的系数且 c_i $(i = 0, 1, 2, 3, 4)$ 都是待定常数, $F(\xi)$ 为 Riccati 方程的某个 Weierstrass 椭圆函数解.

把 (1.115) 和 (1.82) 代入 (1.114), 并令 F^j $(j = 0, 1, \cdots, 9)$ 的系数等于零, 则得到一个代数方程组. 为节省篇幅这里省略该代数方程组.

用 Maple 系统求得该代数方程组的如下解

$$c_0 = \frac{210}{169}, \quad c_1 = 0, \quad c_2 = -\frac{13}{840}, \quad c_3 = 0, \quad c_4 = \frac{28561}{296352000}, \quad \omega = \frac{141}{169}. \tag{1.116}$$

由 (1.84) 可以算出

$$g_2 = \frac{1}{2028}, \quad g_3 = -\frac{1}{474552}, \quad \delta = \frac{1}{13}. \tag{1.117}$$

将 (1.116), (1.117) 和 (1.83) 一起代入 (1.115) 式, 则得到 Kawahara 方程的 Weierstrass 椭圆函数解

$$u(x,t) = \frac{210}{169} - \frac{210}{13} F_1^2 + 105 F_1^4,$$

$$F_1 = \left(\frac{\wp'\left(x - \omega t, \frac{1}{2028}, -\frac{1}{474552}\right)}{\wp\left(x - \omega t, \frac{1}{2028}, -\frac{1}{474552}\right) - \frac{1}{156}} \right)^2, \tag{1.118}$$

$$u(x,t) = \frac{210}{169} - \frac{13}{840} F_2^2 + \frac{28561}{296352000} F_2^4,$$

$$F_2 = \cfrac{\dfrac{420}{169}\wp\left(x-\omega t, \dfrac{1}{2028}, \dfrac{1}{474552}\right) - \dfrac{35}{2197} - \wp'\left(x-\omega t, \dfrac{1}{2028}, \dfrac{1}{474552}\right)}{\dfrac{13}{420}\wp\left(x-\omega t, \dfrac{1}{2028}, \dfrac{1}{474552}\right) + \dfrac{1}{5040} + \wp'\left(x-\omega t, \dfrac{1}{2028}, \dfrac{1}{474552}\right)},$$

$$(1.119)$$

$u(x,t) =$

$$\cfrac{105\left(48672\wp^2\left(x-\omega t, \dfrac{1}{2028}, -\dfrac{1}{474552}\right) + 312\wp\left(x-\omega t, \dfrac{1}{2028}, -\dfrac{1}{474552}\right) + 5\right)}{676\left(6084\wp^2\left(x-\omega t, \dfrac{1}{2028}, -\dfrac{1}{474552}\right) + 156\wp\left(x-\omega t, \dfrac{1}{2028}, -\dfrac{1}{474552}\right) + 1\right)}.$$

$$(1.120)$$

在转换公式 (1.68) 和 (1.69) 中置 $\theta = \delta$ 后, 将其依次代入 (1.118) 和 (1.119), 则得到 Kawahara 方程的解

$$u_1(x,t) = \frac{105}{169}\left(1 + \mathrm{sech}^4\frac{\sqrt{13}}{26}\left(x - \frac{141}{169}t\right)\right),$$

$$u_2(x,t) = \frac{105}{169}\left(1 + \mathrm{csch}^4\frac{\sqrt{13}}{26}\left(x - \frac{141}{169}t\right)\right),$$

$u_3^{(\pm)}(x,t) =$

$$\cfrac{a_0 + a_1\sinh\left(\dfrac{2\sqrt{13}}{13}\xi\right) + a_2\cosh\left(\dfrac{2\sqrt{13}}{13}\xi\right) \pm a_3\sinh\left(\dfrac{\sqrt{13}}{13}\xi\right) \pm a_4\cosh\left(\dfrac{\sqrt{13}}{13}\xi\right)}{b_0 + b_1\sinh\left(\dfrac{2\sqrt{13}}{13}\xi\right) + b_2\cosh\left(\dfrac{2\sqrt{13}}{13}\xi\right) \pm b_3\sinh\left(\dfrac{\sqrt{13}}{13}\xi\right) \pm b_4\cosh\left(\dfrac{\sqrt{13}}{13}\xi\right)},$$

$$a_0 = 35050421416395, \quad a_1 = 409558640400\sqrt{13}, \quad a_2 = 3511944618945,$$

$$a_3 = -798964639200\sqrt{13}, \quad a_4 = -13067095940220,$$

$$b_0 = 15385769400963, \quad b_1 = 659194383120\sqrt{13}, \quad b_2 = 5652558481921,$$

$$b_3 = -1285952609760\sqrt{13}, \quad b_4 = -21031802037116, \quad \xi = x - \frac{141}{169}t.$$

转换公式 (1.68) 和 (1.69) 中取 $\theta = \delta$, 并将其代入 (1.120) 时给出解 u_2 和 u_1. 另外, 由于 $\delta = 1/13 > 0$, 从而以上 Weierstrass 椭圆函数解不能退化到三角函数解, 即得不到 Kawahara 方程的三角函数周期解. 以上给出的 Kawahara 方程

的解中 $u_1, u_3^{(+)}$ 为钟状孤波 (图 1.13 和图 1.15), 而 $u_2, u_3^{(-)}$ 为奇异孤波 (图 1.14 和图 1.16).

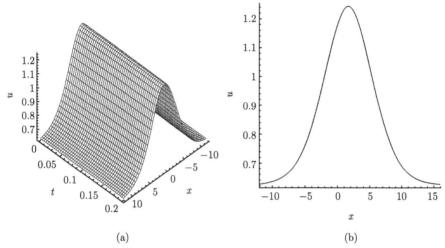

(a)　　　　　　　　　　　　　　　　　(b)

图 1.13　钟状孤波解 u_1 的图形, 图 (b) 中参数 $t = 0.02$

由本章使用 Weierstrass 椭圆函数法求解非线性波方程的例子不难看出, Weierstrass 椭圆函数法能够给出非线性波方程的不同于原有方法给出的一些新解, 即使在同类型解的情形下这些新解的表达式和传播方式与旧解不尽相同, 这说明未被发现的非线性波方程的解可能有很多, 而 Weierstrass 椭圆函数法恰好为寻找这类新解提供了一个有效的途径.

在 Weierstrass 型 Riccati 方程展开法中截断形式级数解 (1.85) 一般不唯一. 因此, 在具体求解非线性波方程时可以调整截断形式级数解 (1.85) 中的 Riccati 方程的系数的排列次序. 特别地, 当 $n = 1$ 时, 截断形式级数解中用 Riccati 方程的两个系数而另一个系数作为自由参数来处理, 这样就可以通过求解代数方程组来确定 Riccati 方程的三个系数的值. 下面就以 Huxley 方程为例说明截断形式级数解具有其他选择的可能性.

例 1.12　求 Huxley 方程

$$u_t - \alpha u_{xx} - \beta u(1-u)(u-\gamma) = 0 \tag{1.121}$$

的 Weierstrass 椭圆函数解及其退化解, 其中 α, β, γ 为常数且 $0 \leqslant \gamma < \dfrac{1}{2}$.

将行波变换 (1.87) 代入 (1.121), 则得到常微分方程

$$-\omega u' - \alpha u'' - \beta u(1-u)(u-\gamma) = 0. \tag{1.122}$$

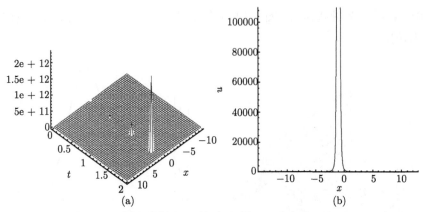

图 1.14   奇异孤波解 u_2 的图形, 图 (b) 中参数 $t = 0.02$

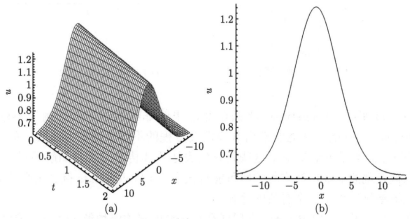

图 1.15   钟状孤波解 $u_3^{(+)}$ 的图形, 图 (b) 中参数 $t = 0.02$

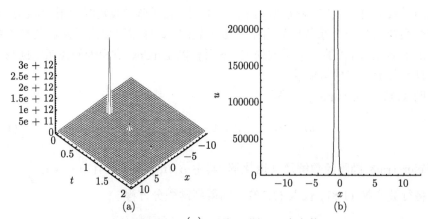

图 1.16   奇异孤波解 $u_3^{(-)}$ 的图形, 图 (b) 中参数 $t = 0.02$

由于使用的辅助方程为 Riccati 方程, 故 $m = 2$. 假设 $O(u) = n$, 则由 (1.18) 可得 $O(u'') = n + 2$, $O(u^3) = 3n$, 于是得到平衡常数 $n = 1$.

为说明截断形式级数解具有其他选择的可能性, 这里将 (1.85) 修改为如下形式

$$u(\xi) = c_0 + c_1 F(\xi), \tag{1.123}$$

其中待定常数 c_i $(i = 0, 1, 2)$ 为 Riccati 方程的系数, $F(\xi)$ 为 Riccati 方程的某个 Weierstrass 椭圆函数解.

将 (1.123) 和 (1.82) 代入 (1.122), 并令 F^j $(j = 0, 1, 2, 3)$ 的系数等于零, 则得到代数方程组

$$
\begin{cases}
-2\alpha c_1 c_2^2 + \beta c_1^3 = 0, \\
-3\alpha c_1^2 c_2 + 3\beta c_0 c_1^2 - \beta\gamma c_1^2 - \beta c_1^2 - \omega c_1 c_2 = 0, \\
-\alpha c_0 c_1^2 + \beta c_0^3 - \beta\gamma c_0^2 - \beta c_0^2 + \beta\gamma c_0 - \omega c_0 c_1 = 0, \\
-2\alpha c_0 c_1 c_2 - \alpha c_1^3 + 3\beta c_0^2 c_1 - 2\beta\gamma c_0 c_1 - 2\beta c_0 c_1 + \beta\gamma c_1 - \omega c_1^2 = 0.
\end{cases}
$$

用 Maple 求得以上代数方程组的四组解. 下面将给出这四组解所确定的 Huxley 方程的 Weierstrass 椭圆函数解与退化解.

情形 1 代数方程组的第一组解为

$$c_0 = 0, \quad c_1 = \frac{\mu}{2}\sqrt{\frac{2\beta}{\alpha}}, \quad c_2 = -\frac{\beta}{2\alpha}, \quad \omega = \frac{\mu\beta(-1+2\gamma)}{\sqrt{\frac{2\beta}{\alpha}}}, \quad \mu = \pm 1. \tag{1.124}$$

由 (1.84) 算出

$$g_2 = \frac{\beta^2}{48\alpha^2}, \quad g_3 = -\frac{\beta^3}{1728\alpha^3}, \quad \delta = \frac{\beta}{2\alpha}. \tag{1.125}$$

由于 $c_0 = 0$, 故 (1.83) 的第三个解为平凡解. 因此, 将 (1.124), (1.125) 同 (1.83) 的前两个解一起代入 (1.123) 式并用 (1.87), 则得到 Huxley 方程的 Weierstrass 椭圆函数解

$$u(x,t) = -\frac{24\alpha\left(\alpha\mu\sqrt{\frac{2\beta}{\alpha}}\wp'(\xi, g_2, g_3) - \beta\wp(\xi, g_2, g_3)\right) + \beta^2}{2\beta\left(24\alpha\wp(\xi, g_2, g_3) - \beta\right)}, \quad \alpha\beta > 0, \tag{1.126}$$

$$u(x,t) = \frac{24\alpha\left(\alpha\mu\sqrt{\dfrac{2\beta}{\alpha}}\wp'(\xi,g_2,g_3) - \beta\wp(\xi,g_2,g_3)\right) + \beta^2}{48\alpha^2\wp'(\xi,g_2,g_3) + \left(\alpha\mu\sqrt{\dfrac{2\beta}{\alpha}} - 2\beta\right)(24\alpha\wp(\xi,g_2,g_3) - \beta)}, \quad \alpha\beta > 0,$$

$$(1.127)$$

其中 $\xi = x - \dfrac{\mu\beta(-1+2\gamma)}{\sqrt{\dfrac{2\beta}{\alpha}}}t$, g_2, g_3 由 (1.125) 式给定.

因为 $\alpha\beta > 0$, 所以 $\theta = \delta = \dfrac{\beta}{2\alpha} > 0$. 由此可知, 在这组代数方程组的解下只能给出 Huxley 方程的双曲函数解. 于是将 (1.68) 和 (1.69) 同 $\theta = \delta$ 一起代入 (1.126) 和 (1.127), 则得到 Huxley 方程的孤波解

$$u_1(x,t) = \frac{1}{2}\left(1 + \mu\tanh\eta\right), \quad \alpha\beta > 0,$$

$$u_2(x,t) = \frac{1}{2}\left(1 + \mu\coth\eta\right), \quad \alpha\beta > 0,$$

$$u_3(x,t) = -\frac{\beta\left(\cosh\eta + \mu\sinh\eta\right)}{\left(\alpha\mu\sqrt{\dfrac{2\beta}{\alpha}} - 2\beta\right)\cosh\eta - \sqrt{\dfrac{2\beta}{\alpha}}\sinh\eta}, \quad \alpha\beta > 0,$$

$$u_4(x,t) = -\frac{\beta\left(\sinh\eta + \mu\cosh\eta\right)}{\left(\alpha\mu\sqrt{\dfrac{2\beta}{\alpha}} - 2\beta\right)\sinh\eta - \sqrt{\dfrac{2\beta}{\alpha}}\cosh\eta}, \quad \alpha\beta > 0,$$

$$\eta = \frac{1}{4}\sqrt{\frac{2\beta}{\alpha}}\left(x - \frac{\mu\beta(-1+2\gamma)}{\sqrt{\dfrac{2\beta}{\alpha}}}t\right).$$

情形 2   代数方程组的第二组解为

$$c_0 = 0, \quad c_1 = -\frac{\mu\gamma}{2}\sqrt{\frac{2\beta}{\alpha}}, \quad c_2 = -\frac{\beta\gamma}{2\alpha}, \quad \omega = \frac{\mu\beta(\gamma-2)}{\sqrt{\dfrac{2\beta}{\alpha}}}, \quad \mu = \pm 1. \quad (1.128)$$

由 (1.84) 算出

$$g_2 = \frac{\beta^2\gamma^4}{48\alpha^2}, \quad g_3 = -\frac{\beta^3\gamma^6}{1728\alpha^3}, \quad \delta = \frac{\beta\gamma^2}{2\alpha}. \quad (1.129)$$

由于 $c_0 = 0$, 故 (1.83) 的第三个解为平凡解, 因此将 (1.128), (1.129) 同 (1.83) 的前两个解一起代入 (1.123) 式并用 (1.87), 则得到 Huxley 方程的 Weierstrass 椭圆函数解

$$u(x,t) = \frac{24\alpha \left(\alpha\mu\sqrt{\dfrac{2\beta}{\alpha}}\wp'(\xi, g_2, g_3) + \gamma\wp(\xi, g_2, g_3) \right) - \beta^2\gamma^3}{2\beta \left(24\alpha\wp(\xi, g_2, g_3) - \beta\gamma^2 \right)}, \quad \alpha\beta > 0, \quad (1.130)$$

$$u(x,t)$$

$$= \frac{\gamma \left(24\alpha \left(\alpha\mu\sqrt{\dfrac{2\beta}{\alpha}}\wp'(\xi, g_2, g_3) + \beta\gamma\wp(\xi, g_2, g_3) \right) - \beta^2\gamma^3 \right)}{-48\alpha^2\wp'(\xi, g_2, g_3) + \left(\alpha\mu\sqrt{\dfrac{2\beta}{\alpha}} + 2\beta \right)\left(24\alpha\gamma\wp(\xi, g_2, g_3) - \beta\gamma^3 \right)}, \quad \alpha\beta > 0,$$

$$(1.131)$$

其中 $\xi = x - \dfrac{\mu\beta(\gamma - 2)}{\sqrt{\dfrac{2\beta}{\alpha}}}t$, g_2, g_3 由 (1.129) 式给定.

因为 $\alpha\beta > 0$, 所以 $\theta = \delta = \dfrac{\beta\gamma^2}{2\alpha} > 0$. 由此可知在这组代数方程组的解下只能给出 Huxley 方程的双曲函数解. 于是将 (1.68) 和 (1.69) 同 $\theta = \delta$ 一起代入 (1.130) 和 (1.131), 则得到 Huxley 方程的孤波解

$$u_1(x,t) = \frac{\gamma}{2}\left(1 - \mu\tanh\eta \right), \quad \alpha\beta > 0,$$

$$u_2(x,t) = \frac{\gamma}{2}\left(1 - \mu\coth\eta \right), \quad \alpha\beta > 0,$$

$$u_3(x,t) = \frac{\beta\gamma \left(\cosh\eta - \mu\sinh\eta \right)}{\left(\alpha\mu\sqrt{\dfrac{2\beta}{\alpha}} + 2\beta \right)\cosh\eta + \alpha\sqrt{\dfrac{2\beta}{\alpha}}\sinh\eta}, \quad \alpha\beta > 0,$$

$$u_4(x,t) = \frac{\beta\gamma \left(\sinh\eta - \mu\cosh\eta \right)}{\left(\alpha\mu\sqrt{\dfrac{2\beta}{\alpha}} + 2\beta \right)\sinh\eta + \alpha\sqrt{\dfrac{2\beta}{\alpha}}\cosh\eta}, \quad \alpha\beta > 0,$$

$$\eta = \frac{\gamma}{4}\sqrt{\frac{2\beta}{\alpha}}\left(x - \frac{\mu\beta(\gamma - 2)}{\sqrt{\dfrac{2\beta}{\alpha}}}t \right).$$

情形 3　代数方程组的第三组解为

$$c_0 = \sqrt{\gamma}, \quad c_1 = \frac{\mu(\sqrt{\gamma}-1)^2}{2}\sqrt{\frac{2\beta}{\alpha}}, \quad c_2 = -\frac{(\sqrt{\gamma}-1)^2\beta}{2\alpha},$$

$$\omega = -\frac{\mu\alpha(\gamma+1)}{2}\sqrt{\frac{2\beta}{\alpha}}, \quad \mu = \pm 1. \tag{1.132}$$

由 (1.84) 算出

$$g_2 = \frac{(\gamma-1)^4\beta^2}{48\alpha^2}, \quad g_3 = -\frac{(\gamma-1)^6\beta^3}{1728\alpha^3}, \quad \delta = \frac{(\gamma-1)^2\beta}{2\alpha}. \tag{1.133}$$

因此, 将 (1.132), (1.133) 同 (1.83) 中的解依次代入 (1.123) 式并用 (1.87), 则得到 Huxley 方程的 Weierstrass 椭圆函数解

$$u(x,t) = \sqrt{\gamma} + \frac{(\sqrt{\gamma}-1)^2}{2} - \frac{\mu\wp'(\xi,g_2,g_3)}{\sqrt{\frac{2\beta}{\alpha}}\left(\wp(\xi,g_2,g_3) - \frac{\beta(\gamma-1)^2}{24\alpha}\right)}, \tag{1.134}$$

$$u(x,t) = \sqrt{\gamma} - \frac{\mu(\sqrt{\gamma}-1)^2\sqrt{\frac{2\beta}{\alpha}}\left(p\left(\wp(\xi,g_2,g_3) - \frac{\beta(\gamma-1)^2}{24\alpha}\right) - \wp'(\xi,g_2,g_3)\right)}{2q\left(\wp(\xi,g_2,g_3) - \frac{\beta(\gamma-1)^2}{24\alpha}\right) + \wp'(\xi,g_2,g_3)},$$

$$p = 2\sqrt{\gamma} + \frac{\mu(\sqrt{\gamma}-1)^2}{2}\sqrt{\frac{2\beta}{\alpha}}, \quad q = \frac{(\sqrt{\gamma}-1)^2}{2}\left(\mu\sqrt{\frac{2\beta}{\alpha}} - \frac{2\beta}{\alpha}\right), \tag{1.135}$$

$$u(x,t) = \sqrt{\gamma}$$

$$+ \frac{\frac{\sqrt{\gamma}(\sqrt{\gamma}-1)^4\beta}{2\alpha}\left(\wp(\xi,g_2,g_3) - \frac{\beta(\gamma-1)^2}{24\alpha}\right) - \frac{\mu(\sqrt{\gamma}-1)^2}{2}\sqrt{\frac{2\beta\gamma}{\alpha}}\wp'(\xi,g_2,g_3)}{2\left(\wp(\xi,g_2,g_3) + \frac{\sqrt{\gamma}(\sqrt{\gamma}-1)^2\beta}{12\alpha} - \frac{(\sqrt{\gamma}-1)^4\beta}{24\alpha}\right)^2 - \frac{\gamma(\sqrt{\gamma}-1)^4\beta^2}{16\alpha^2}},$$

$$\tag{1.136}$$

其中 $\alpha\beta > 0$, $\xi = x + \frac{\mu\alpha(\gamma+1)}{2}\sqrt{\frac{2\beta}{\alpha}}t$, g_2, g_3 由 (1.133) 式给定.

由 (1.132) 知 $\alpha\beta > 0$, 从而有 $\theta = \delta > 0$. 因此代数方程组的这组解只能给出 Huxley 方程的双曲函数解. 于是将 (1.68), (1.69) 同 $\theta = \delta$ 一起代入 (1.134)~(1.136), 则得到 Huxley 方程的孤波解

$$u_1(x,t) = \frac{\gamma+1}{2} + \frac{\mu(\gamma-1)}{2}\tanh\eta, \quad \alpha\beta > 0,$$

$$u_2(x,t) = \frac{\gamma+1}{2} + \frac{\mu(\gamma-1)}{2}\coth\eta, \quad \alpha\beta > 0,$$

$$u_3(x,t) = \frac{a\tanh\eta + b}{\alpha\sqrt{\frac{2\beta}{\alpha}}(\gamma-1)\tanh\eta - \left(\alpha\mu\sqrt{\frac{2\beta}{\alpha}} - 2\beta\right)(\sqrt{\gamma}-1)^2}, \quad \alpha\beta > 0,$$

$$u_4(x,t) = \frac{a\coth\eta + b}{\alpha\sqrt{\frac{2\beta}{\alpha}}(\gamma-1)\coth\eta - \left(\alpha\mu\sqrt{\frac{2\beta}{\alpha}} - 2\beta\right)(\sqrt{\gamma}-1)^2}, \quad \alpha\beta > 0,$$

$$a = (\gamma-1)\left(\alpha\sqrt{\frac{2\beta\gamma}{\alpha}} + \beta\mu(\sqrt{\gamma}-1)^2\right),$$

$$b = \left(\alpha\mu\sqrt{\frac{2\beta\gamma}{\alpha}} + \beta(\gamma+1)\right)(\sqrt{\gamma}-1)^2,$$

$$u_5(x,t) = \frac{2c\mu\cosh\eta\sinh\eta + 2d\cosh^2\eta + \sqrt{\gamma}(\gamma-1)^2}{4\left(-\gamma^{\frac{3}{2}}+2\gamma-\sqrt{\gamma}\right)\cosh^2\eta + (\gamma-1)^2}, \quad \alpha\beta > 0,$$

$$u_6(x,t) = -\frac{2c\mu\cosh\eta\sinh\eta + 2d\sinh^2\eta - \sqrt{\gamma}(\gamma-1)^2}{4\left(\gamma^{\frac{3}{2}}-2\gamma+\sqrt{\gamma}\right)\sinh^2\eta + (\gamma-1)^2}, \quad \alpha\beta > 0,$$

$$c = -\gamma^{\frac{5}{2}}+2\gamma^2-2\gamma+\sqrt{\gamma}, \quad d = -\gamma^{\frac{5}{2}}-2\gamma^{\frac{3}{2}}+2\gamma^2+2\gamma-\sqrt{\gamma},$$

$$\eta = \frac{\gamma-1}{4}\sqrt{\frac{2\beta}{\alpha}}\left(x + \frac{\mu\alpha(\gamma+1)}{2}\sqrt{\frac{2\beta}{\alpha}}t\right).$$

情形 4 代数方程组的第四组解为

$$c_0 = -\sqrt{\gamma}, \quad c_1 = \frac{\mu(\sqrt{\gamma}+1)^2}{2}\sqrt{\frac{2\beta}{\alpha}}, \quad c_2 = -\frac{(\sqrt{\gamma}+1)^2\beta}{2\alpha},$$

$$\omega = -\frac{\mu\alpha(\gamma+1)}{2}\sqrt{\frac{2\beta}{\alpha}}, \quad \mu = \pm 1. \tag{1.137}$$

由 (1.84) 算出

$$g_2 = \frac{(\gamma-1)^4\beta^2}{48\alpha^2}, \quad g_3 = -\frac{(\gamma-1)^6\beta^3}{1728\alpha^3}, \quad \delta = \frac{(\gamma-1)^2\beta}{2\alpha}. \tag{1.138}$$

将 (1.137), (1.138) 同 (1.83) 中的解依次代入 (1.123) 式并用 (1.87), 则得到 Huxley 方程的 Weierstrass 椭圆函数解

$$u(x,t) = -\sqrt{\gamma} + \frac{(\sqrt{\gamma}+1)^2}{2} - \frac{\mu\wp'(\xi, g_2, g_3)}{\sqrt{\dfrac{2\beta}{\alpha}}\left(\wp(\xi, g_2, g_3) - \dfrac{\beta(\gamma-1)^2}{24\alpha}\right)}, \tag{1.139}$$

$$u(x,t) = -\sqrt{\gamma} - \frac{\mu(\sqrt{\gamma}+1)^2\sqrt{\dfrac{2\beta}{\alpha}}\left(P\left(\wp(\xi, g_2, g_3) - \dfrac{\beta(\gamma-1)^2}{24\alpha}\right) - \wp'(\xi, g_2, g_3)\right)}{2Q\left(\wp(\xi, g_2, g_3) - \dfrac{\beta(\gamma-1)^2}{24\alpha}\right) + \wp'(\xi, g_2, g_3)},$$

$$P = -2\sqrt{\gamma} + \frac{\mu(\sqrt{\gamma}+1)^2}{2}\sqrt{\frac{2\beta}{\alpha}}, \quad Q = \frac{(\sqrt{\gamma}+1)^2}{2}\left(\mu\sqrt{\frac{2\beta}{\alpha}} - \frac{2\beta}{\alpha}\right), \tag{1.140}$$

$$u(x,t) = -\sqrt{\gamma}$$

$$- \frac{\dfrac{\sqrt{\gamma}(\sqrt{\gamma}+1)^4\beta}{2\alpha}\left(\wp(\xi, g_2, g_3) - \dfrac{\beta(\gamma-1)^2}{24\alpha}\right) - \dfrac{\mu(\sqrt{\gamma}+1)^2}{2}\sqrt{\dfrac{2\beta\gamma}{\alpha}}\wp'(\xi, g_2, g_3)}{2\left(\wp(\xi, g_2, g_3) - \dfrac{\sqrt{\gamma}(\sqrt{\gamma}+1)^2\beta}{12\alpha} - \dfrac{(\sqrt{\gamma}+1)^4\beta}{24\alpha}\right)^2 - \dfrac{\gamma(\sqrt{\gamma}+1)^4\beta^2}{16\alpha^2}}, \tag{1.141}$$

其中 $\alpha\beta > 0$, $\xi = x + \dfrac{\mu\alpha(\gamma+1)}{2}\sqrt{\dfrac{2\beta}{\alpha}}t$, g_2, g_3 由 (1.138) 式给定.

由于 $\alpha\beta > 0$, 从而 $\theta = \delta > 0$, 所以 (1.139)~(1.141) 只能退化到 Huxley 方程的双曲函数解. 于是将 (1.68), (1.69) 同 $\theta = \delta$ 一起代入 (1.139)~(1.141), 则得到 Huxley 方程的孤波解

$$u_1(x,t) = \frac{\gamma+1}{2} + \frac{\mu(\gamma-1)}{2}\tanh\eta, \quad \alpha\beta > 0,$$

$$u_2(x,t) = \frac{\gamma+1}{2} + \frac{\mu(\gamma-1)}{2}\coth\eta, \quad \alpha\beta > 0,$$

$$u_3(x,t) = \frac{A\tanh\eta + B}{-\alpha\sqrt{\dfrac{2\beta}{\alpha}}(\gamma-1)\tanh\eta + \left(\alpha\mu\sqrt{\dfrac{2\beta}{\alpha}} - 2\beta\right)(\sqrt{\gamma}+1)^2}, \quad \alpha\beta > 0,$$

$$u_4(x,t) = \frac{A\coth\eta + B}{-\alpha\sqrt{\dfrac{2\beta}{\alpha}}(\gamma-1)\coth\eta + \left(\alpha\mu\sqrt{\dfrac{2\beta}{\alpha}} - 2\beta\right)(\sqrt{\gamma}+1)^2}, \quad \alpha\beta > 0,$$

$$A = (\gamma-1)\left(\alpha\sqrt{\frac{2\beta\gamma}{\alpha}} - \beta\mu(\sqrt{\gamma}+1)^2\right),$$

$$B = \left(\alpha\mu\sqrt{\frac{2\beta\gamma}{\alpha}} - \beta(\gamma+1)\right)(\sqrt{\gamma}+1)^2,$$

$$u_5(x,t) = \frac{2C\mu\cosh\eta\sinh\eta + 2D\cosh^2\eta - \sqrt{\gamma}(\gamma-1)^2}{4\left(\gamma^{\frac{3}{2}}+2\gamma+\sqrt{\gamma}\right)\cosh^2\eta + (\gamma-1)^2}, \quad \alpha\beta > 0,$$

$$u_6(x,t) = \frac{2C\mu\cosh\eta\sinh\eta + 2D\sinh^2\eta + \sqrt{\gamma}(\gamma-1)^2}{4\left(\gamma^{\frac{3}{2}}+2\gamma+\sqrt{\gamma}\right)\sinh^2\eta - (\gamma-1)^2}, \quad \alpha\beta > 0,$$

$$C = \gamma^{\frac{5}{2}} + 2\gamma^2 - 2\gamma - \sqrt{\gamma}, \quad D = \gamma^{\frac{5}{2}} + 2\gamma^{\frac{3}{2}} + 2\gamma^2 + 2\gamma + \sqrt{\gamma},$$

$$\eta = \frac{\gamma-1}{4}\sqrt{\frac{2\beta}{\alpha}}\left(x + \frac{\alpha\mu(\gamma+1)}{2}\sqrt{\frac{2\beta}{\alpha}}t\right).$$

不难看出, 情形 3 中的 Huxley 方程的解 u_1 和 u_2 分别与情形 4 中的 Huxley 方程的解 u_1 和 u_2 相同. 情形 3 和情形 4 中的 Huxley 方程的其他解则互不相同. 另外, 如果取方程 (1.122) 的截断形式级数解为 (1.85) 的形式, 则还可以得到代数方程组的三组解, 并由此可以得到 Huxley 方程的若干精确行波解. 不过在此情形中不能给出代数方程组的含 $c_0 = 0$ 的解. 建议读者自己去完成这一求解过程, 并与这里的结果进行比较.

第 2 章 Weierstrass 型一阶辅助方程法

Weierstrass 型辅助方程法是指辅助方程取 Weierstrass 椭圆函数解的辅助方程法. 辅助方程的选择具有多样性, 首先自然是原有的那些辅助方程, 其次是考虑提出新的辅助方程. 若能够发现所考虑的辅助方程的 Weierstrass 椭圆函数解, 就意味着可以提出相应的 Weierstrass 型辅助方程法.

2.1 Weierstrass 型 F-展开法

本节引入的 Weierstrass 型 F-展开法是将 F-展开法中的第一种椭圆方程的解取为 Weierstrass 椭圆函数解, 而截断形式级数解 (1.5) 的形式不变. 具体取第一种椭圆方程

$$F'^2(\xi) = c_0 + c_2 F^2(\xi) + c_4 F^4(\xi) \tag{2.1}$$

的 Weierstrass 椭圆函数解为

$$F_1(\xi) = \frac{\varepsilon \wp'(\xi, g_2, g_3)}{\sqrt{c_4}\left(2\wp(\xi, g_2, g_3) + \dfrac{c_2}{3}\right)}, \quad c_4 > 0,$$

$$F_2(\xi) = \frac{\varepsilon \sqrt{c_0}\,\wp'(\xi, g_2, g_3)}{2\left(\wp(\xi, g_2, g_3) - \dfrac{c_2}{12}\right)^2 - \dfrac{c_0 c_4}{2}}, \quad c_0 > 0,$$

$$F_3(\xi) = \varepsilon \sqrt{\frac{-c_2 + \delta}{2c_4}}\left(1 + \frac{\sqrt{\delta}}{2\wp(\xi, g_2, g_3) + \dfrac{c_2}{3} - \dfrac{\sqrt{\delta}}{2}}\right), \quad \delta > 0, \quad c_4(-c_2 + \delta) > 0,$$

$$F_4(\xi) = \varepsilon \sqrt{\frac{-c_2 - \delta}{2c_4}}\left(1 - \frac{\sqrt{\delta}}{2\wp(\xi, g_2, g_3) + \dfrac{c_2}{3} + \dfrac{\sqrt{\delta}}{2}}\right), \quad \delta > 0, \quad c_4(c_2 + \delta) < 0,$$

$$F_5(\xi) = 1 + \frac{a\wp'(\xi, g_2, g_3) + b\left(\wp(\xi, g_2, g_3) - \dfrac{c_2}{12} - \dfrac{c_4}{2}\right) + c}{2\left(\wp(\xi, g_2, g_3) - \dfrac{c_2}{12} - \dfrac{c_4}{2}\right)^2 - \dfrac{c}{2}},$$

$$a = \sqrt{c_0 + c_2 + c_4}, \quad b = c_2 + 2c_4, \quad c = (c_0 + c_2 + c_4)c_4, \quad c_0 + c_2 + c_4 \geqslant 0,$$

$$F_6(\xi) = \frac{1}{2}\sqrt{-\frac{2c_2}{c_4}} + \frac{\wp(\xi, g_2, g_3) - \dfrac{c_2}{3}}{\varepsilon\sqrt{-\dfrac{c_4}{\delta}}\wp'(\xi, g_2, g_3) - \dfrac{c_4}{4}\sqrt{-\dfrac{2c_2}{c_4}}}, \quad c_2 c_4 < 0, \quad c_4 \delta < 0,$$

其中

$$g_2 = c_0 c_4 + \frac{c_2^2}{12}, \quad g_3 = \frac{1}{6}c_0 c_2 c_4 - \frac{c_2^3}{216}, \quad \delta = c_2^2 - 4c_0 c_4, \quad \varepsilon = \pm 1. \tag{2.2}$$

下面举例说明用 Weierstrass 型 F-展开法构造非线性波方程行波解的过程.

例 2.1 用 Weierstrass 型 F-展开法求解 Klein-Gordon 方程

$$u_{tt} - \alpha^2 u_{xx} + \beta u - \gamma u^2 = 0, \tag{2.3}$$

其中 α, β, γ 为常数.

作行波变换

$$u(x, t) = u(\xi), \quad \xi = x - \omega t, \tag{2.4}$$

则将 (2.3) 化为常微分方程

$$(\omega^2 - \alpha^2)u'' + \beta u - \gamma u^2 = 0. \tag{2.5}$$

由于辅助方程为第一种椭圆方程 (2.1),因此 $m = 4$. 假设 $O(u) = n$,则由 (1.19) 式可知 $O(u'') = n + 2\left(\dfrac{4}{2} - 1\right) = n + 2, O(u^2) = 2n$,从而平衡常数 $n = 2$. 所以,方程 (2.5) 的截断形式级数解可取为

$$u(\xi) = a_0 + a_1 F(\xi) + a_2 F^2(\xi), \tag{2.6}$$

其中 $a_i \ (i = 0, 1, 2)$ 为待定常数,$F(\xi)$ 为方程 (2.1) 的某个 Weierstrass 椭圆函数解.

将 (2.6) 和 (2.1) 代入 (2.5), 并令 F^j $(j = 0, 1, 2, 3, 4)$ 的系数等于零, 则得到代数方程组

$$
\begin{cases}
-6\alpha^2 a_2 c_4 + 6\omega^2 a_2 c_4 - \gamma a_2^2 = 0, \\
-2\alpha^2 a_1 c_4 + 2\omega^2 a_1 c_4 - 2\gamma a_1 a_2 = 0, \\
-\alpha^2 a_1 c_2 + \omega^2 a_1 c_2 - 2\gamma a_0 a_1 + \beta a_1 = 0, \\
-2\alpha^2 a_2 c_0 + 2\omega^2 a_2 c_0 - \gamma a_0^2 + \beta a_0 = 0, \\
-4\alpha^2 a_2 c_2 + 4\omega^2 a_2 c_2 - 2\gamma a_0 a_2 - \gamma a_1^2 + \beta a_2 = 0.
\end{cases}
$$

下面分情形讨论 Maple 给出的此代数方程组的三组解相对应的 Klein-Gordon 方程的 Weierstrass 椭圆函数解及其退化解.

情形 1　将代数方程组的第一组解

$$
a_0 = a_1 = 0, \quad a_2 = -\frac{6c_4(\alpha^2 - \omega^2)}{\gamma}, \quad c_0 = 0, \quad c_2 = \frac{\beta}{4(\alpha^2 - \omega^2)} \tag{2.7}
$$

代入 (2.2), 则有

$$
g_2 = \frac{\beta^2}{192(\alpha^2 - \omega^2)^2}, \quad g_3 = -\frac{\beta^3}{13824(\alpha^2 - \omega^2)^3}, \quad \delta = \frac{\beta^2}{16(\alpha^2 - \omega^2)^2}. \tag{2.8}
$$

注意到 $c_0 = 0$, 可知对应于第一种椭圆方程的解 $F_2(\xi)$ 得不到方程 (2.3) 的非平凡 Weierstrass 椭圆函数解. 由直接计算知 $F_3(\xi)$ 只能引出方程 (2.3) 的零解. 所以, 将 (2.7), (2.8) 和 (2.4) 同 F_i $(i = 1, 4, 5, 6)$ 代入 (2.6), 则得到 Klein-Gordon 方程的 Weierstrass 椭圆函数解

$$
u(x,t) = -\frac{6(\alpha^2 - \omega^2)}{\gamma} \left(\frac{\wp'(x - \omega t, g_2, g_3)}{2\wp(x - \omega t, g_2, g_3) + \dfrac{\beta}{12(\alpha^2 - \omega^2)}} \right)^2, \tag{2.9}
$$

$$
u(x,t) = \frac{3\beta}{2\gamma} \left(\frac{48(\alpha^2 - \omega^2)\wp(x - \omega t, g_2, g_3) - \beta}{48(\alpha^2 - \omega^2)\wp(x - \omega t, g_2, g_3) + 5\beta} \right)^2, \tag{2.10}
$$

$$
u(x,t) = -\frac{6c_4(\alpha^2 - \omega^2)}{\gamma}
$$

$$
\times \left(1 + \frac{a\wp'(\xi, g_2, g_3) + b\left(\wp(\xi, g_2, g_3) - \dfrac{\beta}{48(\alpha^2 - \omega^2)} - \dfrac{c_4}{2} \right) + c}{2\left(\wp(\xi, g_2, g_3) - \dfrac{\beta}{48(\alpha^2 - \omega^2)} - \dfrac{c_4}{2} \right)^2 - \dfrac{c}{2}} \right)^2,
$$

$$a = \sqrt{\frac{\beta}{4(\alpha^2 - \omega^2)} + c_4}, \quad b = \frac{1}{2}\left(\frac{\beta}{2(\alpha^2 - \omega^2)} + 4c_4\right),$$

$$c = \left(\frac{\beta}{4(\alpha^2 - \omega^2)} + c_4\right)c_4, \quad c_4 > -\frac{\beta}{4(\alpha^2 - \omega^2)}, \quad \xi = x - \omega t, \quad (2.11)$$

$$u(x,t) = -\frac{6c_4(\alpha^2 - \omega^2)}{\gamma}\left(a + \frac{\wp(\xi, g_2, g_3) - \dfrac{\beta}{12(\alpha^2 - \omega^2)}}{4\varepsilon\sqrt{-\dfrac{c_4(\alpha^2 - \omega^2)^2}{\beta^2}\wp'(\xi, g_2, g_3) - \dfrac{1}{2}ac_4}}\right)^2,$$

$$a = \frac{1}{4}\sqrt{-\frac{2\beta}{c_4(\alpha^2 - \omega^2)}}, \quad \beta(\alpha^2 - \omega^2) > 0, \quad c_4 < 0, \quad \xi = x - \omega t, \quad (2.12)$$

其中 g_2, g_3 由 (2.8) 式给定.

在 (1.68) 和 (1.70) 或 (1.69) 和 (1.71) 中置 $\theta = c_2$, 并将其依次代入 (2.9) 和 (2.10), 则得到 Klein-Gordon 方程的如下孤波解与周期解

$$u_1(x,t) = -\frac{3\beta}{2\gamma}\operatorname{csch}^2\frac{1}{2}\sqrt{\frac{\beta}{\alpha^2 - \omega^2}}(x - \omega t), \quad \beta(\alpha^2 - \omega^2) > 0,$$

$$u_2(x,t) = \frac{3\beta}{2\gamma}\csc^2\frac{1}{2}\sqrt{\frac{\beta}{\omega^2 - \alpha^2}}(x - \omega t), \quad \beta(\alpha^2 - \omega^2) < 0,$$

$$u_3(x,t) = \frac{3\beta}{2\gamma}\operatorname{sech}^2\frac{1}{2}\sqrt{\frac{\beta}{\alpha^2 - \omega^2}}(x - \omega t), \quad \beta(\alpha^2 - \omega^2) > 0,$$

$$u_4(x,t) = \frac{3\beta}{2\gamma}\sec^2\frac{1}{2}\sqrt{\frac{\beta}{\omega^2 - \alpha^2}}(x - \omega t), \quad \beta(\alpha^2 - \omega^2) < 0.$$

为了由 (2.11) 得到 Klein-Gordon 方程的孤波解, 置 $c_4 = \dfrac{\beta}{2(\alpha^2 - \omega^2)}$, 则 (2.11) 式将变成

$$u(x,t) = -\frac{3\beta}{\gamma}\left(1 + \frac{a\left(\wp(\xi, g_2, g_3) - \dfrac{13\beta}{48(\alpha^2 - \omega^2)}\right) + b\wp'(\xi, g_2, g_3) + c}{2\left(\wp(\xi, g_2, g_3) - \dfrac{13\beta}{48(\alpha^2 - \omega^2)}\right)^2 - \dfrac{c}{2}}\right)^2,$$

$$a = \frac{5\beta}{4(\alpha^2 - \omega^2)}, \quad b = \sqrt{\frac{3\beta}{4(\alpha^2 - \omega^2)}}, \quad c = \frac{3\beta^2}{8(\alpha^2 - \omega^2)^2},$$

$$\beta(\alpha^2 - \omega^2) > 0, \quad \xi = x - \omega t. \quad (2.13)$$

再将 (1.68) 或 (1.69) 同 $\theta = c_2$ 一起代入 (2.13) 式, 则得到 Klein-Gordon 方程的孤波解

$$u_5(x,t) = -\frac{3\beta}{\gamma}\left(\frac{\cosh\dfrac{1}{2}\sqrt{\dfrac{\beta}{\alpha^2-\omega^2}}(x-\omega t) - \sqrt{3}\sinh\dfrac{1}{2}\sqrt{\dfrac{\beta}{\alpha^2-\omega^2}}(x-\omega t)}{2\cosh^2\dfrac{1}{2}\sqrt{\dfrac{\beta}{\alpha^2-\omega^2}}(x-\omega t) - 3}\right)^2,$$

其中 $\beta(\alpha^2 - \omega^2) > 0$.

为了由 (2.11) 得到 Klein-Gordon 方程的周期解, 置 $c_4 = -\dfrac{\beta}{2(\alpha^2-\omega^2)}$, 则 (2.11) 式变成

$$u(x,t) = \frac{3\beta}{\gamma}\left(1 + \frac{a\wp'(\xi,g_2,g_3) - b\left(\wp(\xi,g_2,g_3) + \dfrac{11\beta}{48(\alpha^2-\omega^2)}\right) + c}{2\left(\wp(\xi,g_2,g_3) + \dfrac{11\beta}{48(\alpha^2-\omega^2)}\right)^2 - \dfrac{c}{2}}\right)^2,$$

$$a = \sqrt{\frac{\beta}{4(\omega^2-\alpha^2)}}, \quad b = \frac{3\beta}{4(\alpha^2-\omega^2)}, \quad c = \frac{\beta^2}{8(\alpha^2-\omega^2)^2},$$

$$\beta(\alpha^2-\omega^2) < 0, \quad \xi = x - \omega t. \tag{2.14}$$

将 (1.70) 或 (1.71) 式同 $\theta = c_2$ 一起代入 (2.14) 式, 则得到 Klein-Gordon 方程的周期解

$$u_6(x,t) = \frac{3\beta}{\gamma}\left(\frac{\cos\dfrac{1}{2}\sqrt{\dfrac{\beta}{\omega^2-\alpha^2}}(x-\omega t) - \sin\dfrac{1}{2}\sqrt{\dfrac{\beta}{\omega^2-\alpha^2}}(x-\omega t)}{2\cos^2\dfrac{1}{2}\sqrt{\dfrac{\beta}{\omega^2-\alpha^2}}(x-\omega t) - 1}\right)^2,$$

其中 $\beta(\alpha^2 - \omega^2) < 0$.

由于解 (2.12) 满足条件 $\beta(\alpha^2 - \omega^2) > 0$, 从而 $\theta = c_2 > 0$, 故解 (2.12) 将退化到双曲函数解. 因此置 $c_4 = -1$, 并将转换公式 (1.68) 和 (1.69) 同 $\theta = c_2$ 一起代入 (2.12) 式, 则得到 Klein-Gordon 方程的如下孤波解

$$u_7(x,t) = \frac{3\beta}{8\gamma}\left(\frac{2\cosh\dfrac{1}{4}\sqrt{\dfrac{\beta}{\alpha^2-\omega^2}}(x-\omega t) - \sqrt{2}\varepsilon\sinh\dfrac{1}{4}\sqrt{\dfrac{\beta}{\alpha^2-\omega^2}}(x-\omega t)}{\sqrt{2}\cosh^3\dfrac{1}{4}\sqrt{\dfrac{\beta}{\alpha^2-\omega^2}}(x-\omega t) + \varepsilon\sinh\dfrac{1}{4}\sqrt{\dfrac{\beta}{\alpha^2-\omega^2}}(x-\omega t)}\right)^2,$$

$$u_8(x,t) = \frac{3\beta}{8\gamma} \left(\frac{\sqrt{2}\varepsilon \cosh \frac{1}{4}\sqrt{\frac{\beta}{\alpha^2-\omega^2}}(x-\omega t) - 2\sinh\frac{1}{4}\sqrt{\frac{\beta}{\alpha^2-\omega^2}}(x-\omega t)}{\sqrt{2}\sinh^3\frac{1}{4}\sqrt{\frac{\beta}{\alpha^2-\omega^2}}(x-\omega t) - \varepsilon\cosh\frac{1}{4}\sqrt{\frac{\beta}{\alpha^2-\omega^2}}(x-\omega t)} \right)^2,$$

其中 $\beta(\alpha^2 - \omega^2) > 0$.

情形 2 代数方程组的第二组解为

$$a_0 = \frac{\beta}{\gamma}, \quad a_1 = 0, \quad a_2 = -\frac{6c_4(\alpha^2-\omega^2)}{\gamma}, \quad c_0 = 0, \quad c_2 = -\frac{\beta}{4(\alpha^2-\omega^2)}. \quad (2.15)$$

由 (2.2) 算出

$$g_2 = \frac{\beta^2}{192(\alpha^2-\omega^2)^2}, \quad g_3 = \frac{\beta^3}{13824(\alpha^2-\omega^2)^3}, \quad \delta = \frac{\beta^2}{16(\alpha^2-\omega^2)^2}. \quad (2.16)$$

因为 $c_0 = 0$, 从而 $F_2(\xi)$ 只能给出 Klein-Gordon 方程的平凡解. 另外, 通过计算发现 $F_4(\xi)$ 也给出 Klein-Gordon 方程的平凡解.

据以上分析, 将 (2.15), (2.16) 同 $F_i(\xi)$ $(i = 1, 3, 5, 6)$ 一起依次代入解的展式 (2.6), 则得到 Klein-Gordon 方程的 Weierstrass 椭圆函数解

$$u(x,t) = \frac{\beta}{\gamma} - \frac{6(\alpha^2-\omega^2)}{\gamma} \left(\frac{\wp'(x-\omega t, g_2, g_3)}{2\wp(x-\omega t, g_2, g_3) - \frac{\beta}{12(\alpha^2-\omega^2)}} \right)^2, \quad (2.17)$$

$$u(x,t) = -\frac{\beta}{2\gamma} \left(1 + \frac{72\beta\left(24(\alpha^2-\omega^2)\wp(x-\omega t, g_2, g_3) - \beta\right)}{\left(48(\alpha^2-\omega^2)\wp(x-\omega t, g_2, g_3) - 5\beta\right)^2} \right), \quad (2.18)$$

$$u(x,t)$$

$$= \frac{\beta}{\gamma} - \frac{6(\alpha^2-\omega^2)c_4}{\gamma} \left(1 + \frac{a\wp'(x-\omega t, g_2, g_3) + b\left(\wp(x-\omega t, g_2, g_3) + c\right) + d}{2\left(\wp(x-\omega t, g_2, g_3) + c\right)^2 - \frac{d}{2}} \right)^2,$$

$$a = \sqrt{-\frac{\beta}{4(\alpha^2-\omega^2)} + c_4}, \quad b = -\frac{\beta}{4(\alpha^2-\omega^2)} + 2c_4, \quad c = \frac{\beta}{48(\alpha^2-\omega^2)} - \frac{c_4}{2},$$

$$d = \left(-\frac{\beta}{4(\alpha^2-\omega^2)} + c_4 \right) c_4, \quad c_4 > \frac{\beta}{4(\alpha^2-\omega^2)}, \quad (2.19)$$

$$u(x,t) = \frac{\beta}{\gamma} - \frac{6(\alpha^2 - \omega^2)c_4}{\gamma}\left(a + \frac{\wp(x - \omega t, g_2, g_3) + \dfrac{\beta}{12(\alpha^2 - \omega^2)}}{\dfrac{4\varepsilon(\alpha^2 - \omega^2)\sqrt{-c_4}}{\beta}\wp(x - \omega t, g_2, g_3) - \dfrac{c_4 a}{2}}\right)^2,$$

$$a = \frac{1}{4}\sqrt{\frac{2\beta}{(\alpha^2 - \omega^2)c_4}}, \quad \beta(\alpha^2 - \omega^2) < 0, \quad c_4 < 0, \tag{2.20}$$

其中不变量 g_2, g_3 由 (2.16) 式给定.

将 (1.68) 和 (1.70) 或 (1.69) 和 (1.71) 同 $\theta = c_2$ 一起代入 (2.17), 则得到 Klein-Gordon 方程的孤波解和周期解

$$u_1(x,t) = \frac{\beta}{2\gamma}\left(2 + 3\operatorname{csch}^2 \frac{1}{2}\sqrt{\frac{\beta}{\omega^2 - \alpha^2}}(x - \omega t)\right), \quad \beta(\alpha^2 - \omega^2) < 0,$$

$$u_2(x,t) = \frac{\beta}{2\gamma}\left(2 - 3\csc^2 \frac{1}{2}\sqrt{\frac{\beta}{\alpha^2 - \omega^2}}(x - \omega t)\right), \quad \beta(\alpha^2 - \omega^2) > 0.$$

将 (1.68) 和 (1.70) 或 (1.69) 和 (1.71) 中置 $\theta = c_2$, 并将其代入 (2.18), 则得到 Klein-Gordon 方程的孤波解和周期解

$$u_3(x,t) = \frac{\beta}{2\gamma}\left(2 - 3\operatorname{sech}^2 \frac{1}{2}\sqrt{\frac{\beta}{\omega^2 - \alpha^2}}(x - \omega t)\right), \quad \beta(\alpha^2 - \omega^2) < 0,$$

$$u_4(x,t) = \frac{\beta}{2\gamma}\left(2 - 3\sec^2 \frac{1}{2}\sqrt{\frac{\beta}{\alpha^2 - \omega^2}}(x - \omega t)\right), \quad \beta(\alpha^2 - \omega^2) > 0.$$

为了由 (2.19) 得到 Klein-Gordon 方程的孤波解, 置 $c_4 = -\dfrac{\beta}{2(\alpha^2 - \omega^2)}$, 则 (2.19) 变成

$$u(x,t) = \frac{\beta}{\gamma} + \frac{3\beta}{\gamma}\left(1 + \frac{a\wp'(x - \omega t, g_2, g_3) + b(\wp(x - \omega t, g_2, g_3) + c) + d}{2\left(\wp(x - \omega t, g_2, g_3) + c\right)^2 - \dfrac{d}{2}}\right)^2,$$

$$a = \sqrt{\frac{3\beta}{4(\omega^2 - \alpha^2)}}, \quad b = -\frac{5\beta}{4(\alpha^2 - \omega^2)}, \quad c = \frac{13\beta}{48(\alpha^2 - \omega^2)},$$

$$d = \frac{3\beta^2}{8(\alpha^2 - \omega^2)^2}, \quad \beta(\alpha^2 - \omega^2) < 0. \tag{2.21}$$

将 (1.68) 和 (1.69) 同 $\theta = c_2$ 一起代入 (2.21), 则得到 Klein-Gordon 方程的同一个孤波解

$$u_5(x,t) = \frac{\beta \left(\cosh 4\eta - 6\sqrt{3}\sinh 2\eta + 4\cosh 2\eta + 3\right)}{\gamma \left(\cosh 4\eta - 8\cosh 2\eta + 9\right)},$$

$$\eta = \frac{1}{2}\sqrt{\frac{\beta}{\omega^2 - \alpha^2}}(x - \omega t), \quad \beta(\alpha^2 - \omega^2) < 0.$$

为了由 (2.11) 得到 Klein-Gordon 方程的周期解, 置 $c_4 = \dfrac{\beta}{2(\alpha^2 - \omega^2)}$, 则 (2.19) 变成

$$u(x,t) = \frac{\beta}{\gamma} - \frac{3\beta}{\gamma}\left(1 + \frac{a\wp'(x - \omega t, g_2, g_3) + b(\wp(x - \omega t, g_2, g_3) - c) + d}{2\left(\wp(x - \omega t, g_2, g_3) - c\right)^2 - \dfrac{d}{2}}\right)^2,$$

$$a = \sqrt{\frac{\beta}{4(\alpha^2 - \omega^2)}}, \quad b = \frac{3\beta}{4(\alpha^2 - \omega^2)}, \quad c = \frac{11\beta}{48(\alpha^2 - \omega^2)},$$

$$d = \frac{\beta^2}{8(\alpha^2 - \omega^2)^2}, \quad \beta(\alpha^2 - \omega^2) > 0. \tag{2.22}$$

将 (1.70) 和 (1.71) 同 $\theta = c_2$ 一起代入 (2.22), 则得到 Klein-Gordon 方程的同一个周期解

$$u_6(x,t) = \frac{\beta\left(\cos 4\eta + 6\sin 2\eta - 5\right)}{\gamma\left(\cos 4\eta + 1\right)}, \quad \eta = \frac{1}{2}\sqrt{\frac{\beta}{\alpha^2 - \omega^2}}(x - \omega t), \quad \beta(\alpha^2 - \omega^2) > 0.$$

由于 (2.20) 满足条件 $\beta(\omega^2 - \alpha) > 0$, 从而可知 $\theta = c_2 > 0$, 因此 (2.20) 只能退化到双曲函数解. 于是取 $c_4 = -1$, 并将转换公式 (1.68) 和 (1.69) 同 $\theta = c_2$ 一起代入 (2.20), 则得到 Klein-Gordon 方程的孤波解

$$u_7(x,t) = \frac{\beta\left(8\cosh^6\eta - 2\sqrt{2}\varepsilon\left(4\cosh^2\eta + 3\right)\cosh\eta\sinh\eta - 5\cosh^5\eta - 1\right)}{4\gamma\left(\sqrt{2}\cosh^3\eta - \varepsilon\sinh\eta\right)^2},$$

$$u_8(x,t)$$

$$= \frac{\beta\left(8\cosh^6\eta + 2\sqrt{2}\varepsilon\left(4\cosh^2\eta - 7\right)\sinh\eta\cosh\eta - 24\cosh^4\eta + 19\cosh^2\eta - 2\right)}{4\gamma\left(\sqrt{2}\sinh^3\eta + \varepsilon\cosh\eta\right)^2},$$

$$\eta = \frac{1}{4}\sqrt{\frac{\beta}{\omega^2 - \alpha^2}}(x - \omega t), \quad \beta(\alpha^2 - \omega^2) < 0.$$

情形 3　代数方程组的第三组解为

$$a_0 = -\frac{4c_2(\alpha^2 - \omega^2) - \beta}{2\gamma}, \quad a_1 = 0, \quad a_2 = -\frac{16c_2^2(\alpha^2 - \omega^2)^2 - \beta^2}{8c_0\gamma(\alpha^2 - \omega^2)},$$

$$c_4 = \frac{16c_2^2(\alpha^2 - \omega^2)^2 - \beta^2}{48c_0(\alpha^2 - \omega^2)^2}. \tag{2.23}$$

将上式代入 (2.2), 则有

$$g_2 = \frac{16c_2^2(\alpha^2 - \omega^2)^2 - \beta^2}{48(\alpha^2 - \omega^2)^2} + \frac{c_2^2}{12}, \quad g_3 = \frac{(16c_2^2(\alpha^2 - \omega^2)^2 - \beta^2)c_2}{288(\alpha^2 - \omega^2)^2} - \frac{c_2^3}{216},$$

$$\delta = c_2^2 - \frac{16c_2^2(\alpha^2 - \omega^2)^2 - \beta^2}{12(\alpha^2 - \omega^2)^2}. \tag{2.24}$$

将 (2.23), (2.24), (2.4) 和第一种椭圆方程的解 F_i $(i = 1, 2, \cdots, 6)$ 代入 (2.6), 则得到 Klein-Gordon 方程的如下 Weierstrass 椭圆函数解

$$u(x,t) = \rho - \frac{(\alpha^2 - \omega^2)a}{8\gamma} \left(\frac{\wp'(\xi, g_2, g_3)}{\frac{\sqrt{48a}}{24}\wp(\xi, g_2, g_3) + \frac{c_2\sqrt{48a}}{144}} \right)^2,$$

$$u(x,t) = \rho - \frac{(\alpha^2 - \omega^2)c_0 a}{8\gamma} \left(\frac{\wp'(\xi, g_2, g_3)}{2\left(\wp(\xi, g_2, g_3) - \frac{c_2}{12}\right)^2 - \frac{c_0 a}{96}} \right)^2,$$

$$u(x,t) = \rho - \frac{3(\alpha^2 - \omega^2)}{\gamma}(-c_2 + b) \left(1 + \frac{b}{2\wp(\xi, g_2, g_3) + \frac{c_2}{3} - \frac{b}{2}} \right)^2,$$

$$u(x,t) = \rho + \frac{3(\alpha^2 - \omega^2)}{\gamma}(c_2 + b) \left(1 - \frac{b}{2\wp(\xi, g_2, g_3) + \frac{c_2}{3} + \frac{b}{2}} \right)^2,$$

$$u(x,t) = \rho - \frac{(\alpha^2 - \omega^2)a}{8\gamma} \left(1 + \frac{p\wp'(\xi, g_2, g_3) + q\left(\wp(\xi, g_2, g_3) - \frac{c_2}{12} - \frac{a}{96}\right) + r}{2\left(\wp(\xi, g_2, g_3) - \frac{c_2}{12} - \frac{a}{96}\right)^2 - \frac{1}{2}r} \right)^2,$$

$$p = \sqrt{c_0 + c_2 + \frac{a}{48}}, \quad q = \frac{1}{2}\left(2c_2 + \frac{a}{12}\right), \quad r = \frac{1}{48}\left(c_0 + c_2 + \frac{a}{48}\right)a,$$

$u(x,t)$

$$= \rho - \frac{(\alpha^2-\omega^2)a}{8\gamma}\left(2\sqrt{-\frac{6c_2}{a}} + \frac{\wp(\xi,g_2,g_3)-\dfrac{c_2}{3}}{\dfrac{\varepsilon}{12}\sqrt{-\dfrac{3a}{c_2^2-\dfrac{1}{12}c_0 a}}\,\wp'(\xi,g_2,g_3)-\dfrac{a}{48}\sqrt{-\dfrac{6c_2}{a}}}\right)^2,$$

$$\rho = -\frac{4(\alpha^2-\omega^2)c_2-\beta}{2\gamma}, \quad a = \frac{16c_2^2(\alpha^2-\omega^2)^2-\beta^2}{c_0(\alpha^2-\omega^2)^2}, \quad b = \sqrt{c_2^2-\frac{c_0 a}{12}},$$

其中 $\xi = x - \omega t$, g_2, g_3 由 (2.24) 式确定, 并要求表达式中出现的开方运算有意义.

上面给出的 Weierstrass 椭圆函数解经引入相应的转换公式后可化为 Jacobi 椭圆函数解, 但不能化为孤波解与三角函数解. 这种情况在 Weierstrass 型辅助方程法中会经常出现, 只有当 Weierstrass 椭圆函数的不变量是规范的情况下才能通过合适的转换公式将其化为双曲函数与三角函数.

下面通过例子来说明适当选择某些待定参数的值, 使得不变量化为规范型, 那么就可以将非线性波方程的 Weierstrass 椭圆函数解退化到孤波解与三角函数周期解.

例 2.2 用 Weierstrass 型 F-展开法求解组合 KdV 方程

$$u_t + 6(\alpha u + \beta u^2)u_x + \gamma u_{xxx} = 0, \tag{2.25}$$

其中 α, β, γ 为常数.

将行波变换 (2.4) 代入 (2.25), 则得到常微分方程

$$-\omega u' + 6(\alpha u + \beta u^2)u' + \gamma u''' = 0. \tag{2.26}$$

因为所用辅助方程为第一种椭圆方程 (2.1), 从而 $m=4$. 假设 $O(u)=n$, 则由 (1.19) 式可知 $O(u''') = n+3\left(\dfrac{4}{2}-1\right) = n+3, O(u^2u') = (2+1)n+1\times\left(\dfrac{4}{2}-1\right) = 3n+1$, 从而平衡常数 $n=1$. 所以, 由辅助方程法取截断形式级数解为

$$u(\xi) = a_0 + a_1 F(\xi), \tag{2.27}$$

其中 a_i $(i=0,1)$ 为待定常数, $F(\xi)$ 为方程 (2.1) 的某个 Weierstrass 椭圆函数解.

将 (2.27) 和 (2.1) 代入 (2.26), 并令 $F^j F'$ $(j=0,1,2)$ 的系数等于零, 则得到代数方程组

$$\begin{cases} 12a_0 a_1^2 \beta + 6a_1^2 \alpha = 0, \\ 6a_1^3 \beta + 6a_1 c_4 \gamma = 0, \\ 6a_0^2 a_1 \beta + 6a_0 a_1 \alpha + a_1 c_2 \gamma - a_1 \omega = 0. \end{cases}$$

用 Maple 求得该代数方程组的解

$$a_0 = -\frac{\alpha}{2\beta}, \quad c_2 = \frac{3\alpha^2 + 2\beta\omega}{2\beta\gamma}, \quad c_4 = -\frac{a_1^2\beta}{\gamma}.$$

由 (2.2) 可以算出

$$g_2 = -\frac{c_0 a_1^2 \beta}{\gamma} + \frac{(3\alpha^2 + 2\beta\omega)^2}{48\beta^2\gamma^2}, \quad g_3 = -\frac{a_1^2(3\alpha^2 + 2\beta\omega)c_0}{12\gamma^2} - \frac{(3\alpha^2 + 2\beta\omega)^3}{1728\beta^3\gamma^3},$$

$$\delta = \frac{4c_0 a_1^2 \beta}{\gamma} + \frac{(3\alpha^2 + 2\beta\omega)^2}{4\beta^2\gamma^2}.$$

由以上表达式容易看出组合 KdV 方程的解中将出现两个任意参数 c_0 和 a_1, 它们分别对应于辅助方程的系数和解的展开式中 F 的系数. 因此, 只要合理选择这两个参数就可以把 Weierstrass 椭圆函数的不变量 g_2, g_3 规范化, 从而能够把组合 KdV 方程的 Weierstrass 椭圆函数解转化为孤波解与三角函数周期解. 为此, 选取 $c_0 = 0, a_1 = 1$, 则得到

$$a_0 = -\frac{\alpha}{2\beta}, \quad a_1 = 1, \quad c_0 = 0, \quad c_2 = \frac{3\alpha^2 + 2\beta\omega}{2\beta\gamma}, \quad c_4 = -\frac{\beta}{\gamma}, \tag{2.28}$$

$$g_2 = \frac{(3\alpha^2 + 2\beta\omega)^2}{48\beta^2\gamma^2}, \quad g_3 = -\frac{(3\alpha^2 + 2\beta\omega)^3}{1728\beta^3\gamma^3}, \quad \delta = \frac{(3\alpha^2 + 2\beta\omega)^2}{4\beta^2\gamma^2}. \tag{2.29}$$

注意到第一种椭圆方程的解 $F_2(\xi)$ 和 $F_3(\xi)$ 不能给出组合 KdV 方程的非平凡解, 所以将 (2.28), (2.29), (2.4) 和 $F_i(\xi)$ ($i = 1, 4, 5, 6$) 一起代入 (2.27), 则得到组合 KdV 方程的 Weierstrass 椭圆函数解

$$u(x,t) = -\frac{\alpha}{2\beta} + \frac{\varepsilon\wp'(x - \omega t, g_2, g_3)}{\sqrt{-\dfrac{\beta}{\gamma}\left(2\wp(x - \omega t, g_2, g_3) + \dfrac{3\alpha^2 + 2\beta\omega}{6\beta\gamma}\right)}}, \quad \beta\gamma < 0, \tag{2.30}$$

$$u(x,t) = -\frac{\alpha}{2\beta} + \frac{\varepsilon}{2}\sqrt{\frac{2(3\alpha^2 + 2\beta\omega)}{\beta^2}}\left(1 - \frac{a}{2\wp(x - \omega t, g_2, g_3) + \dfrac{5a}{6}}\right),$$

$$a = \frac{3\alpha^2 + 2\beta\omega}{\beta\gamma}, \quad 3\alpha^2 + 2\beta\omega > 0, \tag{2.31}$$

$$u(x,t) = 1 + \frac{\sqrt{a}\wp'(x - \omega t, g_2, g_3) + \dfrac{b}{2}\left(\wp(x - \omega t, g_2, g_3) - c\right) - \dfrac{a\beta}{\gamma}}{2\left(\wp(x - \omega t, g_2, g_3) - c\right)^2 + \dfrac{a\beta}{2\gamma}},$$

$$a = \frac{3\alpha^2 + 2\beta\omega}{2\beta\gamma} - \frac{\beta}{\gamma}, \quad b = \frac{3\alpha^2 + 2\beta\omega}{\beta\gamma} - \frac{4\beta}{\gamma},$$

$$c = \frac{3\alpha^2 + 2\beta\omega}{24\beta\gamma} - \frac{\beta}{2\gamma}, \quad \beta\gamma(3\alpha^2 + 2\beta\omega - 2\beta^2) > 0, \tag{2.32}$$

$$u(x,t) = \frac{\wp(x - \omega t, g_2, g_3) - \dfrac{3\alpha^2 + 2\beta\gamma}{6\beta\gamma}}{2\varepsilon\sqrt{\dfrac{\beta^3\gamma}{(3\alpha^2 + 2\beta\omega)^2}}\wp'(x - \omega t, g_2, g_3) + \dfrac{\beta}{4\gamma}\sqrt{\dfrac{3\alpha^2 + 2\beta\omega}{\beta^2}}}$$

$$+ \frac{1}{2}\sqrt{\frac{3\alpha^2 + 2\beta\omega}{\beta^2}} - \frac{\alpha}{2\beta}, \quad \beta\gamma > 0, 3\alpha^2 + 2\beta\omega > 0, \tag{2.33}$$

其中 g_2, g_3 由 (2.29) 式给定, $\varepsilon = \pm 1$.

将转换公式 (1.68)~(1.71) 同 $\theta = c_2$ 代入 (2.30) 和 (2.31), 则得到组合 KdV 方程的如下孤波解与周期解

$$u_1(x,t) = -\frac{\alpha}{2\beta} + \frac{\varepsilon\sqrt{\dfrac{2(3\alpha^2 + 2\beta\omega)}{\beta\gamma}}}{2\sqrt{-\dfrac{\beta}{\gamma}}}\operatorname{csch}\frac{1}{2}\sqrt{\frac{2(3\alpha^2 + 2\beta\omega)}{\beta\gamma}}(x - \omega t),$$

$$\beta\gamma < 0, \quad 3\alpha^2 + 2\beta\omega < 0,$$

$$u_2(x,t) = -\frac{\alpha}{2\beta} + \frac{\varepsilon\sqrt{-\dfrac{2(3\alpha^2 + 2\beta\omega)}{\beta\gamma}}}{2\sqrt{-\dfrac{\beta}{\gamma}}}\csc\frac{1}{2}\sqrt{-\frac{2(3\alpha^2 + 2\beta\omega)}{\beta\gamma}}(x - \omega t),$$

$$\beta\gamma < 0, \quad 3\alpha^2 + 2\beta\omega > 0,$$

$$u_3(x,t) = -\frac{\alpha}{2\beta} + \frac{\varepsilon\sqrt{2(3\alpha^2 + 2\beta\omega)}}{2\beta}\operatorname{sech}\frac{1}{2}\sqrt{\frac{2(3\alpha^2 + 2\beta\omega)}{\beta\gamma}}(x - \omega t),$$

$$\beta\gamma > 0, \quad 3\alpha^2 + 2\beta\omega > 0,$$

$$u_4(x,t) = -\frac{\alpha}{2\beta} + \frac{\varepsilon\sqrt{2(3\alpha^2 + 2\beta\omega)}}{2\beta}\sec\frac{1}{2}\sqrt{-\frac{2(3\alpha^2 + 2\beta\omega)}{\beta\gamma}}(x - \omega t),$$

$$\beta\gamma < 0, \quad 3\alpha^2 + 2\beta\omega > 0.$$

将 (1.68) 和 (1.69) 同 $\theta = c_2$ 一起代入 (2.32), 则得到组合 KdV 方程的孤波解

$$u_5(x,t) = -\frac{\alpha}{2\beta} \pm \frac{\beta\sqrt{\frac{3\alpha^2+2\beta\omega}{\beta}}\sqrt{\frac{3\alpha^2+2\beta\omega-2\beta^2}{\beta}}\sinh\eta - (3\alpha^2+2\beta\omega)\cosh\eta}{2\beta^2\sinh^2\eta + 3\alpha^2 + 2\beta\omega},$$

$$\eta = \frac{1}{2}\sqrt{\frac{2(3\alpha^2+2\beta\omega)}{\beta\gamma}}(x-\omega t), \quad \gamma > 0,$$

$$\beta(3\alpha^2+2\beta\omega) > 0, \quad \beta(3\alpha^2+2\beta\omega-2\beta^2) > 0.$$

将 (1.70) 和 (1.71) 同 $\theta = c_2$ 一起代入 (2.32), 则得到组合 KdV 方程的周期解

$$u_6(x,t) = -\frac{\alpha}{2\beta} \pm \frac{\beta\sqrt{-\frac{3\alpha^2+2\beta\omega}{\beta}}\sqrt{\frac{3\alpha^2+2\beta\omega-2\beta^2}{\beta}}\sin\eta + (3\alpha^2+2\beta\omega)\cos\eta}{2\beta^2\sin^2\eta - 3\alpha^2 - 2\beta\omega},$$

$$\eta = \frac{1}{2}\sqrt{-\frac{2(3\alpha^2+2\beta\omega)}{\beta\gamma}}(x-\omega t), \quad \gamma < 0,$$

$$\beta(3\alpha^2+2\beta\omega) < 0, \quad \beta(3\alpha^2+2\beta\omega-2\beta^2) > 0.$$

分别将 (1.68) 和 (1.69) 同 $\theta = c_2$ 一起代入 (2.33), 则得到组合 KdV 方程的孤波解

$$u_7(x,t) = -\frac{\alpha}{2\beta} + \frac{\sqrt{3\alpha^2+2\beta\omega}\left(\sqrt{2}\varepsilon\sinh\eta - 2\cosh\eta\right)}{2\beta\left(\sqrt{2}\varepsilon\sinh\eta + 2\cosh^3\eta\right)},$$

$$u_8(x,t) = -\frac{\alpha}{2\beta} + \frac{\sqrt{3\alpha^2+2\beta\omega}\left(2\sinh\eta - \sqrt{2}\varepsilon\cosh\eta\right)}{2\beta\left(2\sinh^3\eta - \sqrt{2}\varepsilon\cosh\eta\right)},$$

$$\eta = \frac{1}{4}\sqrt{\frac{2(3\alpha^2+2\beta\omega)}{\beta\gamma}}(x-\omega t), \quad \beta\gamma > 0, 3\alpha^2 + 2\beta\omega > 0.$$

2.2　Weierstrass 型第三种椭圆方程展开法

从一般椭圆方程解的分类可知, 当 $c_2 = 0$ 时第三种椭圆方程

$$F'^2(\xi) = c_0 + c_1 F(\xi) + c_2 F^2(\xi) + c_3 F^3(\xi) \tag{2.34}$$

有一个 Weierstrass 椭圆函数解. 事实表明, 很难给出第三种椭圆方程的显式解, 而只能借助直接积分法[1] 或多项式完全判别系统法[6] 给出其隐式解与部分显式解. 不过, 最近基于 Jacobi 椭圆函数法建立构造第三种椭圆方程显式解的两种方法[1] 后这一情况已经得到改变.

Weierstrass 型第三种椭圆方程展开法是在辅助方程法中截断形式级数解取 (1.5) 的形式, 而第三种椭圆方程 (2.34) 取如下 Weierstrass 椭圆函数解

$$F(\xi) = \begin{cases} \dfrac{4}{c_3}\wp(\xi, g_2, g_3) - \dfrac{c_2}{3c_3}, \\[2mm] \dfrac{\dfrac{c_0c_3}{8} - \dfrac{c_1c_2}{48} + \dfrac{\varepsilon\sqrt{c_0}}{2}\wp'(\xi, g_2, g_3) + \dfrac{c_1}{4}\wp(\xi, g_2, g_3)}{\left(\wp(\xi, g_2, g_3) - \dfrac{c_2}{12}\right)^2}, \quad c_0 \geqslant 0, \\[6mm] \dfrac{\sqrt{c_0}\wp'(\xi, g_2, g_3) + \dfrac{c_1}{2}\left(\wp(\xi, g_2, g_3) - \dfrac{c_2}{12}\right) + \dfrac{c_0c_3}{4}}{2\left(\wp(\xi, g_2, g_3) - \dfrac{c_2}{12}\right)^2}, \quad c_0 \geqslant 0 \\[6mm] 1 + \dfrac{\left(\sum\limits_{i=0}^{3} c_i\right)^{\frac{1}{2}}\wp'(\xi, g_2, g_3) + a\left(\wp(\xi, g_2, g_3) - \dfrac{c_2}{12} - \dfrac{c_3}{4}\right) + b}{2\left(\wp(\xi, g_2, g_3) - \dfrac{c_2}{12} - \dfrac{c_3}{4}\right)^2}, \\[6mm] \sum\limits_{i=0}^{3} c_i \geqslant 0, \quad a = \dfrac{1}{2}(c_1 + 2c_2 + 3c_3), \quad b = \dfrac{1}{4}(c_0 + c_1 + c_2 + c_3)c_3, \end{cases}$$

$$\tag{2.35}$$

其中 $\varepsilon = \pm 1$, 不变量 g_2, g_3 由下式给定

$$g_2 = -\frac{c_1c_3}{4} + \frac{c_2^2}{12}, \quad g_2 = -\frac{c_0c_3^2}{16} + \frac{c_1c_2c_3}{48} - \frac{c_2^3}{216}. \tag{2.36}$$

上述 Weierstrass 椭圆函数解的不变量 g_2, g_3 属于不规范型, 因此用 Weierstrass 型第三种椭圆方程展开法所给出的非线性波方程的 Weierstrass 椭圆函数解通常不能退化到 Jacobi 椭圆函数解, 更不能退化到双曲函数解或三角函数解. 下面的例子说明了 Bretherton 方程就属于这一类.

例 2.3 求 Bretherton 方程

$$u_{tt} + u_{xx} + u_{xxxx} - \alpha u^3 = 0 \tag{2.37}$$

的 Weierstrass 椭圆函数解, 其中 α 为常数.

经行波变换

$$u(x,t) = u(\xi), \quad \xi = x - \omega t, \tag{2.38}$$

方程 (2.37) 变成常微分方程

$$\left(\omega^2 + 1\right) u'' + u^{(4)} - \alpha u^3 = 0. \tag{2.39}$$

因为对第三种椭圆方程有 $m = 3$, 所以若假设 $O(u) = n$, 则由 (1.19) 知 $O(u^{(4)}) = n + 4\left(\dfrac{3}{2} - 1\right) = n + 2$, $O(u^3) = 3n$, 故平衡常数 $n = 1$. 于是截断形式级数解可取为

$$u(\xi) = a_0 + a_1 F(\xi), \tag{2.40}$$

其中 $a_i\,(i = 0, 1)$ 为待定常数, $F(\xi)$ 为方程 (2.34) 的某个 Weierstrass 椭圆函数解.

将 (2.40) 和 (2.34) 代入 (2.39), 并令 F^j $(j = 0, 1, 2, 3)$ 的系数等于零, 则得到代数方程组

$$\begin{cases} \dfrac{15}{2} a_1 c_3^2 - \alpha a_1^3 = 0, \\[2mm] \dfrac{3}{2}\omega^2 a_1 c_3 + \dfrac{3}{2} a_1 c_3 + \dfrac{15}{2} a_1 c_2 c_3 - 3\alpha a_1^2 a_0 = 0, \\[2mm] \dfrac{1}{2}\omega^2 a_1 c_1 + \dfrac{1}{2} a_1 c_1 + \dfrac{1}{2} a_1 c_2 c_1 + 3 a_1 c_3 c_0 - \alpha a_0^3 = 0, \\[2mm] \omega^2 a_1 c_2 + a_1 c_2 + a_1 c_2^2 + \dfrac{9}{2} a_1 c_3 c_1 - 3\alpha a_1 a_0^2 = 0. \end{cases}$$

用 Maple 求得上面代数方程组的解

$$a_0 = \frac{\mu(\omega^2 + 5c_2 + 1)}{\sqrt{30\alpha}}, \quad a_1 = \frac{c_3 \mu}{2}\sqrt{\frac{30}{\alpha}},$$

$$c_0 = \frac{5c_2\left((\omega^2 + 1)^2 + 5c_2^2\right) - 2(\omega^2 + 1)^3}{675 c_3^2},$$

$$c_1 = \frac{(\omega^2 + 1)^2 + 15c_2^2}{45 c_3}, \quad \mu = \pm 1. \tag{2.41}$$

由 (2.36) 算出不变量

$$g_2 = -\frac{(\omega^2 + 1)^2}{180}, \quad g_3 = \frac{(\omega^2 + 1)^3}{5400}. \tag{2.42}$$

将 (2.41), (2.42), (2.35) 和 (2.38) 代入 (2.40), 则得到 Bretherton 方程的 Weierstrass 椭圆函数解

$$u(x,t) = \frac{\mu}{\sqrt{30\alpha}}\left(60\wp(\xi, g_2, g_3) + \omega^2 + 1\right),$$

$$u(x,t) = \frac{\sqrt{30}\mu\left(a\wp'(\xi,g_2,g_3) + b\wp^2(\xi,g_2,g_3) + c\wp(\xi,g_2,g_3) + d\right)}{150\sqrt{\alpha}\left(12\wp(\xi,g_2,g_3) - c_2\right)^2},$$

$$a = 120\sqrt{3}\varepsilon\sqrt{5c_2\left((\omega^2+1)^2 + 5c_2^2\right) - 2(\omega^2+1)^3},$$

$$b = 720(\omega^2 + 5c_2 + 1), \quad c = 60\left((\omega^2+1)^2 - c_2(2\omega^2 - 5c_2 + 2)\right),$$

$$d = (\omega^2 + 1)\left(-4(\omega^2+1)^2 + 5c_2(\omega^2 + c_2 + 1)\right),$$

$$u(x,t) = \frac{c_3\mu}{2}\sqrt{\frac{30}{\alpha}}\left(1 + \frac{\sqrt{p}\wp'(\xi,g_2,g_3) + \frac{q}{2}\left(\wp(\xi,g_2,g_3) - \frac{c_2}{12} - \frac{c_3}{4}\right) + \frac{c_3 p}{4}}{2\left(\wp(\xi,g_2,g_3) - \frac{c_2}{12} - \frac{c_3}{4}\right)^2}\right)$$

$$+ \frac{\mu(\omega^2 + 5c_2 + 1)}{\sqrt{30\alpha}},$$

$$p = \frac{5c_2\left((\omega^2+1)^2 + 5c_2^2\right) - 2(\omega^2+1)^3}{675c_3^2} + \frac{(\omega^2+1)^2 + 15c_2^2}{45c_3} + c_2 + c_3,$$

$$q = \frac{(\omega^2+1)^2 + 15c_2^2}{45c_3} + 2c_2 + 3c_3,$$

其中 $\xi = x - \omega t$, 不变量 g_2, g_3 由 (2.42) 式给定, 第二个解是由 (2.35) 的第二和第三个解给出的同一个解. 上式中自由参数的选择必须满足开方运算有意义.

下面的例子说明, 在 Weierstrass 型第三种椭圆方程展开法下某些非线性波方程的 Weierstrass 椭圆函数解不但可以退化到 Jacobi 椭圆函数解, 甚至可以退化到双曲函数解与三角函数解.

例 2.4 求 Klein-Gordon 方程

$$u_{tt} - \alpha^2 u_{xx} + \beta u - \gamma u^2 = 0 \tag{2.43}$$

的 Weierstrass 椭圆函数解及其退化解, 其中 α, β, γ 为常数.

经过行波变换 (2.38), 方程 (2.43) 变成常微分方程

$$\left(\omega^2 - \alpha^2\right)u'' + \beta u - \gamma u^2 = 0. \tag{2.44}$$

对于第三种椭圆方程而言 $m = 3$, 因此假设 $O(u) = n$, 则由 (1.19) 可知 $O(u'') = n + 2\left(\frac{3}{2} - 1\right) = n + 1$, $O(u^2) = 2n$, 从而平衡常数 $n = 1$, 因此截断形式级数解取 (2.40) 的形式. 于是, 将 (2.40) 和 (2.34) 代入 (2.44), 并令 F^j $(j = 0, 1, 2)$ 的系数等于零, 则得到代数方程组

$$\begin{cases} -\dfrac{3}{2}a_1c_3\alpha^2 + \dfrac{3}{2}a_1c_3\omega^2 - \gamma a_1^2 = 0, \\[2mm] -\dfrac{1}{2}a_1c_1\alpha^2 + \dfrac{1}{2}a_1c_1\omega^2 + \beta a_0 - \gamma a_0^2 = 0, \\[2mm] -a_1\alpha^2 c_2 + a_1c_2\omega^2 - 2a_0a_1\gamma + a_1\beta = 0. \end{cases}$$

下面分情形讨论用 Maple 求得的以上代数方程组的三组解所确定的 Klein-Gordon 方程的 Weierstrass 椭圆函数解及其退化解.

情形 1　代数方程组的第一组解为

$$a_0 = \frac{\beta}{\gamma}, \quad a_1 = -\frac{3c_3(\alpha^2 - \omega^2)}{2\gamma}, \quad c_1 = 0, \quad c_2 = -\frac{\beta}{\alpha^2 - \omega^2}. \tag{2.45}$$

由 (2.36) 算出不变量

$$g_2 = \frac{\beta^2}{12(\alpha^2 - \omega^2)^2}, \quad g_3 = \frac{\beta^3}{216(\alpha^2 - \omega^2)^3} - \frac{c_0c_3^3}{16}. \tag{2.46}$$

由上式容易看出只有当 $c_0 = 0$ 时, Weierstrass 椭圆函数解的不变量变为规范型

$$g_2 = \frac{\beta^2}{12(\alpha^2 - \omega^2)^2}, \quad g_3 = \frac{\beta^3}{216(\alpha^2 - \omega^2)^3}, \tag{2.47}$$

从而可以给出 Klein-Gordon 方程的双曲函数解与三角函数解.

由于 $c_0 = c_1 = 0$, 所以 (2.35) 中的第二和第三个解不能给出 Klein-Gordon 方程的非平凡解.

将 (2.45), (2.47), (2.38) 和 (2.35) 的第一个解代入 (2.40) 式, 则得到 Klein-Gordon 方程的 Weierstrass 椭圆函数解

$$u(x, t) = \frac{\beta}{2\gamma} - \frac{6(\alpha^2 - \omega^2)}{\gamma}\wp(x - \omega t, g_2, g_3), \tag{2.48}$$

其中 g_2, g_3 由 (2.47) 式给定.

再将转换公式 (1.68)~(1.71) 同 $\theta = c_2$ 一起代入 (2.48), 则得到 Klein-Gordon 方程的如下孤波解与周期解

$$u_1(x, t) = \frac{\beta}{2\gamma}\left(2 - 3\mathrm{sech}^2\frac{1}{2}\sqrt{\frac{\beta}{\omega^2 - \alpha^2}}(x - \omega t)\right), \quad \beta(\alpha^2 - \omega^2) < 0,$$

$$u_2(x, t) = \frac{\beta}{2\gamma}\left(2 + 3\mathrm{csch}^2\frac{1}{2}\sqrt{\frac{\beta}{\omega^2 - \alpha^2}}(x - \omega t)\right), \quad \beta(\alpha^2 - \omega^2) < 0,$$

$$u_3(x,t) = \frac{\beta}{2\gamma}\left(2 - 3\sec^2\frac{1}{2}\sqrt{\frac{\beta}{\alpha^2-\omega^2}}(x-\omega t)\right), \quad \beta(\alpha^2-\omega^2) > 0,$$

$$u_4(x,t) = \frac{\beta}{2\gamma}\left(2 - 3\csc^2\frac{1}{2}\sqrt{\frac{\beta}{\alpha^2-\omega^2}}(x-\omega t)\right), \quad \beta(\alpha^2-\omega^2) > 0.$$

对于 (2.35) 中的第四个解在参数 c_3 的两种不同取值下可以使解得到简化. 第一种选择是取

$$c_3 = -\frac{\beta}{\alpha^2-\omega^2}, \tag{2.49}$$

此时 Klein-Gordon 方程具有双曲函数解, 但不具有三角函数解.

将 (2.45), (2.47), (2.49) 和 (2.35) 的第四个解代入 (2.40) 式, 则得到 Klein-Gordon 方程的 Weierstrass 椭圆函数解

$$u(x,t)$$

$$= \frac{\beta\left(54\sqrt{\dfrac{2\beta}{\omega^2-\alpha^2}}\wp'(\xi,g_2,g_3) + 180\wp^2(\xi,g_2,g_3) - \dfrac{15\beta}{\alpha^2-\omega^2}\wp(\xi,g_2,g_3) + 2r\right)}{8\gamma\left(9\wp^2(\xi,g_2,g_3) + \dfrac{6\beta}{\alpha^2-\omega^2}\wp(\xi,g_2,g_3) + r\right)},$$

$$\xi = x - \omega t, \quad r = \frac{\beta^2}{(\alpha^2-\omega^2)^2}, \quad \beta(\alpha^2-\omega^2) < 0. \tag{2.50}$$

将 (1.68) 和 (1.69) 同 $\theta = c_2$ 代入 (2.50), 则得到 Klein-Gordon 方程的孤波解

$$u_5(x,t) = \frac{\beta\left(6\sqrt{2}\sinh\eta\cosh\eta + 2\cosh^4\eta - 5\cosh^2\eta + 5\right)}{2\gamma\left(\cosh^2\eta + 1\right)^2},$$

$$u_6(x,t) = \frac{\beta\left(-6\sqrt{2}\sinh\eta\cosh\eta + 2\cosh^4\eta + \cosh^2\eta + 2\right)}{2\gamma\left(\sinh^2\eta - 1\right)^2},$$

$$\eta = \frac{1}{2}\sqrt{\frac{\beta}{\omega^2-\alpha^2}}(x-\omega t), \quad \beta(\alpha^2-\omega^2) < 0.$$

第二种选择是取

$$c_3 = \frac{2\beta}{\alpha^2-\omega^2}, \tag{2.51}$$

此时 Klein-Gordon 方程具有三角函数解, 但不具有双曲函数解.

将 (2.45), (2.47), (2.51) 和 (2.35) 的第四个解代入 (2.40) 式, 则得到 Klein-Gordon 方程的 Weierstrass 椭圆函数解

$u(x,t)$

$$= -\frac{2\beta\left(108\sqrt{\dfrac{\beta}{\alpha^2-\omega^2}}\wp'(\xi,g_2,g_3)+144\wp^2(\xi,g_2,g_3)+\dfrac{96\beta}{\alpha^2-\omega^2}\wp(\xi,g_2,g_3)-11r\right)}{\gamma\left(144\wp^2(\xi,g_2,g_3)-\dfrac{120\beta}{\alpha^2-\omega^2}\wp(\xi,g_2,g_3)+25r\right)},$$

$$\xi = x - \omega t, \quad r = \frac{\beta^2}{(\alpha^2-\omega^2)^2}, \quad \beta(\alpha^2-\omega^2) > 0. \tag{2.52}$$

将 (1.70) 和 (1.71) 同 $\theta = c_2$ 一起代入 (2.52), 则得到 Klein-Gordon 方程的周期解

$$u_7(x,t) = \frac{2\beta\left(-3\sin\zeta\cos\zeta + 2\cos^4\zeta - 2\cos^2\zeta - 1\right)}{\gamma\left(2\cos^2\zeta - 1\right)^2},$$

$$u_8(x,t) = \frac{2\beta\left(3\sin\zeta\cos\zeta + 2\cos^4\zeta - 2\cos^2\zeta - 1\right)}{\gamma\left(2\cos^2\zeta - 1\right)^2},$$

$$\zeta = \frac{1}{2}\sqrt{\frac{\beta}{\alpha^2-\omega^2}}(x-\omega t), \quad \beta(\alpha^2-\omega^2) > 0.$$

情形 2　代数方程组的第二组解为

$$a_0 = 0, \quad a_1 = -\frac{3c_3(\alpha^2-\omega^2)}{2\gamma}, \quad c_1 = 0, \quad c_2 = \frac{\beta}{\alpha^2-\omega^2}. \tag{2.53}$$

由 (2.36) 算出不变量

$$g_2 = \frac{\beta^2}{12(\alpha^2-\omega^2)^2}, \quad g_3 = -\frac{\beta^3}{216(\alpha^2-\omega^2)^3} - \frac{c_0 c_3^3}{16}. \tag{2.54}$$

由上式容易看出当 $c_0 = 0$ 时, Weierstrass 椭圆函数解的不变量变为规范型

$$g_2 = \frac{\beta^2}{12(\alpha^2-\omega^2)^2}, \quad g_3 = -\frac{\beta^3}{216(\alpha^2-\omega^2)^3}, \tag{2.55}$$

将 (2.53), (2.55), (2.38) 和 (2.35) 的第一个解代入 (2.40) 式, 则得到 Klein-Gordon 方程的 Weierstrass 椭圆函数解

$$u(x,t) = \frac{\beta}{2\gamma} - \frac{6(\alpha^2-\omega^2)}{\gamma}\wp(x-\omega t, g_2, g_3), \tag{2.56}$$

其中 g_2, g_3 由 (2.55) 式给定.

将转换公式 (1.68)~(1.71) 同 $\theta = c_2$ 一起代入 (2.56) 式, 则得到 Klein-Gordon 方程的如下孤波解与周期解

$$u_1(x,t) = \frac{3\beta}{2\gamma} \operatorname{sech}^2 \frac{1}{2} \sqrt{\frac{\beta}{\alpha^2 - \omega^2}}(x - \omega t), \quad \beta(\alpha^2 - \omega^2) > 0,$$

$$u_2(x,t) = -\frac{3\beta}{2\gamma} \operatorname{csch}^2 \frac{1}{2} \sqrt{\frac{\beta}{\alpha^2 - \omega^2}}(x - \omega t), \quad \beta(\alpha^2 - \omega^2) > 0,$$

$$u_3(x,t) = \frac{3\beta}{2\gamma} \sec^2 \frac{1}{2} \sqrt{\frac{\beta}{\omega^2 - \alpha^2}}(x - \omega t), \quad \beta(\alpha^2 - \omega^2) < 0,$$

$$u_4(x,t) = \frac{3\beta}{2\gamma} \csc^2 \frac{1}{2} \sqrt{\frac{\beta}{\omega^2 - \alpha^2}}(x - \omega t), \quad \beta(\alpha^2 - \omega^2) < 0.$$

与情形 1 一样, (2.35) 中的第二和第三个解只能给出 Klein-Gordon 方程的平凡解. 对于 (2.35) 的第四个解分别选取

$$c_3 = \frac{2\beta}{\alpha^2 - \omega^2}$$

和

$$c_3 = -\frac{2\beta}{\alpha^2 - \omega^2},$$

则按照与情形 1 相同的步骤得到 Klein-Gordon 方程的 Weierstrass 椭圆函数解

$$u(x,t)$$
$$= -\frac{3\beta \left(72\sqrt{\frac{3\beta}{\alpha^2 - \omega^2}} \wp'(\xi, g_2, g_3) + 144\wp^2(\xi, g_2, g_3) + \frac{120\beta}{\alpha^2 - \omega^2} \wp(\xi, g_2, g_3) - 11r \right)}{\gamma \left(144\wp^2(\xi, g_2, g_3) - \frac{168\beta}{\alpha^2 - \omega^2} \wp(\xi, g_2, g_3) + 49r \right)},$$

$$\xi = x - \omega t, \quad r = \frac{\beta^2}{(\alpha^2 - \omega^2)^2}, \quad \beta(\alpha^2 - \omega^2) > 0, \tag{2.57}$$

$$u(x,t)$$
$$= \frac{3\beta \left(72\sqrt{\frac{\beta}{\omega^2 - \alpha^2}} \wp'(\xi, g_2, g_3) + 144\wp^2(\xi, g_2, g_3) - \frac{24\beta}{\alpha^2 - \omega^2} \wp(\xi, g_2, g_3) + r \right)}{\gamma \left(144\wp^2(\xi, g_2, g_3) + \frac{120\beta}{\alpha^2 - \omega^2} \wp(\xi, g_2, g_3) + 25r \right)},$$

$$\xi = x - \omega t, \quad r = \frac{\beta^2}{(\alpha^2 - \omega^2)^2}, \quad \beta(\alpha^2 - \omega^2) < 0. \tag{2.58}$$

将 (1.68) 和 (1.69) 同 $\theta = c_2$ 代入 (2.57), 将 (1.70) 和 (1.71) 同 $\theta = c_2$ 代入 (2.58), 则得到 Klein-Gordon 方程的如下孤波解与周期解

$$u_5(x,t) = -\frac{3\beta\left(2\sqrt{3}\sinh\eta\cosh\eta - 4\cosh^2\eta + 1\right)}{\gamma\left(2\cosh^2\eta + 1\right)^2}, \quad \eta = \frac{1}{2}\sqrt{\frac{\beta}{\alpha^2 - \omega^2}}(x - \omega t),$$

$$u_6(x,t) = \frac{3\beta\left(2\sqrt{3}\sinh\eta\cosh\eta - 4\cosh^2\eta + 3\right)}{\gamma\left(2\cosh^2\eta - 3\right)^2}, \quad \eta = \frac{1}{2}\sqrt{\frac{\beta}{\alpha^2 - \omega^2}}(x - \omega t),$$

$$u_7(x,t) = \frac{3\beta\left(2\sin\frac{1}{2}\sqrt{\frac{\beta}{\omega^2 - \alpha^2}}(x - \omega t)\cos\frac{1}{2}\sqrt{\frac{\beta}{\omega^2 - \alpha^2}}(x - \omega t) + 1\right)}{\gamma\left(2\cos^2\frac{1}{2}\sqrt{\frac{\beta}{\omega^2 - \alpha^2}}(x - \omega t) - 1\right)^2},$$

$$u_8(x,t) = -\frac{3\beta\left(2\sin\frac{1}{2}\sqrt{\frac{\beta}{\omega^2 - \alpha^2}}(x - \omega t)\cos\frac{1}{2}\sqrt{\frac{\beta}{\omega^2 - \alpha^2}}(x - \omega t) - 1\right)}{\gamma\left(2\cos^2\frac{1}{2}\sqrt{\frac{\beta}{\omega^2 - \alpha^2}}(x - \omega t) - 1\right)^2},$$

其中前两式满足 $\beta(\alpha^2 - \omega^2) > 0$, 后两式满足 $\beta(\alpha^2 - \omega^2) < 0$.

情形 3　代数方程组的第三组解为

$$a_0 = -\frac{(\alpha^2 - \omega^2)c_2 - \beta}{2\gamma}, \quad a_1 = -\frac{(\alpha^2 - \omega^2)^2 c_2^2 - \beta^2}{2c_1\gamma(\alpha^2 - \omega^2)}, \quad c_3 = \frac{(\alpha^2 - \omega^2)^2 c_2^2 - \beta^2}{3c_1(\alpha^2 - \omega^2)^2}. \tag{2.59}$$

由 (2.36) 算出不变量

$$g_2 = \frac{\beta^2}{12(\alpha^2 - \omega^2)^2},$$

$$g_3 = -\frac{c_0 c_2^4}{144c_1^2} + \frac{c_2^3}{432} + \frac{c_0 c_2^2 \beta^2}{72c_1^2(\alpha^2 - \omega^2)^2} - \frac{c_2\beta^2}{144(\alpha^2 - \omega^2)^2} - \frac{c_0\beta^4}{144c_1^2(\alpha^2 - \omega^2)^4}. \tag{2.60}$$

将 (2.59), (2.60), (2.35) 和 (2.38) 代入 (2.40), 则得到 Klein-Gordon 方程的 Weierstrass 椭圆函数解

$$u(x,t) = \frac{\beta}{2\gamma} - \frac{6(\alpha^2 - \omega^2)}{\gamma}\wp(\xi, g_2, g_3),$$

$u(x,t)$

$$= \mu - \frac{\lambda(\alpha^2 - \omega^2)\left(\dfrac{c_0\lambda}{24} - \dfrac{c_1 c_2}{48} + \dfrac{\varepsilon\sqrt{c_0}}{2}\wp'(\xi, g_2, g_3) + \dfrac{c_1}{4}\wp(\xi, g_2, g_3)\right)}{2\gamma\left(\wp(\xi, g_2, g_3) - \dfrac{c_2}{12}\right)^2}, \quad c_0 \geqslant 0,$$

$u(x,t)$

$$= \mu - \frac{\lambda(\alpha^2 - \omega^2)\left(\sqrt{c_0}\wp'(\xi, g_2, g_3) + \dfrac{c_1}{2}\left(\wp(\xi, g_2, g_3) - \dfrac{c_2}{12}\right) + \dfrac{c_0\lambda}{12}\right)}{4\gamma\left(\wp(\xi, g_2, g_3) - \dfrac{c_2}{12}\right)^2}, \quad c_0 \geqslant 0,$$

$u(x,t)$

$$= \mu - \frac{\lambda(\alpha^2 - \omega^2)}{2\gamma}\left(1 + \frac{\sqrt{\nu}\wp'(\xi, g_2, g_3) + r\left(\wp(\xi, g_2, g_3) - \dfrac{c_2}{12} - \dfrac{\lambda}{12}\right) + \dfrac{\lambda\nu}{12}}{2\left(\wp(\xi, g_2, g_3) - \dfrac{c_2}{12} - \dfrac{\lambda}{12}\right)^2}\right),$$

$$\mu = -\frac{(\alpha^2 - \omega^2)c_2 - \beta}{2\gamma}, \quad \lambda = \frac{(\alpha^2 - \omega^2)c_2^2 - \beta^2}{c_1(\alpha^2 - \omega^2)^2}, \quad \nu = c_0 + c_1 + c_2 + \frac{\lambda}{3},$$

$$r = \frac{1}{2}\left(c_1 + 2c_2 + \lambda\right), \quad \nu > 0,$$

其中 $\xi = x - \omega t$, g_2, g_3 由 (2.60) 式给定.

显然, 这里的不变量 g_3 属于不规范型, 能否将其规范化呢? 顺便这里给出另一种将不变量规范化的方法.

因为与 g_2 相匹配的规范型不变量 g_3 只有 (2.47) 和 (2.55) 给定的两种形式, 所以当 g_3 由 (2.60) 式给定时关于 c_0 分别求解方程

$$g_3 = \frac{\beta^3}{216(\alpha^2 - \omega^2)^3}$$

和

$$g_3 = -\frac{\beta^3}{216(\alpha^2 - \omega^2)^3},$$

则得到

$$c_0 = \frac{\left((\alpha^2 - \omega^2)c_2 - 2\beta\right)(\alpha^2 - \omega^2)c_1^2}{3\left((\alpha^2 - \omega^2)^2 c_2^2 - 2\beta(\alpha^2 - \omega^2)c_2 + \beta^2\right)} \tag{2.61}$$

和

$$c_0 = \frac{\left((\alpha^2 - \omega^2)c_2 + 2\beta\right)(\alpha^2 - \omega^2)c_1^2}{3\left((\alpha^2 - \omega^2)^2 c_2^2 + 2\beta(\alpha^2 - \omega^2)c_2 + \beta^2\right)}. \tag{2.62}$$

这样一来, 不变量 g_2, g_3 已经规范化为 (2.47) 和 (2.55) 的形式. 从而在上面求得的 Klein-Gordon 方程的第一个 Weierstrass 椭圆函数解中分别用 (2.61) 和 (2.62) 代替 c_0, 并分别使用 $\theta = -\dfrac{\beta}{\alpha^2 - \omega^2}$ 和 $\theta = \dfrac{\beta}{\alpha^2 - \omega^2}$ 的转换公式, 则将其退化到情形 1 的前四个解和情形 2 的前四个解. 而 c_0 取前面两个值时以上给出的 Klein-Gordon 方程的其余三个 Weierstrass 椭圆函数解都不能给出 Klein-Gordon 方程的非平凡解.

对于第三种椭圆方程, 像例 2.4 这样能够比较完整地给出退化解的实例并不多见, 因此第三种椭圆方程的较为普遍的用法是直接法.

所谓的直接法, 首先是通过行波变换把非线性波方程化为第三种椭圆方程的形式. 其次是把所得到的第三种椭圆方程的系数代入第三种椭圆方程的 Weierstrass 椭圆函数解, 并由此给出非线性波方程的 Weierstrass 椭圆函数解. 最后, 如果所得到的 Weierstrass 椭圆函数解的不变量为规范型的, 则借助转换公式给出非线性波方程的双曲函数解与三角函数解.

直接法的优点是应用方便, 计算量少且适用于其他各类具有 Weierstrass 椭圆函数解的辅助方程. 缺点是它所能提供的非线性波方程的解有限且这些解的确定受某些限制条件的制约.

例 2.5 求 (2+1)-维 Zakharov-Kuznetsov (ZK) 方程

$$u_t + \alpha u u_x + \beta \left(u_{xx} + u_{yy} \right)_x = 0 \tag{2.63}$$

的 Weierstrass 椭圆函数解及其退化解, 其中 α, β 为常数.

作行波变换

$$u(x, y, t) = u(\xi), \quad \xi = kx + ly - \omega t, \tag{2.64}$$

将方程 (2.63) 变换为常微分方程

$$-\omega u' + k\alpha u u' + k\beta(k^2 + l^2)u''' = 0.$$

将上式关于 ξ 积分一次, 并取积分常数为零, 则得到

$$-\omega u + \frac{k\alpha}{2}u^2 + k\beta(k^2 + l^2)u'' = 0.$$

再将上式乘以 $2u'$ 后积分一次, 并取积分常数为零且解出 $(u')^2$, 则有

$$(u')^2 = c_0 + c_1 u + c_2 u^2 + c_3 u^3,$$

其中

$$c_0 = 0, \quad c_1 = 0, \quad c_2 = \frac{\omega}{k\beta(k^2 + l^2)}, \quad c_3 = -\frac{\alpha}{3\beta(k^2 + l^2)}. \tag{2.65}$$

事实上, 这里的 c_0, c_1 是由上面两次积分的积分常数所确定的. 当积分常数取为不等于零的常数时, 则 c_0, c_1 就不等于零, 于是 Weierstrass 椭圆函数解的不变量就属于不规范型, 因此无法得到方程 (2.63) 的双曲函数解与三角函数解.

由 (2.36) 可以算出

$$g_2 = \frac{\omega^2}{12k^2\beta^2(k^2+l^2)^2}, \quad g_3 = -\frac{\omega^3}{216k^3\beta^3(k^2+l^2)^3}. \tag{2.66}$$

由于 $c_0 = c_1 = 0$, 故 (2.35) 中的第二和第三个解只能给出 ZK 方程的平凡解. 于是将 (2.65), (2.66) 代入 (2.35) 的第一和第四个解并借助 (2.64) 式, 则得到 ZK 方程的 Weierstrass 椭圆函数解

$$u(x,y,t) = \frac{\omega}{k\alpha} - \frac{12\beta(k^2+l^2)}{\alpha}\wp(\xi, g_2, g_3), \quad \xi = kx + ly - \omega t, \tag{2.67}$$

$$u(x,y,t) = 1 + \frac{a\wp'(\xi, g_2, g_3) + b\left(\wp(\xi, g_2, g_3) - c\right) + d}{2\left(\wp(\xi, g_2, g_3) - c\right)^2},$$

$$a = \sqrt{\frac{3\omega - k\alpha}{3k\beta(k^2+l^2)}}, \quad b = \frac{2\omega - k\alpha}{k\beta(k^2+l^2)}, \quad c = \frac{\omega - k\alpha}{12k\beta(k^2+l^2)},$$

$$d = -\frac{\alpha(3\omega - k\alpha)}{36k\beta^2(k^2+l^2)^2}, \quad \xi = kx + ly - \omega t, \quad k\beta(3\omega - k\alpha) > 0. \tag{2.68}$$

将转换公式 (1.68)~(1.71) 同 $\theta = c_2$ 一起代入 (2.67) 和 (2.68), 则得到方程 (2.63) 的孤波解与周期解

$$u_1(x,y,t) = \frac{3\omega}{k\alpha}\operatorname{sech}^2\frac{1}{2}\sqrt{\frac{\omega}{k\beta(k^2+l^2)}}(kx+ly-\omega t), \quad k\beta\omega > 0,$$

$$u_2(x,y,t) = -\frac{3\omega}{k\alpha}\operatorname{csch}^2\frac{1}{2}\sqrt{\frac{\omega}{k\beta(k^2+l^2)}}(kx+ly-\omega t), \quad k\beta\omega > 0,$$

$$u_3(x,y,t) = \frac{3\omega}{k\alpha}\sec^2\frac{1}{2}\sqrt{-\frac{\omega}{k\beta(k^2+l^2)}}(kx+ly-\omega t), \quad k\beta\omega < 0,$$

$$u_4(x,y,t) = \frac{3\omega}{k\alpha}\csc^2\frac{1}{2}\sqrt{-\frac{\omega}{k\beta(k^2+l^2)}}(kx+ly-\omega t), \quad k\beta\omega < 0,$$

$$u_5(x,y,t) = \frac{3\omega\left((k\alpha - 6\omega)\cosh^2\eta \pm 2\sqrt{3\omega(3\omega - k\alpha)}\sinh\eta\cosh\eta + 3\omega\right)}{(k\alpha\cosh^2\eta - 3\omega)^2},$$

$$u_6(x,y,t) = -\frac{3\omega\left((k\alpha - 6\omega)\cosh^2\eta \pm 2\sqrt{3\omega(3\omega - k\alpha)}\sinh\eta\cosh\eta + 3\omega - k\alpha\right)}{(k\alpha\sinh^2\eta + 3\omega)^2},$$

$$\eta = \frac{1}{2}\sqrt{\frac{\omega}{k\beta(k^2+l^2)}}(kx+ly-\omega t), \quad \omega(3\omega - k\alpha) > 0, \quad k\beta\omega > 0,$$

$$u_7(x,y,t) = \frac{3\omega\left((k\alpha - 6\omega)\cos^2\zeta \pm 2\sqrt{3\omega(k\alpha - 3\omega)}\sin\zeta\cos\zeta + 3\omega\right)}{(k\alpha\cos^2\zeta - 3\omega)^2},$$

$$u_8(x,y,t) = -\frac{3\omega\left((k\alpha - 6\omega)\cos^2\zeta \pm 2\sqrt{3\omega(k\alpha - 3\omega)}\sin\zeta\cos\zeta + 3\omega - k\alpha\right)}{(k\alpha\sin^2\zeta - 3\omega)^2},$$

$$\zeta = \frac{1}{2}\sqrt{-\frac{\omega}{k\beta(k^2+l^2)}}(kx + ly - \omega t), \quad \omega(3\omega - k\alpha) < 0, \quad k\beta\omega < 0.$$

2.3　Weierstrass 型辅助方程法

以第四种椭圆方程

$$F'^2(\xi) = c_2 F^2(\xi) + c_3 F^3(\xi) + c_4 F^4(\xi) \tag{2.69}$$

为辅助方程的方法称为辅助方程法[7]. 如果在辅助方程法中辅助方程 (2.69) 取 Weierstrass 椭圆函数解, 则称它为 Weierstrass 型辅助方程法. 换言之, Weierstrass 型辅助方程法是在辅助方程法中截断形式级数解取 (1.5) 的形式, 辅助方程 (2.69) 取如下 Weierstrass 椭圆函数解

$$F(\xi) = \begin{cases} \dfrac{\varepsilon\sqrt{\delta} - c_3}{2c_4} + \dfrac{\sqrt{\delta}(\varepsilon c_3 - \delta)^2}{16c_4^2\left(\wp(\xi,g_2,g_3) + \dfrac{\sqrt{\delta}(\varepsilon c_3 - \sqrt{\delta})}{8c_4} - \dfrac{c_2}{12}\right)}, & \delta > 0, \\[3mm] -\dfrac{c_3}{4c_4} + \dfrac{\varepsilon\wp'(\xi,g_2,g_3) - \dfrac{c_3\delta}{32c_4\sqrt{c_4}}}{2\sqrt{c_4}\wp(\xi,g_2,g_3) - \dfrac{c_3^2 + 2\delta}{24\sqrt{c_4}}}, & c_4 > 0, \\[3mm] \dfrac{c_2 - 12\wp(\xi,g_2,g_3)}{\dfrac{6\left(\varepsilon c_3 + \sqrt{\delta}\right)}{c_2}\wp(\xi,g_2,g_3) - \dfrac{c_3}{2} + \dfrac{5\varepsilon\sqrt{\delta}}{2}}, & \delta \geqslant 0, \\[3mm] 1 + \dfrac{a\wp'(\xi,g_2,g_3) + b(\wp(\xi,g_2,g_3) - c) + d}{2(\wp(\xi,g_2,g_3) - c)^2 - \dfrac{(c_2+c_3+c_4)c_4}{2}}, & c_2 + c_3 + c_4 \geqslant 0, \\[3mm] a = \sqrt{c_2+c_3+c_4}, \quad b = \dfrac{1}{2}(2c_2 + 3c_3 + 4c_4), \\[3mm] c = \dfrac{1}{12}(c_2 + 3c_3 + 6c_4), \quad d = \dfrac{1}{4}(c_2+c_3+c_4)(c_3+4c_4), \end{cases}$$

$$\tag{2.70}$$

其中

$$g_2 = \frac{c_2^2}{12}, \quad g_3 = -\frac{c_2^3}{216}, \quad \delta = c_3^2 - 4c_2c_4. \tag{2.71}$$

例 2.6 求非线性 Schrödinger 方程

$$u_t + \alpha u_{xx} + \beta |u|^2 u = 0 \tag{2.72}$$

的 Weierstrass 椭圆函数解及其退化解, 其中 α, β 为常数.

考虑变换

$$u(x,t) = v(\xi)e^{i\eta}, \quad \xi = x + \omega t, \quad \eta = kx + mt, \tag{2.73}$$

其中 k, m, ω 为常数.

将 (2.73) 代入 (2.72) 并约去 $e^{i\eta}$ 项, 则得到

$$i\left(\omega v' + imv\right) + \alpha\left(v'' + 2ikv' - k^2v\right) + \beta v^3 = 0.$$

令上式中的实部和虚部分别等于零, 则得到

$$\begin{cases} \omega v' + 2\alpha k v' = 0, \\ -mv + \alpha\left(v'' - k^2v\right) + \beta v^3 = 0. \end{cases}$$

由第一式解出 $k = -\dfrac{\omega}{2\alpha}$, 并将其代入第二式, 则有

$$\alpha v'' - \left(m + \frac{\omega^2}{4\alpha}\right) v + \beta v^3 = 0. \tag{2.74}$$

对于辅助方程 (2.69) 有 $m = 4$, 所以假设 $O(v) = n$ 则由 (1.19) 算出, $O(v'') = n + 2, O(v^3) = 3n$. 由此知平衡常数 $n = 1$. 于是截断形式级数解可取为

$$v(\xi) = a_0 + a_1 F(\xi), \tag{2.75}$$

其中 $a_i \, (i = 0, 1)$ 为待定常数, $F(\xi)$ 为方程 (2.69) 的某个 Weierstrass 椭圆函数解.

将 (2.75) 和 (2.69) 一起代入 (2.74) 后, 令 $F^j \, (j = 0, 1, 2, 3)$ 的系数等于零, 则得到代数方程组

$$\begin{cases} \dfrac{3}{2}\alpha a_1 c_3 + 3\beta a_1^2 a_0 = 0, \\[2mm] -ma_0 - \dfrac{a_0\omega^2}{4\alpha} + \beta a_0^3 = 0, \\[2mm] \alpha a_1 c_2 - ma_1 - \dfrac{a_1\omega^2}{4\alpha} + 3\beta a_1 a_0^2 = 0, \\[2mm] a_1^3\beta + 2a_1\alpha c_4 = 0. \end{cases}$$

用 Maple 求解此代数方程组得到两组解, 对此分别进行讨论如下.

情形 1　代数方程组的第一组解为

$$a_0 = 0, \quad c_2 = \frac{4\alpha m + \omega^2}{4\alpha^2}, \quad c_3 = 0, \quad c_4 = -\frac{a_1^2 \beta}{2\alpha}, \tag{2.76}$$

由 (2.71) 算出

$$g_2 = \frac{(4\alpha m + \omega^2)^2}{192\alpha^4}, \quad g_3 = -\frac{(4\alpha m + \omega^2)^3}{13824\alpha^6}, \quad \delta = \frac{(4\alpha m + \omega^2)a_1^2 \beta}{2\alpha^3}. \tag{2.77}$$

由 (2.75), (2.76), (2.77), (2.70) 和 (2.73) 得到 Schrödinger 方程的 Weierstrass 椭圆函数解

$$u(x,t) = -\frac{\varepsilon}{2\beta}\sqrt{\frac{2(4\alpha m + \omega^2)\beta}{\alpha}} + \frac{(4\alpha m + \omega^2)\sqrt{\dfrac{2(4\alpha m + \omega^2)\beta}{\alpha^3}}e^{i\left(-\frac{\omega}{2\alpha}x+mt\right)}}{16\alpha\beta\left(\wp(x+\omega t, g_2, g_3) + \dfrac{5(4\alpha m + \omega^2)}{48\alpha^2}\right)},$$

$$\alpha\beta(4\alpha m + \omega^2) > 0, \tag{2.78}$$

$$u(x,t) = \frac{\varepsilon\wp'(x+\omega t, g_2, g_3)e^{i\left(-\frac{\omega}{2\alpha}x+mt\right)}}{\sqrt{-\dfrac{2\beta}{\alpha}}\wp(x+\omega t, g_2, g_3) - \dfrac{(4\alpha m + \omega^2)\beta}{12\alpha^3\sqrt{-\dfrac{2\beta}{\alpha}}}}, \quad \alpha\beta < 0, \tag{2.79}$$

$$u(x,t) = \frac{\left(\dfrac{4\alpha m + \omega^2}{4\alpha^2} - 12\wp(x+\omega t, g_2, g_3)\right)e^{i\left(-\frac{\omega}{2\alpha}x+mt\right)}}{\sqrt{\dfrac{2(4\alpha m + \omega^2)\beta}{\alpha^3}}\left(\dfrac{12\alpha^2}{4\alpha m + \omega^2}\wp(x+\omega t, g_2, g_3) + \dfrac{5\varepsilon}{4}\right)},$$

$$\alpha\beta(4\alpha m + \omega^2) > 0, \tag{2.80}$$

$$u(x,t) = 1 + \frac{a\wp'(x+\omega t, g_2, g_3) + b\left(\wp(x+\omega t, g_2, g_3) - c\right) - \dfrac{a_1^2\beta a}{2\alpha}}{2\left(\wp(x+\omega t, g_2, g_3) - c\right)^2 + \dfrac{a_1^2\beta a}{4\alpha}}e^{i\left(-\frac{\omega}{2\alpha}x+mt\right)},$$

$$a = \frac{4\alpha m + \omega^2}{4\alpha^2} - \frac{a_1^2\beta}{2\alpha}, \quad b = \frac{4\alpha m + \omega^2}{4\alpha^2} - \frac{a_1^2\beta}{\alpha}, \quad c = \frac{4\alpha m + \omega^2}{48\alpha^2} - \frac{a_1^2\beta}{4\alpha}, \tag{2.81}$$

其中 g_2, g_3 由 (2.77) 式给定, (2.81) 还满足条件 $4\alpha m + \omega^2 - 2\alpha\beta a_1^2 \geqslant 0$.

将 (1.68)~(1.71) 同 $\theta = c_2$ 一起依次代入 (2.78), 则得到 Schrödinger 方程的解

$$u_1(x,t)$$
$$= -\frac{1}{2\beta}\sqrt{\frac{2(4\alpha m + \omega^2)\beta}{\alpha}}\left(\varepsilon - 1 - \mathrm{sech}\frac{1}{2}\sqrt{\frac{4\alpha m + \omega^2}{\alpha^2}}(x+\omega t)\right)e^{i\left(-\frac{\omega}{2\alpha}x+mt\right)},$$

$$u_2(x,t)$$
$$= -\frac{1}{2\beta}\sqrt{\frac{2(4\alpha m + \omega^2)\beta}{\alpha}}\left(\varepsilon - 1 + \mathrm{sech}\frac{1}{2}\sqrt{\frac{4\alpha m + \omega^2}{\alpha^2}}(x+\omega t)\right)e^{i\left(-\frac{\omega}{2\alpha}x+mt\right)},$$
$$\alpha\beta > 0, \quad 4\alpha m + \omega^2 > 0,$$

$$u_3(x,t)$$
$$= -\frac{1}{2\beta}\sqrt{\frac{2(4\alpha m + \omega^2)\beta}{\alpha}}\left(\varepsilon - 1 - \sec\frac{1}{2}\sqrt{-\frac{4\alpha m + \omega^2}{\alpha^2}}(x+\omega t)\right)e^{i\left(-\frac{\omega}{2\alpha}x+mt\right)},$$

$$u_4(x,t)$$
$$= -\frac{1}{2\beta}\sqrt{\frac{2(4\alpha m + \omega^2)\beta}{\alpha}}\left(\varepsilon - 1 + \sec\frac{1}{2}\sqrt{-\frac{4\alpha m + \omega^2}{\alpha^2}}(x+\omega t)\right)e^{i\left(-\frac{\omega}{2\alpha}x+mt\right)}.$$
$$\alpha\beta < 0, \quad 4\alpha m + \omega^2 < 0.$$

把 (1.68) 和 (1.70) 或 (1.69) 和 (1.71) 同 $\theta = c_2$ 一起代入 (2.79), 则得到 Schrödinger 方程的解

$$u_5(x,t) = \frac{\varepsilon}{2\beta}\sqrt{-\frac{2(4\alpha m + \omega^2)\beta}{\alpha}}\,\mathrm{csch}\frac{1}{2}\sqrt{\frac{4\alpha m + \omega^2}{\alpha^2}}(x+\omega t)e^{i\left(-\frac{\omega}{2\alpha}x+mt\right)},$$
$$\alpha\beta < 0, \quad 4\alpha m + \omega^2 > 0,$$

$$u_6(x,t) = \frac{\varepsilon}{2\beta}\sqrt{\frac{2(4\alpha m + \omega^2)\beta}{\alpha}}\,\csc\frac{1}{2}\sqrt{-\frac{4\alpha m + \omega^2}{\alpha^2}}(x+\omega t)e^{i\left(-\frac{\omega}{2\alpha}x+mt\right)},$$
$$\alpha\beta < 0, \quad 4\alpha m + \omega^2 < 0.$$

将 (1.68)~(1.71) 同 $\theta = c_2$ 一起依次代入 (2.80), 则得到 Schrödinger 方程的解

$$u_7(x,t) = \cfrac{3\sqrt{2}(4\alpha m + \omega^2)e^{i\left(-\frac{\omega}{2\alpha}x + mt\right)}}{\sqrt{(4\alpha m + \omega^2)\alpha\beta}\left((5\varepsilon + 1)\cosh\frac{1}{2}\sqrt{\frac{4\alpha m + \omega^2}{\alpha^2}}(x + \omega t) + 5(\varepsilon - 1)\right)},$$

$$u_8(x,t) = -\cfrac{3\sqrt{2}(4\alpha m + \omega^2)e^{i\left(-\frac{\omega}{2\alpha}x + mt\right)}}{\sqrt{(4\alpha m + \omega^2)\alpha\beta}\left((5\varepsilon + 1)\cosh\frac{1}{2}\sqrt{\frac{4\alpha m + \omega^2}{\alpha^2}}(x + \omega t) - 5(\varepsilon - 1)\right)},$$

$$\alpha\beta > 0, \quad 4\alpha m + \omega^2 > 0,$$

$$u_9(x,t) = \cfrac{3\sqrt{2}(4\alpha m + \omega^2)e^{i\left(-\frac{\omega}{2\alpha}x + mt\right)}}{\sqrt{(4\alpha m + \omega^2)\alpha\beta}\left((5\varepsilon + 1)\cos\frac{1}{2}\sqrt{-\frac{4\alpha m + \omega^2}{\alpha^2}}(x + \omega t) + 5(\varepsilon - 1)\right)},$$

$$u_{10}(x,t) = -\cfrac{3\sqrt{2}(4\alpha m + \omega^2)e^{i\left(-\frac{\omega}{2\alpha}x + mt\right)}}{\sqrt{(4\alpha m + \omega^2)\alpha\beta}\left((5\varepsilon + 1)\cos\frac{1}{2}\sqrt{\frac{4\alpha m + \omega^2}{\alpha^2}}(x + \omega t) - 5(\varepsilon - 1)\right)},$$

$$\alpha\beta < 0, \quad 4\alpha m + \omega^2 < 0.$$

在 (2.81) 式中置 $a_1 = 1$, 并将 (1.68)~(1.71) 同 $\theta = c_2$ 一起代入 (2.81), 则得到 Schrödinger 方程的解

$$u_{11}(x,t) = \pm\frac{a\sinh\zeta^+ - (4\alpha m + \omega^2)\cosh\zeta^+}{2\alpha\beta\sinh^2\zeta^+ + 4\alpha m + \omega^2}e^{i\left(-\frac{\omega}{2\alpha}x + mt\right)},$$

$$\zeta^+ = \frac{1}{2}\sqrt{\frac{4\alpha m + \omega^2}{\alpha^2}}(x + \omega t),$$

$$a = \sqrt{(4\alpha m + \omega^2)(4\alpha m + \omega^2 - 2\alpha\beta)},$$

$$4\alpha m + \omega^2 > 0, \quad 4\alpha m + \omega^2 - 2\alpha\beta > 0,$$

$$u_{12}(x,t) = \pm\frac{b\sin\zeta^- + (4\alpha m + \omega^2)\cos\zeta^-}{2\alpha\beta\sin^2\zeta^- - 4\alpha m - \omega^2}e^{i\left(-\frac{\omega}{2\alpha}x + mt\right)},$$

$$\zeta^- = \frac{1}{2}\sqrt{-\frac{4\alpha m + \omega^2}{\alpha^2}}(x + \omega t),$$

$$b = \sqrt{-(4\alpha m + \omega^2)(4\alpha m + \omega^2 - 2\alpha\beta)},$$

$$4\alpha m + \omega^2 < 0, \quad 4\alpha m + \omega^2 - 2\alpha\beta > 0.$$

情形 2 对应于代数方程组的第二组解

$$c_2 = -\frac{2\beta a_0^2}{\alpha}, \quad c_3 = -\frac{2\beta a_0 a_1}{\alpha}, \quad c_4 = -\frac{a_1^2 \beta}{2\alpha}, \quad m = \frac{4a_0^2 \alpha\beta - \omega^2}{4\alpha}, \quad (2.82)$$

由 (2.71) 可以算出

$$g_2 = \frac{a_0^4 \beta^2}{3\alpha^2}, \quad g_3 = \frac{a_0^6 \beta^3}{27\alpha^3}, \quad \delta = 0. \quad (2.83)$$

注意到 $\delta = 0$, 可知 (2.70) 中的第一个解为平凡解. 于是为了方便起见置 $a_0 = 1$, 则由 (2.82), (2.83), (2.73), (2.75) 和 (2.70) 中第二、第三、第四个式子得到 Schrödinger 方程的 Weierstrass 椭圆函数解

$$u(x,t) = \frac{\varepsilon \wp'(x + \omega t, g_2, g_3) e^{i(-\frac{\omega}{2\alpha}x + \frac{4\alpha\beta - \omega^2}{4\alpha}t)}}{2\sqrt{-\frac{\beta}{2\alpha}}\wp(x + \omega t, g_2, g_3) - \frac{\beta^2}{6\alpha^2\sqrt{-\frac{\beta}{2\alpha}}}}, \quad \alpha\beta < 0, \quad (2.84)$$

$$u(x,t) = 1 - \frac{\left(\frac{2\beta}{\alpha} + 12\wp(x + \omega t, g_2, g_3)\right) e^{i(-\frac{\omega}{2\alpha}x + \frac{4\alpha\beta - \omega^2}{4\alpha}t)}}{6\varepsilon\wp(x + \omega t, g_2, g_3) + \frac{\beta}{\alpha}}, \quad (2.85)$$

$$u(x,t) = 1 + a_1\left(1 + \frac{\sqrt{a}\wp'(\xi, g_2, g_3) + b\left(\wp(\xi, g_2, g_3) + c\right) - \frac{2a\beta a_1(a_1 + 1)}{\alpha}}{2\left(\wp(\xi, g_2, g_3) + c\right)^2 + \frac{aa_1^2 \beta}{4\alpha}}\right)e^{i\eta},$$

$$\xi = x + \omega t, \quad \eta = -\frac{\omega}{2\alpha}x + \frac{4\alpha\beta - \omega^2}{4\alpha}t, \quad a = -\frac{\beta}{2\alpha}(a_1 + 2)^2,$$

$$b = -\frac{\beta}{\alpha}(a_1^2 + 3a_1 + 2), \quad c = \frac{\beta}{12\alpha}(3a_1^2 + 6a_1 + 2), \quad \alpha\beta < 0, \quad (2.86)$$

其中

$$g_2 = \frac{\beta^2}{3\alpha^2}, \quad g_3 = \frac{\beta^3}{27\alpha^3}, \quad \delta = 0. \quad (2.87)$$

将 (1.68), (1.69) 同 $\theta = c_2$ 代入 (2.84), 则得到 Schrödinger 方程的解

$$u_1(x,t) = \varepsilon \tanh \frac{1}{2}\sqrt{-\frac{2\beta}{\alpha}}(x + \omega t)e^{i(-\frac{\omega}{2\alpha}x + \frac{4\alpha\beta - \omega^2}{4\alpha}t)}, \quad \alpha\beta < 0,$$

$$u_2(x,t) = \varepsilon \coth \frac{1}{2}\sqrt{-\frac{2\beta}{\alpha}}(x + \omega t)e^{i(-\frac{\omega}{2\alpha}x + \frac{4\alpha\beta - \omega^2}{4\alpha}t)}, \quad \alpha\beta < 0.$$

由于转换公式 (1.70) 和 (1.71) 用于 (2.84) 时, $c_2 < 0$ 和 $c_4 > 0$ 的条件不能同时成立, 故这时不存在三角函数解.

把 $\theta = c_2$ 的转换公式 (1.68)~(1.71) 代入 (2.85), 则得到 Schrödinger 方程的如下解

$$u_3(x,t) = \left(1 + \frac{6}{(\varepsilon - 1)\cosh^2 \dfrac{1}{2}\sqrt{-\dfrac{2\beta}{\alpha}}(x + \omega t) - 3\varepsilon} \right) e^{i\left(-\frac{\omega}{2\alpha}x + \frac{4\alpha\beta - \omega^2}{4\alpha}t\right)},$$

$$\alpha\beta < 0,$$

$$u_4(x,t) = \left(1 - \frac{6}{(\varepsilon - 1)\cosh^2 \dfrac{1}{2}\sqrt{-\dfrac{2\beta}{\alpha}}(x + \omega t) + 2\varepsilon + 1} \right) e^{i\left(-\frac{\omega}{2\alpha}x + \frac{4\alpha\beta - \omega^2}{4\alpha}t\right)},$$

$$\alpha\beta < 0,$$

$$u_5(x,t) = \left(1 + \frac{6}{(\varepsilon - 1)\cos^2 \dfrac{1}{2}\sqrt{\dfrac{2\beta}{\alpha}}(x + \omega t) - 3\varepsilon} \right) e^{i\left(-\frac{\omega}{2\alpha}x + \frac{4\alpha\beta - \omega^2}{4\alpha}t\right)},$$

$$\alpha\beta > 0,$$

$$u_6(x,t) = \left(1 - \frac{6}{(\varepsilon - 1)\cos^2 \dfrac{1}{2}\sqrt{\dfrac{2\beta}{\alpha}}(x + \omega t) + 2\varepsilon + 1} \right) e^{i\left(-\frac{\omega}{2\alpha}x + \frac{4\alpha\beta - \omega^2}{4\alpha}t\right)},$$

$$\alpha\beta > 0.$$

在 (1.68) 和 (1.69) 中置 $\theta = c_2$, 并将其代入 (2.86), 则得到 Schrödinger 方程的解

$$u_7(x,t) = \frac{(\varepsilon a_1(a_1 + 2)\sinh\zeta\cosh\zeta + a_1 + 1)\, e^{i\left(-\frac{\omega}{2\alpha}x + \frac{4\alpha\beta - \omega^2}{4\alpha}t\right)}}{a_1(a_1 + 2)\cosh^2\zeta + 1},$$

$$u_8(x,t) = \frac{(\varepsilon a_1(a_1 + 1)\sinh\zeta\cosh\zeta - a_1 - 1)\, e^{i\left(-\frac{\omega}{2\alpha}x + \frac{4\alpha\beta - \omega^2}{4\alpha}t\right)}}{a_1(a_1 + 2)\cosh^2\zeta - (a_1 + 1)^2},$$

$$\zeta = \frac{1}{2}\sqrt{-\frac{2\beta}{\alpha}}(x + \omega t), \quad \alpha\beta < 0.$$

因为, 将转换公式 (1.70) 和 (1.71) 用于 (2.86) 时, $c_2 + c_3 + c_4 > 0$ 和 $c_2 < 0$ 的条件不能同时成立, 故此时无对应的三角函数解.

例 2.7 试给出 Whitham–Broer–Kaup (WBK) 方程组

$$\begin{cases} u_t + uu_x + v_x + \beta u_{xx} = 0, \\ v_t + (uv)_x + \alpha u_{xxx} - \beta v_{xx} = 0 \end{cases} \tag{2.88}$$

的 Weierstrass 椭圆函数解及其退化解, 其中 α, β 为常数.

将行波变换

$$u(x,t) = u(\xi), \quad v(x,t) = v(\xi), \quad \xi = x - \omega t \tag{2.89}$$

代入 (2.88) 后积分一次且取积分常数为零, 则得到

$$\begin{cases} v = \omega u - \dfrac{1}{2}u^2 - \beta u', \\ -\omega u + uv + \alpha u'' - \beta v' = 0. \end{cases} \tag{2.90}$$

把 (2.90) 的第一式代入第二式消去 v, 则有

$$\left(\alpha + \beta^2\right) u'' - \omega^2 u + \frac{3}{2}\omega u^2 - \frac{1}{2}u^3 = 0. \tag{2.91}$$

对于辅助方程 (2.69) 有 $m = 4$, 所以设 $O(u) = n$, 则由 (1.19) 知 $O(u'') = n + 2$, $O(u^3) = 3n$, 因此平衡常数 $n = 1$. 于是可假设

$$u(\xi) = a_0 + a_1 F(\xi), \tag{2.92}$$

其中 $a_i \ (i = 0, 1)$ 为待定常数, $F(\xi)$ 为辅助方程 (2.69) 的某个 Weierstrass 椭圆函数解.

将 (2.92) 和 (2.69) 代入 (2.91), 并令 $F^j \ (j = 0, 1, 2, 3)$ 的系数等于零, 则得到下面的代数方程组

$$\begin{cases} -\omega^2 a_0 + \dfrac{3}{2}\omega a_0^2 - \dfrac{1}{2}a_0^3 = 0, \\ 2a_1 c_4 \beta^2 + 2a_1 c_4 \alpha - \dfrac{1}{2}a_1^3 = 0, \\ \dfrac{3}{2}a_1 c_3 \beta^2 + \dfrac{3}{2}a_1 c_3 \alpha + \dfrac{3}{2}\omega a_1^2 - \dfrac{3}{2}a_1^2 a_0 = 0, \\ a_1 c_2 \beta^2 + a_1 c_2 \alpha - \omega^2 a_1 + 3\omega a_1 a_0 - \dfrac{3}{2}a_1 a_0^2 = 0. \end{cases}$$

下面讨论用 Maple 求得的该代数方程组的三组解相对应的 WBK 方程组的解.

情形 1　代数方程组的第一组解为

$$a_0 = 0, \quad a_1 = -\frac{c_3(\beta^2 + \alpha)}{\omega}, \quad c_2 = \frac{\omega^2}{\beta^2 + \alpha}, \quad c_4 = \frac{c_3^2(\beta^2 + \alpha)}{4\omega^2}. \tag{2.93}$$

由 (2.71) 可以算出

$$g_2 = \frac{\omega^4}{12(\beta^2 + \alpha)^2}, \quad g_3 = -\frac{\omega^6}{216(\beta^2 + \alpha)^3}, \quad \delta = 0. \tag{2.94}$$

由于 $\delta = 0$, 故 (2.70) 中的第一个解不能给出 WBK 方程组的非平凡解. 另外, $c_2 < 0$ 和 $c_4 > 0$ 不能同时成立, 所以 (2.70) 中的第二个解不能给出 WBK 方程组的三角函数解. 由于 (2.70) 中的第四个解满足条件 $c_2 + c_3 + c_4 > 0$, 而它退化为三角函数解的条件是 $c_2 < 0$, 但不等式 $c_2(c_2 + c_3 + c_4) < 0$ 关于 c_3 无解, 这说明 (2.70) 中的第四个解不能给出 WBK 方程组的三角函数解.

将 (2.93), (2.94), (2.89) 同 (2.70) 中第二个解和第三个解代入 (2.92), 则得到 WBK 方程组的 Weierstrass 椭圆函数解的第一分量的表达式

$$u(x,t) = -\frac{12\varepsilon(\beta^2 + \alpha)^{\frac{3}{2}}\wp'(x - \omega t, g_2, g_3) - 12\omega(\beta^2 + \alpha)\wp(x - \omega t, g_2, g_3) + \omega^3}{12(\beta^2 + \alpha)\wp(x - \omega t, g_2, g_3) - \omega^2},$$

$$\tag{2.95}$$

$$u(x,t) = \frac{2\left(12\omega(\beta^2 + \alpha)\wp(x - \omega t, g_2, g_3) - \omega^3\right)}{12\varepsilon(\beta^2 + \alpha)\wp(x - \omega t, g_2, g_3) - \omega^2}, \tag{2.96}$$

其中第一式中要求 $\beta^2 + \alpha > 0$, g_2, g_3 由 (2.94) 式给定.

把转换公式 (1.68)~(1.71) 同 $\theta = c_2$ 一起代入 (2.95) 和 (2.96), 并借助 (2.90) 的第一式, 则得到 WBK 方程组的孤波解与周期解

$$
\begin{cases}
u_1(x,t) = \omega\left(1 + \varepsilon\tanh\frac{\omega}{2\sqrt{\beta^2 + \alpha}}(x - \omega t)\right), \\[2mm]
v_1(x,t) = \frac{\omega^2}{2}\left(1 - \frac{\varepsilon\beta}{\sqrt{\beta^2 + \alpha}}\right)\operatorname{sech}^2\frac{\omega}{2\sqrt{\beta^2 + \alpha}}(x - \omega t), \\[2mm]
u_2(x,t) = \omega\left(1 + \varepsilon\coth\frac{\omega}{2\sqrt{\beta^2 + \alpha}}(x - \omega t)\right), \\[2mm]
v_2(x,t) = -\frac{\omega^2}{2}\left(1 - \frac{\varepsilon\beta}{\sqrt{\beta^2 + \alpha}}\right)\operatorname{csch}^2\frac{\omega}{2\sqrt{\beta^2 + \alpha}}(x - \omega t),
\end{cases}
$$

$$\begin{cases} u_3(x,t) = -\dfrac{6\omega}{(\varepsilon-1)\cosh^2\eta - 3\varepsilon}, \\[3mm] v_3(x,t) = \dfrac{6\omega^2(\varepsilon-1)\left(\beta\sinh\eta\cosh\eta + \sqrt{\beta^2+\alpha}\cosh^2\eta - 3\sqrt{\beta^2+\alpha}\right)}{\sqrt{\beta^2+\alpha}\left((\varepsilon-1)\cosh^2\eta - 3\varepsilon\right)^2}, \end{cases}$$

$$\begin{cases} u_4(x,t) = \dfrac{6\omega}{(\varepsilon-1)\cosh^2\eta + 2\varepsilon + 1}, \\[3mm] v_4(x,t) = \dfrac{6\omega^2(\varepsilon-1)\left(\beta\sinh\eta\cosh\eta + \sqrt{\beta^2+\alpha}\cosh^2\eta + 2\sqrt{\beta^2+\alpha}\right)}{\sqrt{\beta^2+\alpha}\left((\varepsilon-1)\cosh^2\eta + 2\varepsilon + 1\right)^2}, \end{cases}$$

其中 $\eta = \dfrac{\omega}{2\sqrt{\beta^2+\alpha}}(x-\omega t)$, 而 $\beta^2 + \alpha > 0$.

$$\begin{cases} u_5(x,t) = -\dfrac{6\omega}{(\varepsilon-1)\cos^2\zeta - 3\varepsilon}, \\[3mm] v_5(a,t) = -\dfrac{6\omega^2(\varepsilon-1)\left(\beta\cos\zeta\sin\zeta - \sqrt{-\beta^2-\alpha}\cos^2\zeta + 3\sqrt{-\beta^2-\alpha}\right)}{\sqrt{-\beta^2-\alpha}\left(2(\varepsilon-1)\cos^4\zeta - 6(\varepsilon-1)\cos^2\zeta - 9\right)}, \end{cases}$$

$$\begin{cases} u_6(x,t) = \dfrac{6\omega}{(\varepsilon-1)\cos^2\zeta + 2\varepsilon + 1}, \\[3mm] v_6(a,t) = \dfrac{6\omega^2(\varepsilon-1)\left(\beta\cos\zeta\sin\zeta - \sqrt{-\beta^2-\alpha}\cos^2\zeta - 2\sqrt{-\beta^2-\alpha}\right)}{\sqrt{-\beta^2-\alpha}\left(2(\varepsilon-1)\cos^4\zeta + 2(\varepsilon-1)\cos^2\zeta - 4\varepsilon - 5\right)}, \end{cases}$$

其中 $\zeta = \dfrac{\omega}{2\sqrt{-\beta^2-\alpha}}(x-\omega t)$ 且 $\beta^2 + \alpha < 0$.

由于 (2.93) 中 c_3 为自由参数且用于 (2.70) 时不能消去而引出相当复杂的解, 因此为了简化起见, 这里取

$$c_3 = -\frac{\omega(2\omega+1)}{\beta^2+\alpha}, \tag{2.97}$$

则 (2.93) 将变成

$$a_0 = 0, \quad a_1 = 2\omega + 1, \quad c_2 = \frac{\omega^2}{\beta^2+\alpha}, \quad c_4 = \frac{(2\omega+1)^2}{4(\beta^2+\alpha)}. \tag{2.98}$$

将 (2.97), (2.98), (2.94) 和 (2.70) 中的第四个解代入 (2.92), 则得到 WBK 方

程组的 Weierstrass 椭圆函数解的第一分量

$$u(x,t) = (2\omega + 1)\left(1 + \frac{3\left(12\sqrt{\beta^2+\alpha}\,\wp'(\xi,g_2,g_3) + 12(\omega+1)\wp(\xi,g_2,g_3) - a\right)}{12\wp(\xi,g_2,g_3)\left(12(\beta^2+\alpha)\wp(\xi,g_2,g_3) - b\right) + c}\right),$$

$$a = \frac{\omega^2(\omega+1)}{\beta^2+\alpha}, \quad b = 2\omega(\omega+3) + 3, \quad c = \frac{\omega^2(\omega^2+6\omega+3)}{\beta^2+\alpha}, \quad \beta^2+\alpha > 0,$$

$$\tag{2.99}$$

其中 $\xi = x - \omega t$, g_2, g_3 由 (2.94) 式给定.

把 (1.68) 和 (1.69) 同 $\theta = c_2$ 一起代入 (2.99) 并借助 (2.90) 式, 则得到 WBK 方程组的孤波解

$$\begin{cases} u_7(x,t) = \dfrac{\omega(2\omega+1)\left(\sinh\eta\cosh\eta + \cosh^2\eta + \omega\right)}{(2\omega+1)\cosh^2\eta + \omega^2}, \\[4mm] v_7(x,t) = \dfrac{\omega^2(2\omega+1)\left(\sqrt{\beta^2+\alpha} - \beta\right)\left(a\cosh^2\eta - 2\omega(\omega+1)\sinh\eta\cosh\eta - \omega^2\right)}{2\sqrt{\beta^2+\alpha}\left((2\omega+1)\cosh^2\eta + \omega^2\right)^2}, \end{cases}$$

$$\begin{cases} u_8(x,t) = \dfrac{\omega(2\omega+1)\left(\sinh\eta\cosh\eta + \cosh^2\eta - \omega - 1\right)}{(2\omega+1)\cosh^2\eta - (\omega+1)^2}, \\[4mm] v_8(x,t) \\[2mm] = -\dfrac{\omega^2(2\omega+1)\left(\sqrt{\beta^2+\alpha} - \beta\right)\left(a\cosh^2\eta - 2\omega(\omega+1)\sinh\eta\cosh\eta - (\omega+1)^2\right)}{2\sqrt{\beta^2+\alpha}\left((2\omega+1)\cosh^2\eta - (\omega+1)^2\right)^2}, \end{cases}$$

$$a = 2\omega^2 + 2\omega + 1, \quad \eta = \frac{\omega}{2\sqrt{\beta^2+\alpha}}(x - \omega t), \quad \beta^2+\alpha > 0.$$

情形 2　代数方程组的第二组解为

$$a_0 = \omega, \quad c_2 = -\frac{\omega^2}{2(\beta^2+\alpha)}, \quad c_3 = 0, \quad c_4 = \frac{a_1^2}{4(\beta^2+\alpha)}. \tag{2.100}$$

由 (2.71) 算出

$$g_2 = \frac{\omega^4}{48(\beta^2+\alpha)^2}, \quad g_3 = \frac{\omega^6}{1728(\beta^2+\alpha)^3}, \quad \delta = \frac{a_1^2\omega^2}{2(\beta^2+\alpha)^2}. \tag{2.101}$$

由于 (2.70) 的第二个解满足条件 $c_4 > 0$, 而它退化为三角函数解的条件是 $c_2 < 0$, 但容易看出这两个条件不能同时成立, 故 (2.70) 的第二个解不能给出 WBK 方程组的三角函数解.

将 (2.100), (2.101), (2.89) 同 (2.70) 中的前三个解代入 (2.92), 则得到 WBK 方程组的 Weierstrass 椭圆函数解的第一分量的表达式

$$u(x,t) = \frac{\sqrt{2}\omega\left(24(\beta^2 + \alpha)(2\varepsilon + \sqrt{2})\wp(\xi, g_2, g_3) - \omega^2(10\varepsilon - 12 + 5\sqrt{2})\right)}{2\left(24(\beta^2 + \alpha)\wp(\xi, g_2, g_3) - 5\omega^2\right)},$$
$$(2.102)$$

$$u(x,t) = \frac{12\varepsilon(\beta^2 + \alpha)^2\wp'(\xi, g_2, g_3) + \omega\sqrt{\beta^2 + \alpha}\left(12(\beta^2 + \alpha)\wp(\xi, g_2, g_3) - \omega^2\right)}{\sqrt{\beta^2 + \alpha}\left(12(\beta^2 + \alpha)\wp(\xi, g_2, g_3) - \omega^2\right)},$$
$$(2.103)$$

$$u(x,t) = \frac{\omega\left(24(\sqrt{2} + 1)(\beta^2 + \alpha)\wp(\xi, g_2, g_3) + (\sqrt{2} - 5\varepsilon)\omega^2\right)}{24(\beta^2 + \alpha)\wp(\xi, g_2, g_3) - 5\varepsilon\omega^2}, \qquad (2.104)$$

其中 $\xi = x - \omega t$, 而 g_2, g_3 由 (2.101) 式给定且第二式满足 $\beta^2 + \alpha > 0$.

把 $\theta = c_2$ 时的转换公式 (1.68)~(1.71) 代入 (2.102), (2.103) 和 (2.104) 并借助 (2.90), 则得到 WBK 方程组的如下孤波解与周期解

$$\begin{cases}
u_1(x,t) = \dfrac{\sqrt{2}\omega\left(2(\sqrt{2} + 2\varepsilon - 2)\cosh^2\eta - \sqrt{2} - 2\varepsilon\right)}{2\left(2\cosh^2\eta - 1\right)}, \\[4mm]
v_1(x,t) = -\dfrac{\omega^2\left(4\beta\sinh\eta\cosh\eta + a\cosh^4\eta - b\cosh^2\eta + \sqrt{-\beta^2 - \alpha}\right)}{2\sqrt{-\beta^2 - \alpha}\left(2\cosh^2\eta - 1\right)^2}, \\[4mm]
a = 4(3 - 4\varepsilon)\sqrt{-\beta^2 - \alpha}, \quad b = 4(1 - 2\varepsilon)\sqrt{-\beta^2 - \alpha},
\end{cases}$$

$$\begin{cases}
u_2(x,t) = \dfrac{\omega\left(2(\sqrt{2}\varepsilon - \sqrt{2} + 1)\cosh^2\eta + \sqrt{2}(2 - \varepsilon) - 1\right)}{2\cosh^2\eta - 1}, \\[4mm]
v_2(x,t) = -\dfrac{\omega^2\left(4\beta\sinh\eta\cosh\eta + c\cosh^4\eta - d\cosh^2\eta + (9 - 8\varepsilon)\sqrt{-\beta^2 - \alpha}\right)}{2\sqrt{-\beta^2 - \alpha}\left(2\cosh^2\eta - 1\right)^2}, \\[4mm]
c = 4(3 - 4\varepsilon)\sqrt{-\beta^2 - \alpha}, \quad d = 4(5 - 6\varepsilon)\sqrt{-\beta^2 - \alpha},
\end{cases}$$

以上两式中 $\eta = \dfrac{\omega}{4}\sqrt{\dfrac{2}{-\beta^2 - \alpha}}(x - \omega t)$ 且 $\beta^2 + \alpha < 0$.

$$
\left\{
\begin{aligned}
u_3(x,t) &= \frac{\omega\left(2(\sqrt{2}\varepsilon - \sqrt{2} + 1)\cos^2\zeta - \sqrt{2}\varepsilon - 1\right)}{2\cos^2\zeta - 1}, \\
v_3(x,t) &= \frac{\omega^2\left(4\beta\sin\zeta\cos\zeta + a\cos^4\zeta + b\cos^2\zeta - \sqrt{\beta^2 + \alpha}\right)}{\sqrt{\beta^2 + \alpha}\left(1 - 4\sin^2\zeta\cos^2\zeta\right)}, \\
& a = 4(4\varepsilon - 3)\sqrt{\beta^2 + \alpha}, \quad b = 4(1 - 2\varepsilon)\sqrt{\beta^2 + \alpha},
\end{aligned}
\right.
$$

$$
\left\{
\begin{aligned}
u_4(x,t) &= \frac{\omega\left(2(\sqrt{2}\varepsilon - \sqrt{2} + 1)\cos^2\zeta + \sqrt{2}(2 - \varepsilon) - 1\right)}{2\cos^2\zeta - 1}, \\
v_4(x,t) &= -\frac{\omega^2\left(-4\beta\sin\zeta\cos\zeta + c\cos^4\zeta - d\cos^2\zeta + \sqrt{\beta^2 + \alpha}(9 - 8\varepsilon)\right)}{2\sqrt{\beta^2 + \alpha}\left(1 - 4\sin^2\zeta\cos^2\zeta\right)}, \\
& c = 4(3 - 4\varepsilon)\sqrt{\beta^2 + \alpha}, \quad d = 4(5 - 6\varepsilon)\sqrt{\beta^2 + \alpha},
\end{aligned}
\right.
$$

$$
\left\{
\begin{aligned}
u_5(x,t) &= -\frac{\omega\left(2\cos^3\zeta - \sqrt{2}\varepsilon\sin\zeta - 2\cos\zeta\right)}{2\cos\zeta\sin^2\zeta}, \\
v_5(x,t) &= -\frac{\omega^2\left(2\sqrt{\beta^2+\alpha}\cos^4\zeta - 2\left(\sqrt{\beta^2+\alpha}+\beta\varepsilon\right)\cos^2\zeta + \sqrt{\beta^2+\alpha}+\beta\varepsilon\right)}{4\sqrt{\beta^2+\alpha}\cos^2\zeta\sin^2\zeta},
\end{aligned}
\right.
$$

$$
\left\{
\begin{aligned}
u_6(x,t) &= \frac{\omega\left(2\sin\zeta\cos\zeta + \sqrt{2}\varepsilon\right)}{2\sin\zeta\cos\zeta}, \\
v_6(x,t) &= -\frac{\omega^2\left(2\sqrt{\beta^2+\alpha}\cos^4\zeta - 2\left(\sqrt{\beta^2+\alpha}-\beta\varepsilon\right)\cos^2\zeta + \sqrt{\beta^2+\alpha}-\beta\varepsilon\right)}{4\sqrt{\beta^2+\alpha}\cos^2\zeta\sin^2\zeta},
\end{aligned}
\right.
$$

以上四式中 $\zeta = \dfrac{\omega}{4}\sqrt{\dfrac{2}{\beta^2+\alpha}}(x - \omega t)$ 且 $\beta^2 + \alpha > 0$.

$$
\left\{
\begin{aligned}
u_7(x,t) &= \frac{\omega\left((5\varepsilon + 1)\cosh^2\eta - 3(\sqrt{2} + 1)\right)}{(5\varepsilon + 1)\cosh^2\eta - 3}, \\
v_7(x,t) &= -\frac{\omega^2\left(a\sinh\eta\cosh\eta + b\cosh^4\eta + c\cosh^2\eta + 9\sqrt{-\beta^2 - \alpha}\right)}{2\sqrt{-\beta^2 - \alpha}\left((5\varepsilon + 1)\cosh^2\eta - 3\right)^2}, \\
& a = 6\beta(5\varepsilon + 1), \quad b = -2(5\varepsilon + 13)\sqrt{-\beta^2 - \alpha}, \quad c = 6(5\varepsilon + 1)\sqrt{-\beta^2 - \alpha},
\end{aligned}
\right.
$$

$$
\left\{
\begin{aligned}
u_8(x,t) &= \frac{\omega\left((5\varepsilon + 1)\cosh^2\eta - 3\sqrt{2} - 5\varepsilon + 2\right)}{(5\varepsilon + 1)\cosh^2\eta - 5\varepsilon + 2}, \\
v_8(x,t) &= \frac{\omega^2\left(p\sinh\eta\cosh\eta + q\cosh^4\eta + r\cosh^2\eta - \sqrt{-\beta^2 - \alpha}(20\varepsilon - 11)\right)}{2\sqrt{-\beta^2 - \alpha}\left((5\varepsilon + 1)\cosh^2\eta - 5\varepsilon + 2\right)^2}, \\
& p = 6\beta(5\varepsilon + 1), \quad q = 2(5\varepsilon + 13)\sqrt{-\beta^2 - \alpha}, \quad r = 2(5\varepsilon - 23)\sqrt{-\beta^2 - \alpha},
\end{aligned}
\right.
$$

其中 $\eta = \dfrac{\omega}{4}\sqrt{-\dfrac{2}{\beta^2+\alpha}}(x - \omega t)$ 且 $\beta^2 + \alpha < 0$.

$$\begin{cases} u_9(x,t) = \dfrac{\omega\left((5\varepsilon+1)\cos^2\zeta - 3(\sqrt{2}+1)\right)}{(5\varepsilon+1)\cos^2\zeta - 3}, \\[4mm] v_9(x,t) = \dfrac{\omega^2\left(a\sin\zeta\cos\zeta + b\cos^4\zeta + c\cos^2\zeta - 9\sqrt{\beta^2+\alpha}\right)}{2\sqrt{\beta^2+\alpha}\left(2(5\varepsilon+13)\cos^4\zeta - 6(5\varepsilon+1)\cos^2\zeta + 9\right)}, \\[4mm] a = 6\beta(5\varepsilon+1), \quad b = 2(5\varepsilon+13)\sqrt{\beta^2+\alpha}, \quad c = -6\beta(5\varepsilon+1)\sqrt{\beta^2+\alpha}, \end{cases}$$

$$\begin{cases} u_{10}(x,t) = \dfrac{\omega\left((5\varepsilon+1)\cos^2\zeta + 3\sqrt{2} - 5\varepsilon + 2\right)}{(5\varepsilon+1)\cos^2\zeta - 5\varepsilon + 2}, \\[4mm] v_{10}(x,t) = \dfrac{\omega^2\left(p\sin\zeta\cos\zeta + q\cos^4\zeta + r\cos^2\zeta - (20\varepsilon-11)\sqrt{\beta^2+\alpha}\right)}{2\sqrt{\beta^2+\alpha}\left(2(5\varepsilon+13)\cos^4\zeta + 2(5\varepsilon-23)\cos^2\zeta - 20\varepsilon + 29\right)}, \\[4mm] p = -6\beta(5\varepsilon+1), \quad q = 2(5\varepsilon+13)\sqrt{\beta^2+\alpha}, \quad r = 2\beta(5\varepsilon-23)\sqrt{\beta^2+\alpha}, \end{cases}$$

其中 $\zeta = \dfrac{\omega}{4}\sqrt{\dfrac{2}{\beta^2+\alpha}}(x - \omega t), \beta^2 + \alpha > 0$.

由 (2.100) 可算出

$$c_2 + c_3 + c_4 = \frac{a_1^2 - 2\omega^2}{4(\beta^2+\alpha)}.$$

由此可知 (2.70) 中第四个解将给出 WBK 方程组的含有任意参数 a_1 的解, 而且实际计算也表明这种解十分复杂. 因此, 为了简化计算且不失去可能出现的解的特性, 可以取 $a_1 = \omega$ 和 $a_1 = 2\omega$. 在前者情形 $c_2 + c_3 + c_4 > 0$ 和 $c_2 < 0$ 不能同时成立, 因此不能得到 WBK 方程组的三角函数解. 在后者情形 $c_2 + c_3 + c_4 > 0$ 和 $c_2 > 0$ 不能同时成立, 故不能得到 WBK 方程的双曲函数解.

将 (2.100), (2.101) 和 (2.70) 中第四个解分别同 $a_1 = \omega$ 和 $a_1 = 2\omega$ 代入 (2.92), 则得到 WBK 方程组的 Weierstrass 椭圆函数解的第一分量

$$u(x,t) = \frac{8\left(a\wp'(\xi, g_2, g_3) + b\wp^2(\xi, g_2, g_3) + c\wp(\xi, g_2, g_3) + \omega^4\right)}{576(\beta^2+\alpha)^2\wp^2(\xi, g_2, g_3) - 96\omega^2(\beta^2+\alpha)\wp(\xi, g_2, g_3) + 13\omega^4},$$

$$a = 18\omega(\beta^2+\alpha)\sqrt{-\beta^2-\alpha}, \quad b = 144(\beta^2+\alpha)^2, \quad c = -24\omega^2(\beta^2+\alpha),$$

$$\tag{2.105}$$

$$u(x,t) = \frac{3\omega\left(p\wp'(\xi,g_2,g_3) + q\wp^2(\xi,g_2,g_3) + r\wp(\xi,g_2,g_3) + 13\omega^4\sqrt{\beta^2+\alpha}\right)}{\sqrt{\beta^2+\alpha}\left(576(\beta^2+\alpha)^2\wp^2(\xi,g_2,g_3) - 528\omega^2(\beta^2+\alpha)\wp(\xi,g_2,g_3) + 49\omega^4\right)},$$

$$p = 96\sqrt{2}\omega(\beta^2+\alpha)^2, \quad q = 576(\beta^2+\alpha)^{\frac{5}{2}}, \quad r = -240\omega^2(\beta^2+\alpha)^{\frac{3}{2}},$$

$$\tag{2.106}$$

其中 $\xi = x - \omega t$, 而 g_2, g_3 由 (2.101) 式给定, 且上两式分别满足 $\beta^2+\alpha < 0$ 和 $\beta^2+\alpha > 0$.

将 (1.68) 和 (1.69) 同 $\theta = c_2$ 代入 (2.105), 将 (1.70) 和 (1.71) 同 $\theta = c_2$ 代入 (2.106) 并借助 (2.90) 式, 则得到 WBK 方程组的如下孤波解与周期解

$$
\begin{cases}
u_{11}(x,t) = \dfrac{\omega\left(2\cosh^4\eta - \sqrt{2}\sinh\eta\cosh\eta - 4\cosh^2\eta + 2\right)}{2\cosh^4\eta - 2\cosh^2\eta + 1}, \\[3mm]
v_{11}(x,t) = \dfrac{\omega^2\left(\sum\limits_{k=1}^{4} a_{2k}\cosh^{2k}\eta + \sum\limits_{k=0}^{2} a_{2k+1}\sinh\eta\cosh^{2k+1}\eta - \beta\right)}{2\sqrt{-\beta^2-\alpha}\left(2\cosh^4\eta - 2\cosh^2\eta + 1\right)^2}, \\[3mm]
a_1 = 2\sqrt{-2(\beta^2+\alpha)}, \quad a_2 = 2\sqrt{-\beta^2-\alpha}, \quad a_3 = -4\sqrt{2}\left(\sqrt{-\beta^2-\alpha} - \beta\right), \\[2mm]
a_4 = 2\left(\sqrt{-\beta^2-\alpha} + 3\beta\right), \quad a_5 = -4\sqrt{2}\beta, \quad a_6 = -4\left(2\sqrt{-\beta^2-\alpha} + \beta\right), \\[2mm]
a_8 = 4\sqrt{-\beta^2-\alpha}, \quad \eta = \dfrac{\omega}{4}\sqrt{-\dfrac{2}{\beta^2+\alpha}}(x - \omega t), \quad \beta^2+\alpha < 0.
\end{cases}
$$

$$
\begin{cases}
u_{12}(x,t) = \dfrac{\omega\left(2\cosh^3\eta + \sqrt{2}\sinh\eta\right)\cosh\eta}{2\cosh^4\eta - 2\cosh^2\eta + 1}, \\[3mm]
v_{12}(x,t) = \dfrac{\omega^2\left(\sum\limits_{k=1}^{4} b_{2k}\cosh^{2k}\eta + \sum\limits_{k=0}^{2} b_{2k+1}\sinh\eta\cosh^{2k+1}\eta + \beta\right)}{2\sqrt{-\beta^2-\alpha}\left(2\cosh^4\eta - 2\cosh^2\eta + 1\right)^2}, \\[3mm]
b_1 = 2\sqrt{-2(\beta^2+\alpha)}, \quad b_2 = 2\sqrt{-\beta^2-\alpha}, \quad b_3 = -4\sqrt{2}\left(\sqrt{-\beta^2-\alpha} + \beta\right), \\[2mm]
b_4 = 2\left(\sqrt{-\beta^2-\alpha} - 3\beta\right), \quad b_5 = 4\sqrt{2}\beta, \quad b_6 = -4\left(2\sqrt{-\beta^2-\alpha} - \beta\right), \\[2mm]
b_8 = 4\sqrt{-\beta^2-\alpha}, \quad \eta = \dfrac{\omega}{4}\sqrt{-\dfrac{2}{\beta^2+\alpha}}(x - \omega t), \quad \beta^2+\alpha < 0.
\end{cases}
$$

$$\begin{cases} u_{13}(x,t) = \dfrac{\omega\left(8\cos^4\zeta + 4\sin\zeta\cos\zeta - 12\cos^2\zeta + 3\right)}{8\cos^4\zeta - 8\cos^2\zeta + 1}, \\[4mm] v_{13}(x,t) = \dfrac{\omega^2\left(\sum\limits_{k=1}^{4} a_{2k}\cos^{2k}\zeta + \sum\limits_{k=0}^{2} a_{2k+1}\sin\zeta\cos^{2k+1}\zeta + 2\sqrt{2}\beta - 3\sqrt{\beta^2+\alpha}\right)}{2\sqrt{\beta^2+\alpha}\left(64\cos^8\zeta - 128\cos^6\zeta + 80\cos^4\zeta - 16\cos^2\zeta + 1\right)}, \\[4mm] \quad a_1 = 4\left(3\sqrt{2}\beta - 4\sqrt{\beta^2+\alpha}\right), \quad a_2 = 4\left(3\sqrt{2}\beta - 4\sqrt{\beta^2+\alpha}\right), \\[2mm] \quad a_3 = -32\left(\sqrt{2}\beta - \sqrt{\beta^2+\alpha}\right), \quad a_4 = -16\left(3\sqrt{2}\beta - 5\sqrt{\beta^2+\alpha}\right), \\[2mm] \quad a_5 = 32\sqrt{2}\beta, \quad a_6 = 32\left(\sqrt{2}\beta - 4\sqrt{\beta^2+\alpha}\right), \\[2mm] \quad a_8 = 64\sqrt{\beta^2+\alpha}, \quad \zeta = \dfrac{\omega}{4}\sqrt{\dfrac{2}{\beta^2+\alpha}}(x-\omega t), \end{cases}$$

$$\begin{cases} u_{14}(x,t) = \dfrac{\omega\left(8\cos^4\zeta - 4\sin\zeta\cos\zeta - 4\cos^2\zeta - 1\right)}{8\cos^4\zeta - 8\cos^2\zeta + 1}, \\[4mm] v_{14}(x,t) = -\dfrac{\omega^2\left(\sum\limits_{k=1}^{4} b_{2k}\cos^{2k}\zeta + \sum\limits_{k=0}^{2} b_{2k+1}\sin\zeta\cos^{2k+1}\zeta + 2\sqrt{2}\beta + 3\sqrt{\beta^2+\alpha}\right)}{2\sqrt{\beta^2+\alpha}\left(64\cos^8\zeta - 128\cos^6\zeta + 80\cos^4\zeta - 16\cos^2\zeta + 1\right)}, \\[4mm] \quad b_1 = 4\left(3\sqrt{2}\beta + 4\sqrt{\beta^2+\alpha}\right), \quad b_2 = 4\left(3\sqrt{2}\beta + 4\sqrt{\beta^2+\alpha}\right), \\[2mm] \quad b_3 = -32\left(\sqrt{2}\beta + \sqrt{\beta^2+\alpha}\right), \quad b_4 = -16\left(3\sqrt{2}\beta + 5\sqrt{\beta^2+\alpha}\right), \\[2mm] \quad b_5 = 32\sqrt{2}\beta, \quad b_6 = 32\left(\sqrt{2}\beta + 4\sqrt{\beta^2+\alpha}\right), \\[2mm] \quad b_8 = -64\sqrt{\beta^2+\alpha}, \quad \zeta = \dfrac{\omega}{4}\sqrt{\dfrac{2}{\beta^2+\alpha}}(x-\omega t), \end{cases}$$

其中后两式满足条件 $\beta^2 + \alpha > 0$.

情形 3 代数方程组的第三组解为

$$a_0 = 2\omega, \quad a_1 = \frac{c_3(\beta^2+\alpha)}{\omega}, \quad c_2 = \frac{\omega^2}{\beta^2+\alpha}, \quad c_4 = \frac{c_3^2(\beta^2+\alpha)}{4\omega^2}. \qquad (2.107)$$

由 (2.71) 式可以算出

$$g_2 = \frac{\omega^4}{12(\beta^2+\alpha)^2}, \quad g_3 = -\frac{\omega^6}{216(\beta^2+\alpha)^3}, \quad \delta = 0. \qquad (2.108)$$

类似前面的分析可知, (2.70) 中的第一个解只能给出 WBK 方程组的平凡解, (2.70) 中的第二和第四个解都不能退化到 WBK 方程组的三角函数解.

将 (2.107), (2.108) 和 (2.70) 中的后三个解代入 (2.92) 且第四个解中置 $c_3 = -\dfrac{\omega(2\omega+1)}{\beta^2+\alpha}$, 则得到 WBK 方程组的 Weierstrass 椭圆函数解的第一分量的表达式

$$u(x,t) = \frac{\varepsilon\,(\beta^2+\alpha)^{\frac{3}{2}}\,\wp'(x-\omega t, g_2, g_3) + 12(\beta^2+\alpha)\omega\wp(x-\omega t, g_2, g_3) - \omega^3}{12(\beta^2+\alpha)\wp(x-\omega t, g_2, g_3) - \omega^2},$$

$$(2.109)$$

$$u(x,t) = \frac{24(\varepsilon-1)\omega(\beta^2+\alpha)\wp(x-\omega t, g_2, g_3)}{12\varepsilon(\beta^2+\alpha)\wp(x-\omega t, g_2, g_3) - \omega^2}, \qquad (2.110)$$

$$u(x,t) = -\frac{a\wp'(x-\omega t, g_2, g_3) + b\wp^2(x-\omega t, g_2, g_3) + c\wp(x-\omega t, g_2, g_3) + d}{\sqrt{\beta^2+\alpha}\,\left(p\wp^2(x-\omega t, g_2, g_3) + q\wp(x-\omega t, g_2, g_3) + r\right)},$$

$$a = 36(\beta^2+\alpha)^2(2\omega+1), \quad b = 144(\beta^2+\alpha)^{\frac{5}{2}},$$

$$c = 12\omega(\beta^2+\alpha)^{\frac{3}{2}}(4\omega+3), \quad d = -\omega^3(5\omega+3)\sqrt{\beta^2+\alpha},$$

$$p = 144(\beta^2+\alpha)^2, \quad q = -12(2\omega^2+6\omega+3)(\beta^2+\alpha), \quad r = \omega^2(\omega^2+6\omega+3),$$

$$(2.111)$$

其中 g_2, g_3 由 (2.108) 式给定, 而 (2.111) 满足条件 $\beta^2+\alpha > 0$.

将 (1.68) 和 (1.69) 同 $\theta = c_2$ 一起代入 (2.109) 得到的 WBK 方程组的解与情形 1 的第一和第二个解相同, 故在此不再重写.

把 $\theta = c_2$ 时的转换公式 (1.68)~(1.69) 代入 (2.110), 则得到 WBK 方程组的如下孤波解与周期解

$$\begin{cases} u_1(x,t) = \dfrac{2\omega(\varepsilon-1)\left(\cosh^2\eta - 3\right)}{(\varepsilon-1)\cosh^2\eta - 3\varepsilon}, \\[4mm] v_1(x,t) = \dfrac{6\omega^2(\varepsilon-1)\left(\beta\sinh\eta\cosh\eta - \sqrt{\beta^2+\alpha}\cosh^2\eta + 3\sqrt{\beta^2+\alpha}\right)}{\sqrt{\beta^2+\alpha}\left((\varepsilon-1)\cosh^2\eta - 3\varepsilon\right)^2}, \end{cases}$$

$$\begin{cases} u_2(x,t) = \dfrac{2\omega(\varepsilon-1)\left(\cosh^2\eta + 2\right)}{(\varepsilon-1)\cosh^2\eta + 2\varepsilon + 1}, \\[4mm] v_2(x,t) = \dfrac{6\omega^2(\varepsilon-1)\left(-\beta\sinh\eta\cosh\eta + \sqrt{\beta^2+\alpha}\cosh^2\eta + 2\sqrt{\beta^2+\alpha}\right)}{\sqrt{\beta^2+\alpha}\left((\varepsilon-1)\cosh^2\eta + 2\varepsilon + 1\right)^2}, \end{cases}$$

其中 $\eta = \dfrac{\omega}{2\sqrt{\beta^2 + \alpha}}(x - \omega t)$, $\beta^2 + \alpha > 0$.

$$
\begin{cases}
u_3(x,t) = \dfrac{2\omega(\varepsilon - 1)\left(\cos^2\zeta - 3\right)}{(\varepsilon - 1)\cos^2\zeta - 3\varepsilon}, \\[4mm]
v_3(x,t) = \dfrac{6\omega^2(\varepsilon - 1)\left(\beta\sin\zeta\cos\zeta + \sqrt{-\beta^2 - \alpha}\cos^2\zeta - 3\sqrt{-\beta^2 - \alpha}\right)}{\sqrt{-\beta^2 - \alpha}\left(2(\varepsilon - 1)\cos^4\eta - 6(\varepsilon - 1)\cos^2\zeta - 9\right)},
\end{cases}
$$

$$
\begin{cases}
u_4(x,t) = \dfrac{2\omega(\varepsilon - 1)\left(\cos^2\zeta + 2\right)}{(\varepsilon - 1)\cos^2\zeta + 2\varepsilon + 1}, \\[4mm]
v_4(x,t) = -\dfrac{6\omega^2(\varepsilon - 1)\left(\beta\sin\zeta\cos\zeta + \sqrt{-\beta^2 - \alpha}\cos^2\zeta + 2\sqrt{-\beta^2 - \alpha}\right)}{\sqrt{-\beta^2 - \alpha}\left(2(\varepsilon - 1)\cos^4\eta + 2(\varepsilon - 1)\cos^2\zeta + 4\varepsilon + 5\right)},
\end{cases}
$$

其中 $\zeta = \dfrac{\omega}{2\sqrt{-\beta^2 - \alpha}}(x - \omega t)$, 而 $\beta^2 + \alpha < 0$.

将 (1.68), (1.69) 同 $\theta = c_2$ 一起代入 (2.111), 并借助 (2.90), 则得到 WBK 方程组的孤波解

$$
\begin{cases}
u_5(x,t) = \dfrac{\omega\left((2\omega + 1)\left(\cosh^2\eta - \sinh\eta\cosh\eta\right) - \omega\right)}{(2\omega + 1)\cosh^2\eta + \omega^2}, \\[4mm]
v_5(x,t) = \dfrac{\omega^2\left(a\sinh\eta\cosh\eta + b\cosh^2\eta + c\right)}{2\sqrt{\beta^2 + \alpha}\left((2\omega + 1)\cosh^2\eta + \omega^2\right)^2}, \\[4mm]
a = -2\omega(\omega + 1)(2\omega + 1)\left(\sqrt{\beta^2 + \alpha} + \beta\right), \\[2mm]
b = (2\omega + 1)(2\omega^2 + 2\omega + 1)\left(\sqrt{\beta^2 + \alpha} + \beta\right), \\[2mm]
c = -\omega^2(2\omega + 1)\left(\sqrt{\beta^2 + \alpha} + \beta\right), \quad \beta^2 + \alpha > 0,
\end{cases}
$$

$$
\begin{cases}
u_6(x,t) = \dfrac{\omega\left((2\omega + 1)\left(\cosh^2\eta - \sinh\eta\cosh\eta\right) - \omega - 1\right)}{(2\omega + 1)\cosh^2\eta - (\omega + 1)^2}, \\[4mm]
v_6(x,t) = \dfrac{\omega^2\left(p\sinh\eta\cosh\eta + q\cosh^2\eta + r\right)}{2\sqrt{\beta^2 + \alpha}\left((2\omega + 1)\cosh^2\eta - (\omega + 1)^2\right)^2}, \\[4mm]
p = 2\omega(\omega + 1)(2\omega + 1)\left(\sqrt{\beta^2 + \alpha} + \beta\right), \\[2mm]
q = -(2\omega + 1)(2\omega^2 + 2\omega + 1)\left(\sqrt{\beta^2 + \alpha} + \beta\right), \\[2mm]
r = (2\omega + 1)(\omega + 1)^2\left(\sqrt{\beta^2 + \alpha} + \beta\right), \quad \beta^2 + \alpha > 0,
\end{cases}
$$

其中 $\eta = \dfrac{\omega}{2\sqrt{\beta^2+\alpha}}(x-\omega t)$.

2.4　Weierstrass 型第四种椭圆方程展开法

事实表明, 第四种椭圆方程

$$F'^2(\xi) = c_0 + c_1 F(\xi) + c_2 F^2(\xi) \tag{2.112}$$

很难引出非线性波方程的有意义的行波解, 因而未曾进行详细研究. 而在这里把它单独看作一种辅助方程法, 其原因在于通过它可以发现不能确定平衡常数的某些非线性波方程的行波解. 显然, 这已超越了辅助方程法只适用于平衡常数是确定的非线性波方程的常识, 希望将来发现一种不限于平衡常数或经变换后能够确定平衡常数的类似辅助方程法的有效方法.

　　Weierstrass 型第四种椭圆方程展开法是在辅助方程法中取第四种椭圆方程 (2.112) 为辅助方程的方法, 具体辅助方程 (2.112) 取如下 Weierstrass 椭圆函数解

$$F(\xi) = \begin{cases} \dfrac{\varepsilon\sqrt{\delta}-c_1}{2c_2} + \dfrac{\varepsilon\sqrt{\delta}}{4\wp(\xi,g_2,g_3)-\frac{c_2}{3}}, & \delta > 0, \\[4mm] \dfrac{-\frac{c_1 c_2}{48} + \frac{\varepsilon\sqrt{c_0}}{2}\wp'(\xi,g_2,g_3) + \frac{c_1}{4}\wp(\xi,g_2,g_3)}{\left(\wp(\xi,g_2,g_3)-\frac{c_2}{12}\right)^2}, & c_0 \geqslant 0, \\[4mm] -\dfrac{c_1}{2c_2} + \dfrac{\varepsilon\sqrt{-\frac{\delta}{c_2}}\wp'(\xi,g_2,g_3)}{4\left(\wp(\xi,g_2,g_3)-\frac{c_2}{12}\right)^2}, & c_2\delta < 0, \\[4mm] 1 + \dfrac{\sqrt{c_0+c_1+c_2}\wp'(\xi,g_2,g_3) + \frac{1}{2}(c_1+2c_2)\left(\wp(\xi,g_2,g_3)-\frac{c_2}{12}\right)}{2\left(\wp(\xi,g_2,g_3)-\frac{c_2}{12}\right)^2}, \\ \hspace{5cm} c_0+c_1+c_2 \geqslant 0, \end{cases} \tag{2.113}$$

其中 $\varepsilon = \pm 1$, 而不变量 g_2, g_3 由下式确定

$$g_2 = \dfrac{c_2^2}{12}, \quad g_3 = -\dfrac{c_2^3}{216}, \quad \delta = c_1^2 - 4c_0 c_2. \tag{2.114}$$

另外, 截断形式级数解 (1.5) 修改为如下特殊形式

$$u(\xi) = c_2 + c_1 F(\xi) + c_0 F^2(\xi), \tag{2.115}$$

其中 c_i $(i = 0, 1, 2)$ 为方程 (2.112) 的系数, $F(\xi)$ 为方程 (2.112) 的某个 Weierstrass 椭圆函数解.

需要说明的是, 截断形式级数解总是取 (2.115) 的形式, 因而无须确定平衡常数. 截断形式级数解取 (2.115) 的形式是为了避免非线性波方程的解中出现多个自由参数.

例 2.8 试给出 Camassa-Holm (CH) 方程

$$u_t - u_{xxt} + 2ku_x + 3uu_x = 2u_x u_{xx} + uu_{xxx} \tag{2.116}$$

的 Weierstrass 椭圆函数解及其退化解, 其中 k 为常数.

通过行波变换

$$u(x, t) = u(\xi), \quad \xi = x - \omega t, \tag{2.117}$$

将方程 (2.116) 化为常微分方程

$$-\omega u' + \omega u''' + 2ku' + 3uu' - 2u'u'' - uu''' = 0. \tag{2.118}$$

将 (2.115) 和 (2.112) 代入 (2.118) 后, 令 $F^j F'$ $(j = 0, 1, 2, 3)$ 的系数等于零, 则得到代数方程组

$$\begin{cases} -24c_0^2 c_2 + 6c_0^2 = 0, \\ -15c_0^2 c_1 - 21c_0 c_1 c_2 + 9c_0 c_1 = 0, \\ -4c_0^2 c_1 - 3c_0 c_1 c_2 + 3c_0 c_1 \omega - c_1^3 - c_1 c_2^2 + c_1 c_2 \omega + 3c_1 c_2 + 2c_1 k - c_1 \omega = 0, \\ -8c_0^3 - 11c_0 c_1^2 - 8c_0 c_2^2 + 8c_0 c_2 \omega - 3c_1^2 c_2 + 6c_0 c_2 + 4c_0 k - 2c_0 \omega + 3c_1^2 = 0. \end{cases}$$

下面对 Maple 求得的以上代数方程组的三组解进行讨论.

情形 1 代数方程组的第一组解为

$$c_0 = 0, \quad c_1 = \mu\sqrt{2(k+1)}, \quad c_2 = 1, \quad \mu = \pm 1. \tag{2.119}$$

由 (2.114) 可得

$$g_2 = \frac{1}{12}, \quad g_3 = -\frac{1}{216}, \quad \delta = 2(k+1). \tag{2.120}$$

　　注意到 $c_2 = 1 > 0$, 在这组解下不存在与满足条件 $c_2 < 0$ 的转换公式 (1.70) 和 (1.71) 相对应的三角函数解. 另外, 由 c_1 的表达式可知 $\delta > 0$, 因此必有 $c_2\delta > 0$, 故 (2.113) 中的第三个解不存在.

　　于是将 (2.119), (2.120), (2.117) 和 (2.113) 中的其余三个解代入 (2.115), 则得到 CH 方程的如下 Weierstrass 椭圆函数解

$$u(x,t) = \frac{12\left(\varepsilon\mu(k+1) - k\right)\wp(x - \omega t, g_2, g_3) + 5\varepsilon\mu(k+1) + k}{12\wp(x - \omega t, g_2, g_3) - 1}, \tag{2.121}$$

$$u(x,t) = \frac{6k + 5 + 12\wp(x - \omega t, g_2, g_3)}{12\wp(x - \omega t, g_2, g_3) - 1}, \tag{2.122}$$

$$u(x,t) = \frac{p\wp^2(x - \omega t, g_2, g_3) + q\wp'(x - \omega t, g_2, g_3) + r\wp(x - \omega t, g_2, g_3) - s}{\left(12\wp(x - \omega t, g_2, g_3) - 1\right)^2},$$

$$p = 144\left(\mu\sqrt{2(k+1)} + 1\right), \quad q = 72\mu\sqrt{2(k+1)}\sqrt{1 + \mu\sqrt{2(k+1)}},$$

$$r = 72k + 48\left(\mu\sqrt{2(k+1)} + 1\right), \quad s = 6k + 5\left(\mu\sqrt{2(k+1)} + 1\right), \tag{2.123}$$

其中 g_2, g_3 由 (2.120) 式给定, 且 (2.123) 当 $\mu = 1$ 和 $\mu = -1$ 时分别满足条件 $k > -1$ 和 $-1 < k < -\dfrac{1}{2}$.

　　将 (1.68), (1.69) 和 $\theta = c_2$ 代入 (2.121) 和 (2.122), 则得到 CH 方程的行波解

$$u_1(x,t) = \varepsilon(k+1)\cosh(x - \omega t) - k.$$

再将 (1.68), (1.69) 和 $\theta = c_2$ 代入 (2.123), 则得到 CH 方程的行波解

$$u_2(x,t) = \mu\sqrt{2(k+1)}\sqrt{1 + \mu\sqrt{2(k+1)}}\sinh\xi$$
$$- \left(\mu\sqrt{2(k+1)} + k + 1\right)\cosh\xi - k,$$

$$u_3(x,t) = -\mu\sqrt{2(k+1)}\sqrt{1 + \mu\sqrt{2(k+1)}}\sinh\xi$$
$$+ \left(\mu\sqrt{2(k+1)} + k + 1\right)\cosh\xi - k,$$

其中 $\xi = x - \omega t$, 且这两个解当 $\mu = 1$ 和 $\mu = -1$ 时分别满足条件 $k > -1$ 和 $-1 < k < -\dfrac{1}{2}$.

　　情形 2　代数方程组的第二组解为

$$c_0 = \frac{\mu}{2}\sqrt{2k + \frac{1}{2}}, \quad c_1 = 0, \quad c_2 = \frac{1}{4}, \quad \mu = \pm 1. \tag{2.124}$$

由 (2.114) 可以算出

$$g_2 = \frac{1}{192}, \quad g_3 = -\frac{1}{13824}, \quad \delta = -\frac{\mu}{2}\sqrt{2k + \frac{1}{2}}. \tag{2.125}$$

由于 $c_2 > 0$, 因此在这组解下也不存在 CH 方程的三角函数解.

将 (2.124), (2.125), (2.113) 和 (2.117) 代入 (2.115), 则得到 CH 方程的如下 Weierstrass 椭圆函数解

$$u(x,t) = -\frac{(18432k+2304)\wp^2(\xi, g_2, g_3) + (3840k+1056)\wp(\xi, g_2, g_3) + 200k + 49}{4\left(48\wp(\xi, g_2, g_3) - 1\right)^2}, \tag{2.126}$$

$$u(x,t) = \frac{2304\wp^2(\xi, g_2, g_3) + (4608k + 1056)\wp(\xi, g_2, g_3) + 192k + 49}{4\left(48\wp(\xi, g_2, g_3) - 1\right)^2}, \tag{2.127}$$

$$u(x,t) = \frac{\sum\limits_{i=1}^{3} a_i\wp^i(\xi, g_2, g_3) + (p\wp(\xi, g_2, g_3) + q)\,\wp'(\xi, g_2, g_3) - r}{4\left(48\wp(\xi, g_2, g_3) - 1\right)^3},$$

$$a_1 = 4608k + 1296\left(\mu\sqrt{2(4k+1)} + 1\right),$$
$$a_2 = 221184k + 48384\left(\mu\sqrt{2(4k+1)} + 1\right),$$
$$a_3 = 110592\left(\mu\sqrt{2(4k+1)} + 1\right),$$
$$p = 55296\mu\sqrt{2(4k+1)}\sqrt{1 + \sqrt{2(4k+1)}},$$
$$q = 5760\mu\sqrt{2(4k+1)}\sqrt{1 + \sqrt{2(4k+1)}},$$
$$r = 192k + 49\left(\mu\sqrt{2(4k+1)} + 1\right), \tag{2.128}$$

其中 $\xi = x - \omega t$, g_2, g_3 由 (2.125) 式给定, (2.128) 当 $\mu = 1$ 和 $\mu = -1$ 时分别满足条件 $k > -\frac{1}{2}$ 和 $-\frac{1}{2} < k < -\frac{3}{8}$, 另外, (2.127) 是由 (2.113) 中的第二个解和第三个解所确定的同一个 Weierstrass 椭圆函数解.

将 (1.68) 或 (1.69) 同 $\theta = c_2$ 一起代入 (2.126), (2.127) 和 (2.128), 则得到 CH 方程的行波解

$$u_1(x,t) = -\left(k + \frac{1}{4}\right)\cosh(x - \omega t) - k,$$

$$u_2(x,t) = \left(k + \frac{1}{4}\right)\cosh(x - \omega t) - k,$$

$$u_3(x,t) = -\frac{\mu}{4}\sqrt{2(4k+1)}\sqrt{1 + \mu\sqrt{2(4k+1)}}\sinh(x - \omega t)$$

$$+ \frac{1}{4}\left(\mu\sqrt{2(4k+1)} + 4k + 1\right)\cosh(x - \omega t) - k,$$

其中解 u_3 当 $\mu = 1$ 和 $\mu = -1$ 时分别满足条件 $k > -\dfrac{1}{4}$ 和 $-\dfrac{1}{4} < k < -\dfrac{1}{8}$.

情形 3　代数方程组的第三组解为

$$c_0 = \frac{1}{4}, \quad c_1 = \frac{\mu}{2}\sqrt{8k+1}, \quad c_2 = \frac{1}{4}, \quad \mu = \pm 1. \tag{2.129}$$

再由 (2.114) 可以算出

$$g_2 = \frac{1}{192}, \quad g_3 = -\frac{1}{13824}, \quad \delta = 2k. \tag{2.130}$$

与前两种情形一样, 在这组解下也有 $c_2 > 0$, 因此不存在相应的三角函数解.

将 (2.129), (2.130), (2.113) 和 (2.117) 代入 (2.115), 则得到 CH 方程的如下 Weierstrass 椭圆函数解

$$u(x,t) = \frac{48k\,(24\wp(\xi, g_2, g_3) + 1)}{4\,(48\wp(\xi, g_2, g_3) - 1)^2}, \tag{2.131}$$

$$u(x,t) = \frac{\sum\limits_{i=1}^{3} a_i \wp^i(\xi, g_2, g_3) + (a\wp(\xi, g_2, g_3) + b)\,\wp'(\xi, g_2, g_3) - c}{4\,(48\wp(\xi, g_2, g_3) - 1)^3},$$

$$a_1 = 4608k + 1296, \quad a_2 = 221184k + 48384, \quad a_3 = 110592,$$

$$a = 55296\mu\varepsilon\sqrt{8k+1}, \quad b = 5760\mu\varepsilon\sqrt{8k+1}, \quad c = 192k + 49, \quad k > -\frac{1}{8}, \tag{2.132}$$

$$u(x,t) = -\frac{2k\,(48\wp(\xi, g_2, g_3) + 5)^2}{(48\wp(\xi, g_2, g_3) - 1)^2}, \tag{2.133}$$

$$u(x,t) = \frac{\sum\limits_{i=1}^{3} b_i \wp^i(\xi, g_2, g_3) + (p\wp(\xi, g_2, g_3) + q)\,\wp'(\xi, g_2, g_3) - r}{2\,(48\wp(\xi, g_2, g_3) - 1)^3},$$

$$b_1 = 230k + 1296\left(\mu\sqrt{8k+1}+1\right), \quad b_2 = 110592k + 48384\left(\mu\sqrt{8k+1}+1\right),$$

$$b_3 = 110592\left(\mu\sqrt{8k+1}+1\right), \quad p = 27648\sqrt{2+2\mu\sqrt{8k+1}}\left(\mu\sqrt{8k+1}+1\right),$$

$$q = 2880\sqrt{2+2\mu\sqrt{8k+1}}\left(\mu\sqrt{8k+1}+1\right), \quad r = 96k+49\left(\mu\sqrt{8k+1}+1\right),$$

$$(2.134)$$

其中 $\xi = x - \omega t$, g_2, g_3 由 (2.130) 式给定, 解 (2.134) 当 $\mu = 1$ 和 $\mu = -1$ 时分别满足条件 $k > -\frac{1}{8}$ 和 $-\frac{1}{8} < k < 0$.

将 (1.68) 或 (1.69) 同 $\theta = c_2$ 一起代入 (2.131)~(2.134), 则得到 CH 方程的行波解

$$u_1(x,t) = k\left(\cosh(x-\omega t) - 1\right),$$

$$u_2(x,t) = -\frac{\mu}{4}\sqrt{8k+1}\sinh(x-\omega t) + \left(k+\frac{1}{4}\right)\cosh(x-\omega t) - k,$$

$$u_3(x,t) = -k\left(\cosh(x-\omega t) + 1\right),$$

$$u_4(x,t) = -\frac{1}{4}\sqrt{2+2\mu\sqrt{8k+1}}\left(\mu\sqrt{8k+1}+1\right)\sinh(x-\omega t)$$
$$+ \frac{1}{2}\left(\mu\sqrt{8k+1}+2k+1\right)\cosh(x-\omega t) - k,$$

其中解 u_4 当 $\mu = 1$ 和 $\mu = -1$ 时分别满足条件 $k > -\frac{1}{8}$ 和 $-\frac{1}{8} < k < 0$.

例 2.9 试给出 Qiao 方程

$$m_t = \left(\frac{1}{2m^2}\right)_{xxx} - \left(\frac{1}{2m^2}\right)_x \tag{2.135}$$

的 Weierstrass 椭圆函数解及其退化解.

经变换

$$m(x,t) = u^{-\frac{2}{3}}(x,t), \tag{2.136}$$

Qiao 方程可化为

$$u_t + u^2 u_{xxx} - \frac{2}{9}u_x^3 + uu_x u_{xx} - u^2 u_x = 0. \tag{2.137}$$

将行波变换 (2.117) 代入 (2.137), 则得到常微分方程

$$-\omega u' + u^2 u''' - \frac{2}{9}(u')^3 + uu'u'' - u^2 u' = 0. \tag{2.138}$$

把 (2.115) 和 (2.112) 代入 (2.138), 并令 $F^j F'$ $(j = 0, 1, 2, 3, 4, 5)$ 的系数等于零, 则得到如下代数方程组

$$
\begin{cases}
-\dfrac{128}{9}c_0^3 c_2 + 2c_0^3 = 0, \\[2mm]
-\dfrac{85}{3}c_0^2 c_1 c_2 - \dfrac{65}{9}c_0^3 c_1 + 5c_0^2 c_1 = 0, \\[2mm]
-\dfrac{47}{3}c_0 c_1^2 c_2 - \dfrac{40}{3}c_0^2 c_1^2 - 24c_0^2 c_2^2 + 4c_0 c_1^2 + 4c_0^2 c_2 - \dfrac{20}{9}c_0^4 = 0, \\[2mm]
-3c_0 c_2^2 c_1 - 2c_0^2 c_1 c_2 + \omega c_1 - c_2^3 c_1 - \dfrac{1}{2}c_1^3 c_2 + c_2^2 c_1 + \dfrac{2}{9}c_1^3 c_0 = 0, \\[2mm]
-12c_0^2 c_1 c_2 - 24c_0 c_2^2 c_1 + 6c_0 c_2 c_1 - \dfrac{37}{6}c_1^3 c_0 - \dfrac{16}{9}c_1^3 c_2 - \dfrac{10}{3}c_0^3 c_1 + c_1^3 = 0, \\[2mm]
-10c_0 c_1^2 c_2 + 2\omega c_0 - 3c_1^2 c_2^2 - 8c_2^3 c_0 - \dfrac{2}{3}c_0^2 c_1^2 - 4c_0^3 c_2 + 2c_1^2 c_2 + 2c_2^2 c_0 - \dfrac{5}{18}c_1^4 = 0.
\end{cases}
$$

用 Maple 求得该代数方程组的三组解, 并对其分情形讨论如下.

情形 1　代数方程组的第一组解为

$$
c_0 = \frac{9}{64}, \quad c_1 = \frac{9\mu}{32}, \quad c_2 = \frac{9}{64}, \quad \omega = 0, \quad \mu = \pm 1. \tag{2.139}
$$

由 (2.114) 可以算出

$$
g_2 = \frac{27}{16384}, \quad g_3 = -\frac{27}{2097152}, \quad \delta = 0. \tag{2.140}
$$

由于 $c_2 > 0$, 从而 (2.139) 下 Qiao 方程不具有三角函数解. 另外, 由于 $\delta = 0$, 于是 (2.113) 中第一、第三个解只能为平凡解, 故只需考虑 (2.113) 中第二和第四个解所对应的 Weierstrass 椭圆函数解及其相应的退化解.

将 (2.139), (2.140), (2.117) 和 (2.113) 中第二和第四个解代入 (2.115), 则得到方程 (2.137) 的定态 Weierstrass 椭圆函数解

$$
u(x) = \frac{9\left(\sum\limits_{i=1}^{3} a_i \wp(x, g_2, g_3) + \mu\varepsilon(p\wp(x, g_2, g_3) + q)\wp'(x, g_2, g_3) - 1323\right)}{64\left(256\wp(x, g_2, g_3) - 3\right)^3},
$$

$$
a_1 = 62208, \quad a_2 = 4128768, \quad a_3 = 16777216, \quad p = 6291456, \quad q = 368640, \tag{2.141}
$$

$$
u(x) = \frac{9\left(\sum\limits_{i=1}^{3} b_i \wp(x, g_2, g_3) + (r\wp(x, g_2, g_3) + s)\wp'(x, g_2, g_3) - 1323\right)}{16\left(256\wp(x, g_2, g_3) - 3\right)^3},
$$

$$b_1 = 62208, \quad b_2 = 4128768, \quad b_3 = 16777216, \quad r = 6291456, \quad s = 368640,$$
$$\tag{2.142}$$

其中 g_2, g_3 由 (2.140) 式给定.

把 (1.68) 或 (1.69) 同 $\theta = c_2$ 一起代入 (2.141) 和 (2.142), 并借助变换 (2.136), 则得到 Qiao 方程的定态解

$$m_1(x) = \left(\frac{9}{64} \left(\cosh \frac{3x}{4} \pm \sinh \frac{3x}{4} \right) \right)^{-\frac{2}{3}},$$

$$m_2(x) = \left(\frac{9}{16} \left(\cosh \frac{3x}{4} \pm \sinh \frac{3x}{4} \right) \right)^{-\frac{2}{3}}.$$

情形 2 代数方程组的第二组解为

$$c_0 = 0, \quad c_1 = \frac{9\sqrt{2}\mu}{16}, \quad c_2 = \frac{9}{16}, \quad \omega = \frac{81}{2048}, \quad \mu = \pm 1. \tag{2.143}$$

由 (2.114) 可以算出

$$g_2 = \frac{27}{1024}, \quad g_3 = -\frac{27}{32768}, \quad \delta = \frac{81}{128}. \tag{2.144}$$

因为 $c_2 > 0$, 所以在代数方程组的这组解下方程 (2.137) 不存在三角函数解. 另外, 因为 $c_2\delta > 0$, 所以 (2.113) 中的第三个解不存在. 于是将 (2.143), (2.144) 和 (2.113) 中的其余三个解一起代入 (2.115), 则得到方程 (2.137) 的 Weierstrass 椭圆函数解

$$u(x,t) = \frac{9\varepsilon\mu \left(64\wp(\xi, g_2, g_3) + 15 \right)}{16 \left(64\wp(\xi, g_2, g_3) - 3 \right)}, \quad \xi = x - \frac{81}{2048}t, \tag{2.145}$$

$$u(x,t) = \frac{9 \left(a_2\wp^2(\xi, g_2, g_3) + a_1\wp(\xi, g_2, g_3) + p\wp'(\xi, g_2, g_3) - q \right)}{16 \left(64\wp(\xi, g_2, g_3) - 3 \right)^2},$$

$$a_1 = 768 \left(\sqrt{2} + 1 \right), \quad a_2 = 4096 \left(\sqrt{2} + 1 \right), \quad p = 1536\sqrt{2 \left(\sqrt{2} + 1 \right)},$$

$$q = 45 \left(\sqrt{2} + 1 \right), \quad \xi = x - \frac{81}{2048}t, \tag{2.146}$$

其中 g_2, g_3 由 (2.144) 式给定, (2.145) 为 (2.113) 中前两式所对应的方程 (2.137) 的解的统一形式.

将 (1.68) 或 (1.69) 同 $\theta = c_2$ 一起代入 (2.145) 和 (2.146), 并经变换 (2.136), 则得到 Qiao 方程的孤波解

$$m_3(x,t) = \left(\frac{9}{16}\cosh\frac{3}{4}\left(x - \frac{81}{2048}t\right)\right)^{-\frac{2}{3}},$$

$$m_4(x,t) = \left[\frac{9}{16}\left(\sqrt{2(\sqrt{2}+1)}\sinh\xi + (\sqrt{2}+1)\cosh\xi\right)\right]^{-\frac{2}{3}}, \quad \xi = x - \frac{81}{2048}t.$$

情形 3　代数方程组的第三组解为

$$c_0 = \frac{9\sqrt{2}\mu}{64}, \quad c_1 = 0, \quad c_2 = \frac{9}{64}, \quad \omega = \frac{81}{32768}, \quad \mu = \pm 1. \tag{2.147}$$

由 (2.114) 可以算出

$$g_2 = \frac{27}{16384}, \quad g_3 = -\frac{27}{2097152}, \quad \delta = -\frac{81\sqrt{2}\mu}{1024}. \tag{2.148}$$

将 (2.147), (2.148) 和 (2.113) 代入 (2.115), 则得到方程 (2.137) 的 Weierstrass 椭圆函数解

$$u(x,t) = -\frac{9\left(65536\wp^2(\xi,g_2,g_3) + 16896\wp(\xi,g_2,g_3) + 441\right)}{64\left(256\wp(\xi,g_2,g_3) - 3\right)^2}, \quad \xi = x - \frac{81}{32768}t, \tag{2.149}$$

$$u(x,t) = \frac{9\left(\sum_{i=1}^{3}a_i\wp^i(\xi,g_2,g_3) + \sqrt{2(\sqrt{2}+1)}(p\wp(\xi,g_2,g_3)+q)\wp'(\xi,g_2,g_3) - r\right)}{64\left(256\wp(\xi,g_2,g_3) - 3\right)^3},$$

$$a_1 = 66208(\sqrt{2}+1), \quad a_2 = 4128768(\sqrt{2}+1), \quad a_3 = 16777216(\sqrt{2}+1),$$

$$p = 6291456, \quad q = 368640, \quad r = 1323(\sqrt{2}+1), \quad \xi = x - \frac{81}{32768}t, \tag{2.150}$$

其中 g_2, g_3 由 (2.148) 式给定, (2.149) 为 (2.113) 中前三式所对应的方程 (2.137) 的解的统一形式.

将 (1.68) 或 (1.69) 同 $\theta = c_2$ 一起代入 (2.149) 和 (2.150), 并经变换 (2.136), 则得到 Qiao 方程的孤波解

$$m_5(x,t) = \left(\frac{9}{64}\cosh\frac{3}{4}\left(x - \frac{81}{32768}t\right)\right)^{-\frac{2}{3}},$$

$$m_6(x,t) = \left[\frac{9}{64}\left(\sqrt{2(\sqrt{2}+1)}\sinh\xi - (\sqrt{2}+1)\cosh\xi\right)\right]^{-\frac{2}{3}}, \quad \xi = x - \frac{81}{32768}t.$$

下面的图 2.1、图 2.2、图 2.3 和图 2.4 中分别给出 Qiao 方程的解 m_3, m_4, m_5 和 m_6 的图形. 由图形可以看出这四个解都是钟状孤波.

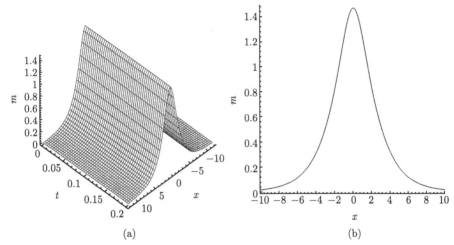

图 2.1 钟状孤波解 m_3 的图形, 图 (b) 中参数 $t = 2$

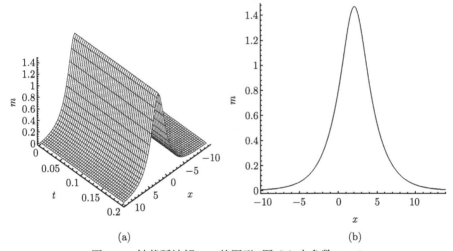

图 2.2 钟状孤波解 m_4 的图形, 图 (b) 中参数 $t = 2$

作为本章的结尾这里说明如下几点.

(1) 作变换 $G(\xi) = F^2(\xi)$, 则第一种椭圆方程 (2.1) 将变成第二种椭圆方程

$$G'^2(\xi) = 4c_0 G(\xi) + 4c_2 G^2(\xi) + 4c_4 G^3(\xi),$$

因此利用这个变换关系可以给出第二种椭圆方程的 Weierstrass 椭圆函数解, 继而提出 Weierstrass 型第二种椭圆方程展开法.

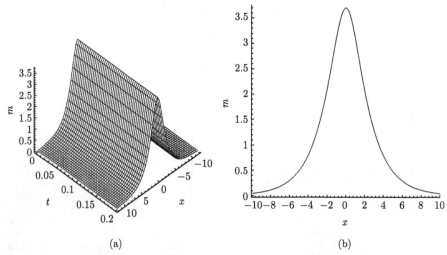

图 2.3　钟状孤波解 m_5 的图形, 图 (b) 中参数 $t = 2$

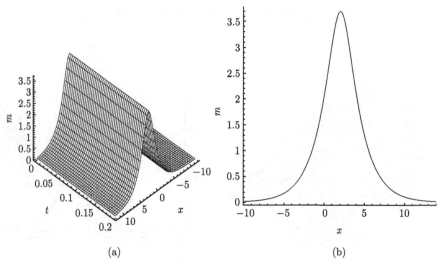

图 2.4　钟状孤波解 m_6 的图形, 图 (b) 中参数 $t = 2$

(2) 作变换 $F(\xi) = G^{-1}(\xi)$, 则第四种椭圆方程 (2.112) 将变成辅助方程

$$G'^2(\xi) = c_2 G^2(\xi) + c_1 G^3(\xi) + c_0 G^4(\xi),$$

因此, 同样可利用以上变换关系由第四种椭圆方程的 Weierstrass 椭圆函数解构造辅助方程的 Weierstrass 椭圆函数解, 反之亦然. 不过本章采用的是直接构造第四种椭圆方程和辅助方程的 Weierstrass 椭圆函数解的路径, 这样处理更加方便.

(3) 本章所考虑的四种椭圆方程除相应各节中给出的 Weierstrass 椭圆函数解外还有其他的 Weierstrass 椭圆函数解, 我们只是以不变量相同为原则采用了其中的一部分, 这样处理便于避免出现重复的约化解.

第 3 章　Weierstrass 型高阶辅助方程法

Weierstrass 型辅助方程法不限于前面讨论的一阶方程, 可以利用具有 Weierstrass 椭圆函数解的高阶常微分方程提出相应的 Weierstrass 型高阶辅助方程法. 本章介绍的高阶常微分方程都是在孤子方程的求解中遇到并具有适合求解某类特殊非线性波方程的特点. 如果不同的非线性波方程通过行波变换后化为同一个常微分方程, 则这个常微分方程就适用于求解这一类非线性波方程的常微分方程, 因而可以将其视作 Weierstrass 型高阶辅助方程的选择对象.

3.1　第一种 Weierstrass 型二阶辅助方程法

本节考虑第一种二阶辅助方程

$$F''(\xi) = F^3(\xi) - 2a^2 F(\xi) - 3aF'(\xi), \tag{3.1}$$

其中 a 为常数.

第一种 Weierstrass 型二阶辅助方程法就是以方程 (3.1) 为辅助方程的方法. 具体讲, 首先, 在辅助方程法中辅助方程 (3.1) 取如下 Weierstrass 椭圆函数解

$$F(\xi) = \begin{cases} \dfrac{\varepsilon \left(\wp'(\xi, g_2, g_3) + a\wp(\xi, g_2, g_3) - \dfrac{a^3}{12} \right)}{\sqrt{2} \left(\wp(\xi, g_2, g_3) - \dfrac{a^2}{12} \right)}, \\[24pt] \dfrac{\varepsilon(a+1) \left(\wp'(\xi, g_2, g_3) + a\wp(\xi, g_2, g_3) - \dfrac{a^3}{12} \right)}{\sqrt{2} \left(\wp'(\xi, g_2, g_3) + \wp(\xi, g_2, g_3) - \dfrac{a^2}{12} \right)}, \\[24pt] \dfrac{\varepsilon\sqrt{2} \left(\wp'(\xi, g_2, g_3) + a\wp(\xi, g_2, g_3) - \dfrac{a^3}{12} \right)}{\dfrac{1}{a}\wp'(\xi, g_2, g_3) - 3\wp(\xi, g_2, g_3) + \dfrac{a^2}{4}}, \end{cases} \tag{3.2}$$

其中

$$g_2 = \frac{a^4}{12}, \quad g_3 = -\frac{a^6}{216}. \tag{3.3}$$

其次, 将截断形式级数解 (1.5) 修正为

$$u(\xi) = a_1 F(\xi), \tag{3.4}$$

其中 $a_1 \neq 0$ 为待定常数, $F(\xi)$ 为方程 (3.1) 的某个 Weierstrass 椭圆函数解.

下面举例说明用第一种 Weierstrass 型二阶辅助方程法求解非线性波方程的具体过程.

例 3.1 试求 Newell-Whitehead (NW) 方程

$$u_t - u_{xx} - u + u^3 = 0 \tag{3.5}$$

的 Weierstrass 椭圆函数解及其退化解.

通过行波变换

$$u(x,t) = u(\xi), \quad \xi = x - \omega t, \tag{3.6}$$

将方程 (3.5) 变成常微分方程

$$-\omega u' - u'' - u + u^3 = 0. \tag{3.7}$$

将 (3.4) 同 (3.1) 一起代入 (3.7) 后, 令 F, F^3, F' 的系数等于零, 则得到代数方程组

$$\begin{cases} a_1^3 - a_1 = 0, \\ 3aa_1 - \omega a_1 = 0, \\ 2a^2 a_1 - a_1 = 0. \end{cases}$$

利用 Maple 求得该代数方程组的两组解. 下面分别讨论这两组解所确定的 NW 方程的 Weierstrass 椭圆函数解及其退化解.

情形 1 代数方程组的第一组解为

$$a = \frac{\sqrt{2}}{2}, \quad a_1 = \pm 1, \quad \omega = \frac{3\sqrt{2}}{2}. \tag{3.8}$$

由 (3.3) 容易算出

$$g_2 = \frac{1}{48}, \quad g_3 = -\frac{1}{1728}. \tag{3.9}$$

将 (3.8), (3.9) 同 (3.2) 给定的解依次代入 (3.4), 则得到 NW 方程的如下 Weierstrass 椭圆函数解

$$u(x,t) = \frac{\varepsilon \left(24 \left(\sqrt{2} \wp'(\xi, g_2, g_3) + \wp(\xi, g_2, g_3) \right) - 1 \right)}{2 \left(24 \wp(\xi, g_2, g_3) - 1 \right)}, \tag{3.10}$$

$$u(x,t) = \frac{\varepsilon\left(48(\sqrt{2}+1)\wp'(\xi,g_2,g_3) + 24(\sqrt{2}+2)\wp(\xi,g_2,g_3) - \sqrt{2} - 2\right)}{4\left(24\left(\wp'(\xi,g_2,g_3) + \wp(\xi,g_2,g_3)\right) - 1\right)}, \quad (3.11)$$

$$u(x,t) = \frac{\varepsilon\left(24\left(\sqrt{2}\wp'(\xi,g_2,g_3) + \wp(\xi,g_2,g_3)\right) - 1\right)}{3\left(8\left(\sqrt{2}\wp'(\xi,g_2,g_3) - 3\wp(\xi,g_2,g_3)\right) + 1\right)}, \quad (3.12)$$

其中 $\xi = x - \dfrac{3\sqrt{2}}{2}t$, g_2, g_3 由 (3.9) 式给定.

由 (3.3) 容易看出转换公式中所取的 $\theta = a^2 > 0$, 因此这组代数方程组的解不能给出 NW 方程的周期解. 所以, 将 (1.68) 和 (1.69) 同 $\theta = a^2$ 一起代入 (3.10)~(3.12), 则得到 NW 方程的如下孤波解

$$u_1(x,t) = \frac{\varepsilon}{2}\left(1 - \tanh\frac{\sqrt{2}}{4}\left(x - \frac{3\sqrt{2}}{2}t\right)\right),$$

$$u_2(x,t) = \frac{\varepsilon}{2}\left(1 - \coth\frac{\sqrt{2}}{4}\left(x - \frac{3\sqrt{2}}{2}t\right)\right),$$

$$u_3(x,t) = \frac{\varepsilon(\sqrt{2}+2)\left(\tanh\dfrac{\sqrt{2}}{4}\left(x - \dfrac{3\sqrt{2}}{2}t\right) - 1\right)}{2\left(\sqrt{2}\tanh\dfrac{\sqrt{2}}{4}\left(x - \dfrac{3\sqrt{2}}{2}t\right) - 2\right)},$$

$$u_4(x,t) = \frac{\varepsilon(\sqrt{2}+2)\left(\coth\dfrac{\sqrt{2}}{4}\left(x - \dfrac{3\sqrt{2}}{2}t\right) - 1\right)}{2\left(\sqrt{2}\coth\dfrac{\sqrt{2}}{4}\left(x - \dfrac{3\sqrt{2}}{2}t\right) - 2\right)},$$

$$u_5(x,t) = \frac{\varepsilon\left(\tanh\dfrac{\sqrt{2}}{4}\left(x - \dfrac{3\sqrt{2}}{2}t\right) - 1\right)}{\tanh\dfrac{\sqrt{2}}{4}\left(x - \dfrac{3\sqrt{2}}{2}t\right) + 3},$$

$$u_6(x,t) = \frac{\varepsilon\left(\coth\dfrac{\sqrt{2}}{4}\left(x - \dfrac{3\sqrt{2}}{2}t\right) - 1\right)}{\coth\dfrac{\sqrt{2}}{4}\left(x - \dfrac{3\sqrt{2}}{2}t\right) + 3}.$$

以上给出的 NW 方程的解当中未见有人用原有方法给出解 u_i ($i = 3, 4, 5, 6$),

因此认为是新解. 而解 u_i $(i = 1, 3, 5)$ 都具有当 $\varepsilon = 1$ 和 $\varepsilon = -1$ 时其图形为不同扭结孤波的特点. 下面的图 3.1、图 3.2 和图 3.3 中给出了这些解在 $t = 2$ 时刻的图形. 后面给出的情形 2 中的解也具有类似的性质, 这里不再详述.

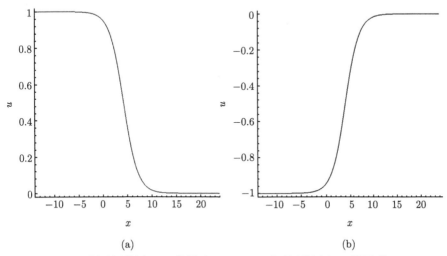

(a)　　　　　　　　(b)

图 3.1 　(a) 反扭结孤波解 u_1 的图形, $\varepsilon = 1$; (b) 扭结孤波解 u_1 的图形, $\varepsilon = -1$

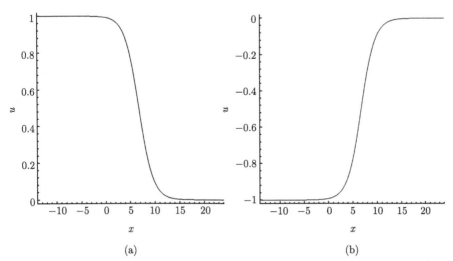

(a)　　　　　　　　(b)

图 3.2 　(a) 反扭结孤波解 u_3 的图形, $\varepsilon = 1$; (b) 扭结孤波解 u_3 的图形, $\varepsilon = -1$

情形 2 代数方程组的第二组解为

$$a = -\frac{\sqrt{2}}{2}, \quad a_1 = \pm 1, \quad \omega = -\frac{3\sqrt{2}}{2}. \tag{3.13}$$

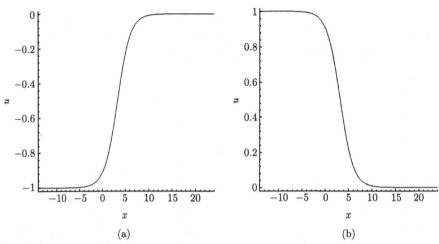

图 3.3　(a) 扭结孤波解 u_5 的图形, $\varepsilon = 1$; (b) 反扭结孤波解 u_5 的图形, $\varepsilon = -1$

在此情形, 不变量 g_2, g_3 仍由 (3.9) 式给定. 由 (3.3) 看出转换公式中 $\theta = a^2 > 0$, 从而这组代数方程组的解仍然不能给出 NW 方程的三角函数周期解.

将 (3.13), (3.9) 同 (3.2) 中的解依次代入 (3.4) 并借助 (3.6), 则得到 NW 方程的 Weierstrass 椭圆函数解

$$u(x,t) = \frac{\varepsilon\left(24\left(\sqrt{2}\wp'(\xi,g_2,g_3) - \wp(\xi,g_2,g_3)\right) + 1\right)}{2\left(24\wp(\xi,g_2,g_3) - 1\right)}, \tag{3.14}$$

$$u(x,t) = \frac{\varepsilon\left(48(\sqrt{2}-1)\wp'(\xi,g_2,g_3) + 24(\sqrt{2}-2)\wp(\xi,g_2,g_3) - \sqrt{2}+2\right)}{4\left(24\left(\wp'(\xi,g_2,g_3) + \wp(\xi,g_2,g_3)\right) - 1\right)}, \tag{3.15}$$

$$u(x,t) = -\frac{\varepsilon\left(24\left(\sqrt{2}\wp'(\xi,g_2,g_3) - \wp(\xi,g_2,g_3)\right) + 1\right)}{3\left(8\left(\sqrt{2}\wp'(\xi,g_2,g_3) + 3\wp(\xi,g_2,g_3)\right) - 1\right)}, \tag{3.16}$$

其中 g_2, g_3 由 (3.9) 式给定, $\xi = x + \dfrac{3\sqrt{2}}{2}t$.

将转换公式 (1.68), (1.69) 同 $\theta = a^2$ 代入 (3.14)~(3.16), 则得到 NW 方程的如下孤波解

$$u_1(x,t) = \frac{\varepsilon}{2}\left(1 + \tanh\frac{\sqrt{2}}{4}\left(x + \frac{3\sqrt{2}}{2}t\right)\right),$$

$$u_2(x,t) = \frac{\varepsilon}{2}\left(1 + \coth\frac{\sqrt{2}}{4}\left(x + \frac{3\sqrt{2}}{2}t\right)\right),$$

$$u_3(x,t) = \dfrac{\varepsilon(\sqrt{2}-2)\left(1+\tanh\dfrac{\sqrt{2}}{4}\left(x+\dfrac{3\sqrt{2}}{2}t\right)\right)}{2\left(\sqrt{2}\tanh\dfrac{\sqrt{2}}{4}\left(x+\dfrac{3\sqrt{2}}{2}t\right)-2\right)},$$

$$u_4(x,t) = \dfrac{\varepsilon(\sqrt{2}-2)\left(1+\coth\dfrac{\sqrt{2}}{4}\left(x+\dfrac{3\sqrt{2}}{2}t\right)\right)}{2\left(\sqrt{2}\coth\dfrac{\sqrt{2}}{4}\left(x+\dfrac{3\sqrt{2}}{2}t\right)-2\right)},$$

$$u_5(x,t) = \dfrac{\varepsilon\left(\tanh\dfrac{\sqrt{2}}{4}\left(x+\dfrac{3\sqrt{2}}{2}t\right)+1\right)}{\tanh\dfrac{\sqrt{2}}{4}\left(x+\dfrac{3\sqrt{2}}{2}t\right)-3},$$

$$u_6(x,t) = \dfrac{\varepsilon\left(1+\coth\dfrac{\sqrt{2}}{4}\left(x+\dfrac{3\sqrt{2}}{2}t\right)+1\right)}{\coth\dfrac{\sqrt{2}}{4}\left(x+\dfrac{3\sqrt{2}}{2}t\right)-3}.$$

例 3.2 试求 mKdV-Burgers 方程

$$u_t + u^2 u_x - \alpha u_{xx} + \beta u_{xxx} = 0 \tag{3.17}$$

的 Weierstrass 椭圆函数解及其退化解, 其中 $\alpha > 0$ 为耗散系数, β 为色散系数.

将变换 (3.6) 代入 (3.17), 则得到常微分方程

$$-\omega u' + u^2 u' - \alpha u'' + \beta u''' = 0. \tag{3.18}$$

把 (3.4) 同 (3.1) 一起代入 (3.18) 后, 令 F, F^3, F', F^2F' 的系数等于零, 则得到代数方程组

$$\begin{cases} a_1^3 + 3\beta a_1 = 0, \\ -3\beta a a_1 - \alpha a_1 = 0, \\ 6a^3\beta a_1 + 2a^2\alpha a_1 = 0, \\ 7a^2\beta a_1 + 3a\alpha a_1 - \omega a_1 = 0. \end{cases}$$

用 Maple 求得该代数方程组的解为

$$a = -\frac{\alpha}{3\beta}, \quad a_1 = \pm\sqrt{-3\beta}, \quad \omega = -\frac{2\alpha^2}{9\beta}. \tag{3.19}$$

由 (3.3) 算出

$$g_2 = \frac{\alpha^4}{972\beta^4}, \quad g_3 = -\frac{\alpha^6}{157464\beta^6}. \tag{3.20}$$

将 (3.19), (3.20) 同 (3.2) 代入 (3.4) 并借助 (3.6), 则得到 mKdV-Burgers 方程的 Weierstrass 椭圆函数解

$$u(x,t) = \frac{\varepsilon\left(108\beta^2\left(\alpha\wp(\xi,g_2,g_3) - 3\beta\wp'(\xi,g_2,g_3)\right) - \alpha^3\right)}{\sqrt{-6\beta}\left(108\beta^2\wp(\xi,g_2,g_3) - \alpha^2\right)}, \tag{3.21}$$

$$u(x,t) = \frac{\varepsilon(\alpha-3\beta)\sqrt{-6\beta}\left(108\beta^2\left(\alpha\wp(\xi,g_2,g_3) - 3\beta\wp'(\xi,g_2,g_3)\right) - \alpha^3\right)}{18\beta^2\left(108\beta^2(\wp(\xi,g_2,g_3) + \wp'(\xi,g_2,g_3)) - \alpha^2\right)}, \tag{3.22}$$

$$u(x,t) = -\frac{2\varepsilon\alpha\left(108\beta^2\left(\alpha\wp(\xi,g_2,g_3) - 3\beta\wp'(\xi,g_2,g_3)\right) - \alpha^3\right)}{3\sqrt{-6\beta}\left(108\beta^2(\alpha\wp(\xi,g_2,g_3) + \beta\wp'(\xi,g_2,g_3)) - \alpha^3\right)}, \tag{3.23}$$

其中 $\xi = x + \dfrac{2\alpha^2}{9\beta}t, \beta < 0, g_2, g_3$ 由 (3.20) 式给定.

由 (3.20) 可知转换公式所需 $\theta = a^2 > 0$, 所以这组代数方程组的解不能给出 mKdV-Burgers 方程的周期解. 因而, 将 (1.68), (1.69) 同 $\theta = a^2$ 代入 (3.21)~(3.23), 则得到 mKdV-Burgers 方程的孤波解

$$u_1(x,t) = \frac{\varepsilon\alpha}{\sqrt{-6\beta}}\left(1 + \tanh\frac{\alpha}{6\beta}\left(x + \frac{2\alpha^2}{9\beta}t\right)\right),$$

$$u_2(x,t) = \frac{\varepsilon\alpha}{\sqrt{-6\beta}}\left(1 + \coth\frac{\alpha}{6\beta}\left(x + \frac{2\alpha^2}{9\beta}t\right)\right),$$

$$u_3(x,t) = \frac{\varepsilon\alpha(\alpha-3\beta)\left(1 + \tanh\frac{\alpha}{6\beta}\left(x + \frac{2\alpha^2}{9\beta}t\right)\right)}{\sqrt{-6\beta}\left(\alpha\tanh\frac{\alpha}{6\beta}\left(x + \frac{2\alpha^2}{9\beta}t\right) - 3\beta\right)},$$

$$u_4(x,t) = \frac{\varepsilon\alpha(\alpha-3\beta)\left(1 + \coth\frac{\alpha}{6\beta}\left(x + \frac{2\alpha^2}{9\beta}t\right)\right)}{\sqrt{-6\beta}\left(\alpha\coth\frac{\alpha}{6\beta}\left(x + \frac{2\alpha^2}{9\beta}t\right) - 3\beta\right)},$$

$$u_5(x,t) = \frac{2\varepsilon\alpha\left(1 + \tanh\frac{\alpha}{6\beta}\left(x + \frac{2\alpha^2}{9\beta}t\right)\right)}{\sqrt{-6\beta}\left(\tanh\frac{\alpha}{6\beta}\left(x + \frac{2\alpha^2}{9\beta}t\right) - 3\right)},$$

$$u_6(x,t) = \frac{2\varepsilon\alpha\left(1 + \coth\dfrac{\alpha}{6\beta}\left(x + \dfrac{2\alpha^2}{9\beta}t\right)\right)}{\sqrt{-6\beta}\left(\coth\dfrac{\alpha}{6\beta}\left(x + \dfrac{2\alpha^2}{9\beta}t\right) - 3\right)},$$

其中 $\beta < 0$.

例 3.3 试求非线性电报方程

$$u_{tt} - u_{xx} + u_t + \alpha u + \beta u^3 = 0 \tag{3.24}$$

的 Weierstrass 椭圆函数解与退化解, 其中 α, β 为常数.

在行波变换 (3.6) 下方程 (3.24) 变成常微分方程

$$\left(\omega^2 - 1\right)u'' - \omega u' + \alpha u + \beta u^3 = 0. \tag{3.25}$$

将 (3.4) 同 (3.1) 一起代入 (3.25) 后, 令 F, F^3, F' 的系数等于零, 则得到代数方程组

$$\begin{cases} -3\omega^2 a a_1 + 3 a a_1 - \omega a_1 = 0, \\ \beta a_1^3 + \omega^2 a_1 - a_1 = 0, \\ -2\omega^2 a^2 a_1 + 2 a^2 a_1 + \alpha a_1 = 0. \end{cases}$$

下面考虑 Maple 给出的此代数方程组的两组解所对应的方程 (3.24) 的 Weierstrass 椭圆函数解及其退化解.

情形 1 代数方程组的第一组解为

$$a = \frac{9\alpha - 2}{2}\sqrt{\frac{\alpha}{9\alpha - 2}}, \quad a_1 = \pm\sqrt{-\frac{2}{\beta(9\alpha - 2)}}, \quad \omega = -3\sqrt{\frac{\alpha}{9\alpha - 2}}. \tag{3.26}$$

由 (3.3) 可以算出

$$g_2 = \frac{\alpha^2(9\alpha - 2)^2}{192}, \quad g_3 = -\frac{\alpha^3(9\alpha - 2)^3}{13824}. \tag{3.27}$$

由 (3.26) 不难看出 $\alpha(9\alpha - 2) > 0$, 从而转换公式中的 $\theta = a^2 > 0$. 由此知代数方程组的这组解不能给出方程 (3.24) 的周期解.

将 (3.26), (3.27) 同 (3.2) 中的解依次代入 (3.4), 则得到方程 (3.24) 的下列

Weierstrass 椭圆函数解

$$u(x,t) = \frac{\varepsilon\sqrt{-\dfrac{2}{\beta(9\alpha-2)}}\left(\dfrac{a}{48} + \dfrac{9\alpha-2}{2}\sqrt{\dfrac{\alpha}{9\alpha-2}}\wp(\xi,g_2,g_3) + \wp'(\xi,g_2,g_3)\right)}{\sqrt{2}\left(-\dfrac{\alpha(9\alpha-2)}{48} + \wp(\xi,g_2,g_3)\right)},$$

(3.28)

$$u(x,t) = \frac{\varepsilon b\sqrt{-\dfrac{2}{\beta(9\alpha-2)}}\left(\dfrac{a}{4} + 6(9\alpha-2)\sqrt{\dfrac{\alpha}{9\alpha-2}}\wp(\xi,g_2,g_3) + 12\wp'(\xi,g_2,g_3)\right)}{\sqrt{2}\left(-\dfrac{\alpha(9\alpha-2)}{4} + 12\wp(\xi,g_2,g_3) + 12\wp'(\xi,g_2,g_3)\right)},$$

(3.29)

$$u(x,t) = \frac{\varepsilon\sqrt{-\dfrac{4}{\beta(9\alpha-2)}}\left(\dfrac{a}{48} + \dfrac{9\alpha-2}{2}\sqrt{\dfrac{\alpha}{9\alpha-2}}\wp(\xi,g_2,g_3) + \wp'(\xi,g_2,g_3)\right)}{\dfrac{\alpha(9\alpha-2)}{16} - 3\wp(\xi,g_2,g_3) + \dfrac{2}{(9\alpha-2)\sqrt{\dfrac{\alpha}{9\alpha-2}}}\wp'(\xi,g_2,g_3)},$$

(3.30)

其中 $\beta(9\alpha-2) < 0, \alpha(9\alpha-2) > 0$, g_2, g_3 由 (3.27) 式给定, 而 a, b 和 ξ 由下式给定

$$a = -\frac{(9\alpha-2)^3}{2}\left(\frac{\alpha}{9\alpha-2}\right)^{\frac{3}{2}}, \quad b = \frac{9\alpha-2}{2}\sqrt{\frac{\alpha}{9\alpha-2}} + 1, \quad \xi = x + 3\sqrt{\frac{\alpha}{9\alpha-2}}t.$$

(3.31)

将 (1.68), (1.69) 同 $\theta = a^2$ 一起代入 (3.28)～(3.30), 则给出方程 (3.24) 的如下孤波解

$$u_1(x,t) = \frac{\varepsilon}{2}\sqrt{-\frac{\alpha}{\beta}}\left(\tanh\frac{\sqrt{\alpha(9\alpha-2)}}{4}\left(x + 3\sqrt{\frac{\alpha}{9\alpha-2}}t\right) - 1\right),$$

$$u_2(x,t) = \frac{\varepsilon}{2}\sqrt{-\frac{\alpha}{\beta}}\left(\coth\frac{\sqrt{\alpha(9\alpha-2)}}{4}\left(x + 3\sqrt{\frac{\alpha}{9\alpha-2}}t\right) - 1\right),$$

$$u_3(x,t) = \frac{\varepsilon\sqrt{-\dfrac{\alpha}{\beta}}(\sqrt{\alpha(9\alpha-2)}+2)\left(\tanh\dfrac{\sqrt{\alpha(9\alpha-2)}}{4}\left(x + 3\sqrt{\dfrac{\alpha}{9\alpha-2}}t\right) - 1\right)}{2\sqrt{\alpha(9\alpha-2)}\tanh\dfrac{\sqrt{\alpha(9\alpha-2)}}{4}\left(x + 3\sqrt{\dfrac{\alpha}{9\alpha-2}}t\right) - 4},$$

$$u_4(x,t) = \frac{\varepsilon\sqrt{-\dfrac{\alpha}{\beta}}\left(\sqrt{\alpha(9\alpha-2)}+2\right)\left(\coth\dfrac{\sqrt{\alpha(9\alpha-2)}}{4}\left(x+3\sqrt{\dfrac{\alpha}{9\alpha-2}}t\right)-1\right)}{2\sqrt{\alpha(9\alpha-2)}\coth\dfrac{\sqrt{\alpha(9\alpha-2)}}{4}\left(x+3\sqrt{\dfrac{\alpha}{9\alpha-2}}t\right)-4},$$

$$u_5(x,t) = \frac{\varepsilon\sqrt{-\dfrac{\alpha}{\beta}}\left(\tanh\dfrac{\sqrt{\alpha(9\alpha-2)}}{4}\left(x+3\sqrt{\dfrac{\alpha}{9\alpha-2}}t\right)-1\right)}{\tanh\dfrac{\sqrt{\alpha(9\alpha-2)}}{4}\left(x+3\sqrt{\dfrac{\alpha}{9\alpha-2}}t\right)+3},$$

$$u_6(x,t) = \frac{\varepsilon\sqrt{-\dfrac{\alpha}{\beta}}\left(\coth\dfrac{\sqrt{\alpha(9\alpha-2)}}{4}\left(x+3\sqrt{\dfrac{\alpha}{9\alpha-2}}t\right)-1\right)}{\coth\dfrac{\sqrt{\alpha(9\alpha-2)}}{4}\left(x+3\sqrt{\dfrac{\alpha}{9\alpha-2}}t\right)+3},$$

其中 $\alpha\beta < 0, \alpha(9\alpha-2) > 0$.

情形 2 代数方程组的第二组解为

$$a = -\frac{9\alpha-2}{2}\sqrt{\frac{\alpha}{9\alpha-2}}, \quad a_1 = \pm\sqrt{-\frac{2}{\beta(9\alpha-2)}}, \quad \omega = 3\sqrt{\frac{\alpha}{9\alpha-2}}. \tag{3.32}$$

由 (3.3) 可知不变量 g_2, g_3 仍由 (3.27) 式给定. 由于 (3.32) 中 $\alpha(9\alpha-2) > 0$, 即 $\theta = a^2 > 0$, 从而这组代数方程组的解也不能给出方程 (3.24) 的周期解.

将 (3.32), (3.27) 同 (3.2) 中的解依次代入 (3.4), 则得到方程 (3.24) 的下列 Weierstrass 椭圆函数解

$$u(x,t) = \frac{\varepsilon\sqrt{-\dfrac{2}{\beta(9\alpha-2)}}\left(\dfrac{c}{48} - \dfrac{9\alpha-2}{2}\sqrt{\dfrac{\alpha}{9\alpha-2}}\wp(\xi,g_2,g_3) + \wp'(\xi,g_2,g_3)\right)}{\sqrt{2}\left(-\dfrac{\alpha(9\alpha-2)}{48} + \wp(\xi,g_2,g_3)\right)},$$

$$\tag{3.33}$$

$$u(x,t) = \frac{\varepsilon d\sqrt{-\dfrac{2}{\beta(9\alpha-2)}}\left(\dfrac{c}{4} - 6(9\alpha-2)\sqrt{\dfrac{\alpha}{9\alpha-2}}\wp(\xi,g_2,g_3) + 12\wp'(\xi,g_2,g_3)\right)}{\sqrt{2}\left(-\dfrac{\alpha(9\alpha-2)}{4} + 12\wp(\xi,g_2,g_3) + 12\wp'(\xi,g_2,g_3)\right)},$$

$$\tag{3.34}$$

$$u(x,t) = \frac{\varepsilon\sqrt{-\dfrac{4}{\beta(9\alpha-2)}}\left(\dfrac{c}{48} - \dfrac{9\alpha-2}{2}\sqrt{\dfrac{\alpha}{9\alpha-2}}\wp(\xi,g_2,g_3) + \wp'(\xi,g_2,g_3)\right)}{\dfrac{\alpha(9\alpha-2)}{16} - 3\wp(\xi,g_2,g_3) - \dfrac{2}{(9\alpha-2)\sqrt{\dfrac{\alpha}{9\alpha-2}}}\wp'(\xi,g_2,g_3)},$$

$$\tag{3.35}$$

其中 $\beta(9\alpha-2)<0, \alpha(9\alpha-2)>0$, g_2,g_3 由 (3.27) 式给定, 而 c,d 和 ξ 由下式给定

$$c = \frac{(9\alpha-2)^3}{2}\left(\frac{\alpha}{9\alpha-2}\right)^{\frac{3}{2}}, \quad d = 1 - \frac{9\alpha-2}{2}\sqrt{\frac{\alpha}{9\alpha-2}}, \quad \xi = x - 3\sqrt{\frac{\alpha}{9\alpha-2}}t.$$

$$\tag{3.36}$$

将 (1.68), (1.69) 同 $\theta = a^2$ 一起代入 (3.33)~(3.35), 则给出方程 (3.24) 的如下孤波解

$$u_1(x,t) = \frac{\varepsilon}{2}\sqrt{-\frac{\alpha}{\beta}}\left(\tanh\frac{\sqrt{\alpha(9\alpha-2)}}{4}\left(x - 3\sqrt{\frac{\alpha}{9\alpha-2}}t\right) + 1\right),$$

$$u_2(x,t) = \frac{\varepsilon}{2}\sqrt{-\frac{\alpha}{\beta}}\left(\coth\frac{\sqrt{\alpha(9\alpha-2)}}{4}\left(x - 3\sqrt{\frac{\alpha}{9\alpha-2}}t\right) + 1\right),$$

$$u_3(x,t) = \frac{\varepsilon\sqrt{-\dfrac{\alpha}{\beta}}(\sqrt{\alpha(9\alpha-2)}-2)\left(\tanh\dfrac{\sqrt{\alpha(9\alpha-2)}}{4}\left(x-3\sqrt{\dfrac{\alpha}{9\alpha-2}}t\right) + 1\right)}{2\sqrt{\alpha(9\alpha-2)}\tanh\dfrac{\sqrt{\alpha(9\alpha-2)}}{4}\left(x-3\sqrt{\dfrac{\alpha}{9\alpha-2}}t\right) - 4},$$

$$u_4(x,t) = \frac{\varepsilon\sqrt{-\dfrac{\alpha}{\beta}}(\sqrt{\alpha(9\alpha-2)}-2)\left(\coth\dfrac{\sqrt{\alpha(9\alpha-2)}}{4}\left(x-3\sqrt{\dfrac{\alpha}{9\alpha-2}}t\right) + 1\right)}{2\sqrt{\alpha(9\alpha-2)}\coth\dfrac{\sqrt{\alpha(9\alpha-2)}}{4}\left(x-3\sqrt{\dfrac{\alpha}{9\alpha-2}}t\right) - 4},$$

$$u_5(x,t) = \frac{\varepsilon\sqrt{-\dfrac{\alpha}{\beta}}\left(\tanh\dfrac{\sqrt{\alpha(9\alpha-2)}}{4}\left(x-3\sqrt{\dfrac{\alpha}{9\alpha-2}}t\right) + 1\right)}{\tanh\dfrac{\sqrt{\alpha(9\alpha-2)}}{4}\left(x-3\sqrt{\dfrac{\alpha}{9\alpha-2}}t\right) - 3},$$

$$u_6(x,t) = \frac{\varepsilon\sqrt{-\dfrac{\alpha}{\beta}}\left(\coth\dfrac{\sqrt{\alpha(9\alpha-2)}}{4}\left(x - 3\sqrt{\dfrac{\alpha}{9\alpha-2}}t\right) + 1\right)}{\coth\dfrac{\sqrt{\alpha(9\alpha-2)}}{4}\left(x - 3\sqrt{\dfrac{\alpha}{9\alpha-2}}t\right) - 3},$$

其中 $\alpha\beta < 0, \alpha(9\alpha - 2) > 0$.

3.2 第二种 Weierstrass 型二阶辅助方程法

本节考虑第二种二阶辅助方程

$$F''(\xi) = bF^2(\xi) - 6a^2 F(\xi) + 5aF'(\xi), \tag{3.37}$$

其中 a, b 为常数.

第二种 Weierstrass 型二阶辅助方程法就是以方程 (3.37) 为辅助方程的方法, 且对辅助方程法的步骤作如下改动.

(1) 方程 (3.37) 的 Weierstrass 椭圆函数解取为

$$F(\xi) = \frac{6}{b}e^{2a\xi}\wp\left(\frac{1}{a}e^{a\xi} + c_1, 0, g_3\right), \tag{3.38}$$

而这个解退化为下面的双曲函数解

$$F(\xi) = \begin{cases} \dfrac{3a^2}{2b}\left(1 + \tanh\left(\dfrac{a}{2}\xi\right)\right)^2, \\ \dfrac{3a^2}{2b}\left(1 + \coth\left(\dfrac{a}{2}\xi\right)\right)^2, \end{cases} \tag{3.39}$$

其中 g_3 和 c_1 为任意常数.

(2) 截断形式级数解 (1.5) 修改为

$$u(\xi) = a_0 + a_1 F(\xi), \tag{3.40}$$

其中 a_i $(i = 0, 1)$ 为待定常数, $F(\xi)$ 为方程 (3.37) 的某个 Weierstrass 椭圆函数解.

下面给出用第二种 Weierstrass 型二阶辅助方程法求解非线性波方程的几个实例.

例 3.4 试求 Fisher 方程

$$u_t - \alpha u_{xx} - \beta\left(u - u^2\right) = 0 \tag{3.41}$$

的 Weierstrass 椭圆函数解与退化解, 其中 $\alpha > 0$ 和 $\beta > 0$ 分别为扩散系数和反应系数.

将行波变换

$$u(x,t) = u(\xi), \quad \xi = x - \omega t \tag{3.42}$$

代入 (3.41), 则得到如下常微分方程

$$-\omega u' - \alpha u'' - \beta\left(u - u^2\right) = 0. \tag{3.43}$$

再将 (3.40) 和 (3.37) 一起代入 (3.43) 后, 令 $F^j, F'(j = 0, 1, 2)$ 的系数等于零, 则得到代数方程组

$$\begin{cases} \beta a_0^2 - \beta a_0 = 0, \\ -5\alpha a a_1 - \omega a_1 = 0, \\ \beta a_1^2 - \alpha b a_1 = 0, \\ 6\alpha a^2 a_1 + 2\beta a_0 a_1 - \beta a_1 = 0. \end{cases}$$

用 Maple 求得以上代数方程组的解

$$a = \pm\sqrt{\frac{\beta}{6\alpha}}, \quad a_0 = 0, \quad a_1 = \frac{\alpha b}{\beta}, \quad \omega = \mp 5\alpha\sqrt{\frac{\beta}{6\alpha}}. \tag{3.44}$$

将 (3.44) 同 (3.38), (3.42) 一起代入 (3.40), 则得到 Fisher 方程的 Weierstrass 椭圆函数解

$$u(x,t) = \frac{6\alpha}{\beta} e^{\pm 2\sqrt{\frac{\beta}{6\alpha}}\left(x \pm 5\alpha\sqrt{\frac{\beta}{6\alpha}}t\right)} \wp\left(\pm\sqrt{\frac{6\alpha}{\beta}} e^{\pm\sqrt{\frac{\beta}{6\alpha}}\left(x \pm 5\alpha\sqrt{\frac{\beta}{6\alpha}}t\right)} + c_1, 0, g_3\right), \tag{3.45}$$

这里 $\alpha > 0, \beta > 0$.

再将 (3.44) 同 (3.39), (3.42) 一起代入 (3.40), 则得到 Fisher 方程的孤波解

$$u_1(x,t) = \frac{1}{4}\left(1 \pm \tanh\frac{1}{12}\sqrt{\frac{6\beta}{\alpha}}\left(x \pm \frac{5\alpha}{6}\sqrt{\frac{6\beta}{\alpha}}t\right)\right)^2, \quad \alpha > 0, \quad \beta > 0,$$

$$u_2(x,t) = \frac{1}{4}\left(1 \pm \coth\frac{1}{12}\sqrt{\frac{6\beta}{\alpha}}\left(x \pm \frac{5\alpha}{6}\sqrt{\frac{6\beta}{\alpha}}t\right)\right)^2, \quad \alpha > 0, \quad \beta > 0.$$

例 3.5　试求 KdV-Burgers 方程

$$u_t + u u_x + \alpha u_{xx} + \beta u_{xxx} = 0 \tag{3.46}$$

的 Weierstrass 椭圆函数解与退化解, 其中 α 和 β 分别为耗散系数与色散系数.

将变换 (3.42) 代入 (3.46), 则得到常微分方程

$$-\omega u' + u u' + \alpha u'' + \beta u''' = 0. \tag{3.47}$$

把 (3.40) 和 (3.37) 一起代入 (3.47) 后, 令 F, F^2, F', FF' 的系数等于零, 则得到下面的代数方程组

$$\begin{cases} 2b\beta a_1 + a_1^2 = 0, \\ -30a^3\beta a_1 - 6a^2\alpha a_1 = 0, \\ 5ab\beta a_1 + b\alpha a_1 = 0, \\ 19a^2\beta a_1 + 5a\alpha a_1 + a_0 a_1 - \omega a_1 = 0. \end{cases}$$

利用 Maple 求得以上代数方程组的解

$$a = -\frac{\alpha}{5\beta}, \quad a_0 = \frac{6\alpha^2 + 25\omega\beta}{25\beta}, \quad a_1 = -2b\beta. \tag{3.48}$$

把 (3.48), (3.42) 同 (3.38) 和 (3.39) 分别代入 (3.40), 则得到 KdV-Burgers 方程的 Weierstrass 椭圆函数解

$$u(x,t) = -12\beta e^{-\frac{2\alpha}{5\beta}(x-\omega t)} \wp\left(-\frac{5\beta}{\alpha} e^{-\frac{\alpha}{5\beta}(x-\omega t)} + c_1, 0, g_3\right) + \frac{6\alpha^2 + 25\omega\beta}{25\beta}$$

与孤波解

$$u_1(x,t) = -\frac{3\alpha^2}{25\beta}\left(1 - \tanh\frac{\alpha}{10\beta}(x-\omega t)\right)^2 + \frac{6\alpha^2 + 25\omega\beta}{25\beta},$$

$$u_2(x,t) = -\frac{3\alpha^2}{25\beta}\left(1 - \coth\frac{\alpha}{10\beta}(x-\omega t)\right)^2 + \frac{6\alpha^2 + 25\omega\beta}{25\beta}.$$

例 3.6 试求 RLW-Burgers 方程

$$u_t + u_x + 12uu_x - \alpha u_{xx} - \beta u_{xxt} = 0 \tag{3.49}$$

的 Weierstrass 椭圆函数解与退化解, 其中 $\alpha > 0, \beta > 0$ 为常数.

在变换 (3.42) 下方程 (3.49) 变成常微分方程

$$(1 - \omega) u' + 12uu' - \alpha u'' + \beta\omega u''' = 0. \tag{3.50}$$

将 (3.40), (3.37) 代入 (3.50) 后, 令 F, F^2, F', FF' 的系数等于零, 则得到代数方程组

$$\begin{cases} 2b\beta\omega a_1 + 12a_1^2 = 0, \\ -30a^3\beta\omega a_1 + 6a^2\alpha a_1 = 0, \\ 5ab\beta\omega a_1 - \alpha ba_1 = 0, \\ 19a^2\beta\omega a_1 - 5a\alpha a_1 + 12a_0 a_1 + (1-\omega)\,a_1 = 0. \end{cases}$$

用 Maple 求得此代数方程组的解

$$a = \frac{\alpha}{5\beta\omega}, \quad a_0 = \frac{25\beta\omega\,(\omega-1)+6\alpha^2}{300\beta\omega}, \quad a_1 = -\frac{b\beta\omega}{6}. \tag{3.51}$$

再将 (3.51), (3.42) 同 (3.38) 和 (3.39) 分别代入 (3.40), 则得到 RLW-Burgers 方程的 Weierstrass 椭圆函数解

$$u(x,t) = -\beta\omega e^{\frac{2\alpha}{5\beta\omega}(x-\omega t)} \wp\left(\frac{5\beta\omega}{\alpha} e^{\frac{\alpha}{5\beta\omega}(x-\omega t)} + c_1, 0, g_3\right) + \frac{25\beta\omega\,(\omega-1)+6\alpha^2}{300\beta\omega}$$

与孤波解

$$u_1(x,t) = -\frac{\alpha^2}{100\beta\omega}\left(1+\tanh\frac{\alpha}{10\beta\omega}\,(x-\omega t)\right)^2 + \frac{25\beta\omega\,(\omega-1)+6\alpha^2}{300\beta\omega},$$

$$u_2(x,t) = -\frac{\alpha^2}{100\beta\omega}\left(1+\coth\frac{\alpha}{10\beta\omega}\,(x-\omega t)\right)^2 + \frac{25\beta\omega\,(\omega-1)+6\alpha^2}{300\beta\omega}.$$

例 3.7　试求对流流体表面波理论中出现的非线性方程

$$u_t + uu_x + u_{xx} + pu_{xxx} + u_{xxxx} + q\,(uu_x)_x = 0 \tag{3.52}$$

的 Weierstrass 椭圆函数解与退化解, 其中 p, q 为常数.

在行波变换 (3.42) 下方程 (3.52) 将变成常微分方程

$$-\omega u' + uu' + u'' + pu''' + u^{(4)} + q\,(uu')' = 0. \tag{3.53}$$

将 (3.40), (3.37) 代入 (3.53) 后, 令 $F, F^2, F^3, F', FF', F'^2$ 的系数等于零, 则得到

代数方程组

$$
\begin{cases}
qa_1^2 + 2ba_1 = 0, \\
bqa_1^2 + 2b^2a_1 = 0, \\
-114a^4a_1 - 30a^3pa_1 - 6a^2qa_0a_1 - 6a^2a_1 = 0, \\
5aqa_1^2 + 20aba_1 + 2bpa_1 + a_1^2 = 0, \\
-6a^2qa_1^2 + 7a^2ba_1 + 5abpa_1 + bqa_0a_1 + ba_1 = 0, \\
65a^3a_1 + 19a^2pa_1 + 5aqa_0a_1 + 5aa_1 + a_0a_1 - \omega a_1 = 0.
\end{cases}
$$

用 Maple 求出该代数方程组的解

$$
a = -\frac{pq-1}{5q}, \quad a_0 = \frac{6p^2q^2 + 13pq - 25q^2 - 19}{25q^3}, \quad a_1 = -\frac{2b}{q}, \quad \omega = \frac{pq - q^2 - 1}{q^3}. \tag{3.54}
$$

再将 (3.54), (3.42) 同 (3.38) 和 (3.39) 分别代入 (3.40), 则得到方程 (3.52) 的 Weierstrass 椭圆函数解

$$
u(x,t) = -\frac{12}{q} e^{-\frac{2(pq-1)}{5q}\left(x - \frac{pq-q^2-1}{q^3}t\right)} \wp\left(-\frac{5q}{pq-1} e^{-\frac{pq-1}{5q}\left(x - \frac{pq-q^2-1}{q^3}t\right)} + c_1, 0, g_3\right)
$$
$$
+ \frac{6p^2q^2 + 13pq - 25q^2 - 19}{25q^3}
$$

与孤波解

$$
u_1(x,t) = -\frac{3(pq-1)^2}{25q^3}\left(1 - \tanh\frac{pq-1}{10q}\left(x - \frac{pq-q^2-1}{q^3}t\right)\right)^2
$$
$$
+ \frac{6p^2q^2 + 13pq - 25q^2 - 19}{25q^3},
$$
$$
u_2(x,t) = -\frac{3(pq-1)^2}{25q^3}\left(1 - \coth\frac{pq-1}{10q}\left(x - \frac{pq-q^2-1}{q^3}t\right)\right)^2
$$
$$
+ \frac{6p^2q^2 + 13pq - 25q^2 - 19}{25q^3},
$$

其中 $pq \neq 1, q \neq 0$.

3.3 一个 Weierstrass 型三阶辅助方程法

本节考虑一个三阶辅助方程

$$
F''' + aF'^2(\xi) + bF'(\xi) = 0, \tag{3.55}
$$

其中 a, b 为常数.

这里引入的一个 Weierstrass 型三阶辅助方程法就是以方程 (3.55) 为辅助方程的方法. 具体来说, 在辅助方程法中取辅助方程 (3.55) 的 Weierstrass 椭圆函数解为

$$F(\xi) = \begin{cases} \dfrac{b\left(b + 12\wp(\xi, g_2, g_3)\right)}{4a\wp'(\xi, g_2, g_3)}, \\[3mm] -\dfrac{3\left(12\left(\wp'(\xi, g_2, g_3) + \wp(\xi, g_2, g_3)\right) + b\right)}{a\left(12\wp(\xi, g_2, g_3) + b\right)}, \\[3mm] \dfrac{54b\wp'(\xi, g_2, g_3) + a\left(72\wp^2(\xi, g_2, g_3) - 6b\wp(\xi, g_2, g_3) - b^2\right)}{a\left(72\wp^2(\xi, g_2, g_3) - 6b\wp(\xi, g_2, g_3) - b^2\right)}, \\[3mm] \dfrac{\dfrac{a - 3b - 3}{a}\wp'(\xi, g_2, g_3) + \wp(\xi, g_2, g_3) + \dfrac{b}{12}}{\wp'(\xi, g_2, g_3) + \wp(\xi, g_2, g_3) + \dfrac{b}{12}}, \\[5mm] \dfrac{\wp'(\xi, g_2, g_3) + \varepsilon\sqrt{\dfrac{4a}{3} - b}\left(\wp(\xi, g_2, g_3) + \dfrac{b}{12}\right)}{\left(\wp(\xi, g_2, g_3) - \dfrac{a}{6} + \dfrac{b}{12}\right)^2 - \dfrac{a^2}{36}}, \quad a \geqslant \dfrac{3}{4}b, \end{cases} \tag{3.56}$$

其中

$$g_2 = \frac{b^2}{12}, \quad g_3 = \frac{b^3}{216}. \tag{3.57}$$

而将辅助方程法中的截断形式级数解 (1.5) 修正为

$$u(\xi) = a_1 F(\xi), \quad a_1 \neq 0, \tag{3.58}$$

其中 a_1 为待定常数, $F(\xi)$ 为方程 (3.55) 的某个 Weierstrass 椭圆函数解.

如果作变换 $G(\xi) = F'(\xi)$, 则方程 (3.55) 变成二阶常微分方程

$$G''(\xi) + aG^2(\xi) + bG(\xi) = 0,$$

且这里未采用这个二阶方程, 其原因有两个: 一是这个二阶方程给出的 Weierstrass 椭圆函数解没有方程 (3.55) 多, 从而不能提供非线性波方程的更多的行波解; 二是采用这个二阶方程, 则必须通过一次积分才能得到非线性波方程的行波解, 但用方程 (3.55) 就不用通过积分.

另一点需要说明的是, (3.58) 中的 $a_1 \neq 0$ 通常为任意参数, 在通过求解代数方程组不能确定 a_1 的值时, 为避免非线性波方程的行波解中出现任意参数 a_1, 可约定取 $a_1 = 1$.

例 3.8 试求 $(2+1)$-维破裂孤子方程

$$u_{xt} - 4u_x u_{xy} - 2u_{xx}u_y - u_{xxxy} = 0 \tag{3.59}$$

的 Weierstrass 椭圆函数解与退化解.

将行波变换

$$u(x,y,t) = u(\xi), \quad \xi = x + y - \omega t \tag{3.60}$$

代入方程 (3.59) 后积分一次并取积分常数为零, 则得到常微分方程

$$\omega u' + 3(u')^2 + u''' = 0. \tag{3.61}$$

将 (3.58) 同 (3.55) 代入 (3.61) 后令 F'^j $(j = 1, 2)$ 的系数等于零, 则得到代数方程组

$$\begin{cases} 3a_1^2 - aa_1 = 0, \\ \omega a_1 - ba_1 = 0. \end{cases}$$

解此代数方程组并采用上面的约定, 则将代数方程组的解写成

$$a_1 = 1, \quad a = 3, \quad b = \omega. \tag{3.62}$$

于是, 由 (3.57) 算出

$$g_2 = \frac{\omega^2}{12}, \quad g_3 = \frac{\omega^3}{216}. \tag{3.63}$$

将 (3.62), (3.63) 同 (3.56) 中的解依次代入 (3.58) 并借助 (3.60), 则得到方程 (3.59) 的下列 Weierstrass 椭圆函数解

$$u(x,y,t) = \frac{\omega\wp(\xi, g_2, g_3) + \dfrac{\omega^2}{12}}{\wp'(\xi, g_2, g_3)}, \tag{3.64}$$

$$u(x,y,t) = -\frac{12\left(\wp'(\xi, g_2, g_3) + \wp(\xi, g_2, g_3)\right) + \omega}{12\wp(\xi, g_2, g_3) + \omega}, \tag{3.65}$$

$$u(x,y,t) = \frac{54\omega\wp'(\xi, g_2, g_3) + 216\wp^2(\xi, g_2, g_3) - 18\omega\wp(\xi, g_2, g_3) - 3\omega^2}{3\left(72\wp^2(\xi, g_2, g_3) - 6\omega\wp(\xi, g_2, g_3) - \omega^2\right)}, \tag{3.66}$$

$$u(x,y,t) = \frac{\dfrac{\omega}{12} + \wp(\xi, g_2, g_3) - \omega\wp'(\xi, g_2, g_3)}{\wp'(\xi, g_2, g_3) + \wp(\xi, g_2, g_3) + \dfrac{\omega}{12}}, \tag{3.67}$$

$$u(x,y,t) = \cfrac{\dfrac{\varepsilon\omega\sqrt{4-\omega}}{12} + \wp'(\xi,g_2,g_3) + \varepsilon\sqrt{4-\omega}\wp(\xi,g_2,g_3)}{\left(\wp(\xi,g_2,g_3) - \dfrac{1}{2} + \dfrac{\omega}{12}\right)^2 - \dfrac{1}{4}}, \quad \omega < 4, \quad (3.68)$$

其中 $\xi = x + y - \omega t$, 且不变量由 (3.63) 式给定.

把转换公式 (1.68)~(1.71) 同 $\theta = -b$ 一起代入 (3.64)~(3.68), 则得到方程 (3.59) 的孤波解和周期解

$$u_1(x,y,t) = \sqrt{-\omega}\coth\frac{\sqrt{-\omega}}{2}(x+y-\omega t), \quad \omega < 0,$$

$$u_2(x,y,t) = \sqrt{-\omega}\tanh\frac{\sqrt{-\omega}}{2}(x+y-\omega t), \quad \omega < 0,$$

$$u_3(x,y,t) = \sqrt{\omega}\cot\frac{\sqrt{\omega}}{2}(x+y-\omega t), \quad \omega > 0,$$

$$u_4(x,y,t) = -\sqrt{\omega}\tan\frac{\sqrt{\omega}}{2}(x+y-\omega t), \quad \omega > 0,$$

$$u_5(x,y,t) = \sqrt{-\omega}\tanh\frac{\sqrt{-\omega}}{2}(x+y-\omega t) - 1, \quad \omega < 0,$$

$$u_6(x,y,t) = \sqrt{-\omega}\coth\frac{\sqrt{-\omega}}{2}(x+y-\omega t) - 1, \quad \omega < 0,$$

$$u_7(x,y,t) = -\sqrt{\omega}\tan\frac{\sqrt{\omega}}{2}(x+y-\omega t) - 1, \quad \omega > 0,$$

$$u_8(x,y,t) = \sqrt{\omega}\cot\frac{\sqrt{\omega}}{2}(x+y-\omega t) - 1, \quad \omega > 0,$$

$$u_9(x,y,t) = \sqrt{-\omega}\coth\frac{\sqrt{-\omega}}{2}(x+y-\omega t) + 1, \quad \omega < 0,$$

$$u_{10}(x,y,t) = \sqrt{-\omega}\tanh\frac{\sqrt{-\omega}}{2}(x+y-\omega t) + 1, \quad \omega < 0,$$

$$u_{11}(x,y,t) = \sqrt{\omega}\cot\frac{\sqrt{\omega}}{2}(x+y-\omega t) + 1, \quad \omega > 0,$$

$$u_{12}(x,y,t) = -\sqrt{\omega}\tan\frac{\sqrt{\omega}}{2}(x+y-\omega t) + 1, \quad \omega > 0,$$

$$u_{13}(x,y,t) = \cfrac{1 - (-\omega)^{\frac{3}{2}}\tanh\dfrac{\sqrt{-\omega}}{2}(x+y-\omega t)}{1 - \sqrt{-\omega}\tanh\dfrac{\sqrt{-\omega}}{2}(x+y-\omega t)}, \quad \omega < 0,$$

$$u_{14}(x, y, t) = \frac{1 - (-\omega)^{\frac{3}{2}} \coth \dfrac{\sqrt{-\omega}}{2} (x + y - \omega t)}{1 - \sqrt{-\omega} \coth \dfrac{\sqrt{-\omega}}{2} (x + y - \omega t)}, \quad \omega < 0,$$

$$u_{15}(x, y, t) = \frac{1 - \omega^{\frac{3}{2}} \tan \dfrac{\sqrt{\omega}}{2} (x + y - \omega t)}{1 + \sqrt{\omega} \tan \dfrac{\sqrt{\omega}}{2} (x + y - \omega t)}, \quad \omega > 0,$$

$$u_{16}(x, y, t) = \frac{1 + \omega^{\frac{3}{2}} \cot \dfrac{\sqrt{\omega}}{2} (x + y - \omega t)}{1 - \sqrt{\omega} \cot \dfrac{\sqrt{\omega}}{2} (x + y - \omega t)}, \quad \omega > 0,$$

$$u_{17}(x, y, t) = -\frac{4 \left(\varepsilon \sqrt{4 - \omega} \cosh \eta - \sqrt{-\omega} \sinh \eta \right) \cosh \eta}{4 \cosh^2 \eta - \omega}, \quad \omega < 0,$$

$$u_{18}(x, y, t) = -\frac{4 \left(\varepsilon \sqrt{4 - \omega} \sinh \eta - \sqrt{-\omega} \cosh \eta \right) \sinh \eta}{4 \sinh^2 \eta + \omega}, \quad \omega < 0,$$

$$\eta = \frac{\sqrt{-\omega}}{2} (x + y - \omega t),$$

$$u_{19}(x, y, t) = -\frac{4 \left(\varepsilon \sqrt{4 - \omega} \cos \zeta + \sqrt{\omega} \sin \zeta \right) \cos \zeta}{4 \cos^2 \zeta - \omega}, \quad 0 < \omega < 4,$$

$$u_{20}(x, y, t) = -\frac{4 \left(\varepsilon \sqrt{4 - \omega} \sin \zeta - \sqrt{\omega} \cos \zeta \right) \sin \zeta}{4 \sin^2 \zeta - \omega}, \quad 0 < \omega < 4,$$

$$\zeta = \frac{\sqrt{\omega}}{2} (x + y - \omega t).$$

例 3.9 试求 Hirota 方程

$$u_t - 4u_{xxt} + \alpha u_x (1 - u_t) = 0 \tag{3.69}$$

的 Weierstrass 椭圆函数解与退化解, 其中 α 为常数.

作行波变换

$$u(x, t) = u(\xi), \quad \xi = x - \omega t, \tag{3.70}$$

并将其代入 (3.69), 则得到常微分方程

$$\omega u''' + \alpha \omega (u')^2 + (\alpha - \omega) u' = 0. \tag{3.71}$$

将 (3.58) 同 (3.55) 一起代入 (3.71) 后, 令 F'^j $(j=1,2)$ 的系数等于零, 则得到代数方程组

$$\begin{cases} \alpha\omega a_1^2 - \omega a a_1 = 0, \\ -\omega b a_1 + \alpha a_1 - \omega a_1 = 0. \end{cases}$$

求解此代数方程组并采用上面的约定, 则得到

$$a_1 = 1, \quad a = \alpha, \quad b = \frac{\alpha - \omega}{\omega}. \tag{3.72}$$

于是, 由 (3.57) 可算出

$$g_2 = \frac{(\alpha - \omega)^2}{12\omega^2}, \quad g_3 = \frac{(\alpha - \omega)^3}{216\omega^3}. \tag{3.73}$$

将 (3.72), (3.73) 和 (3.56) 中的解依次代入 (3.58), 并借助 (3.70), 则得到 Hirota 方程的 Weierstrass 椭圆函数解

$$u(x,t) = \frac{(\alpha - \omega)\left(\alpha - \omega + 12\omega\wp(\xi, g_2, g_3)\right)}{4\omega^2\alpha\wp'(\xi, g_2, g_3)}, \tag{3.74}$$

$$u(x,t) = -\frac{3\left(\dfrac{\alpha - \omega}{\omega} + 12\wp'(\xi, g_2, g_3) + 12\wp(\xi, g_2, g_3)\right)}{\alpha\left(12\wp(\xi, g_2, g_3) + \dfrac{\alpha - \omega}{\omega}\right)}, \tag{3.75}$$

$u(x,t)$

$$= \frac{72\alpha\wp^2(\xi, g_2, g_3) - \dfrac{6\alpha(\alpha - \omega)}{\omega}\wp(\xi, g_2, g_3) + \dfrac{54(\alpha - \omega)}{\omega}\wp'(\xi, g_2, g_3) - \dfrac{\alpha(\alpha - \omega)^2}{\omega^2}}{\alpha\left(72\wp^2(\xi, g_2, g_3) - \dfrac{6\alpha(\alpha - \omega)}{\omega}\wp(\xi, g_2, g_3) - \dfrac{(\alpha - \omega)^2}{\omega^2}\right)},$$

$$\tag{3.76}$$

$$u(x,t) = \frac{\dfrac{\alpha - \omega}{12\omega} + \wp(\xi, g_2, g_3) - \dfrac{1}{\alpha}\left(3 - \alpha + \dfrac{3(\alpha - \omega)}{\omega}\right)\wp'(\xi, g_2, g_3)}{\wp'(\xi, g_2, g_3) + \wp(\xi, g_2, g_3) + \dfrac{\alpha - \omega}{12}}, \tag{3.77}$$

$u(x,t)$

$$= \frac{\dfrac{\varepsilon(\alpha-\omega)}{12\omega}\sqrt{\dfrac{4\alpha\omega-3\alpha+3\omega}{3\omega}}+\wp'(\xi,g_2,g_3)+\varepsilon\sqrt{\dfrac{4\alpha\omega-3\alpha+3\omega}{3\omega}}\wp(\xi,g_2,g_3)}{\left(\wp(\xi,g_2,g_3)-\dfrac{\alpha}{6}+\dfrac{\alpha-\omega}{12\omega}\right)^2-\dfrac{\alpha^2}{36}},$$

$$(3.78)$$

其中 $\xi=x-\omega t$, g_2,g_3 由 (3.73) 式给定, 而 (3.78) 满足条件 $\omega(4\alpha\omega-3\alpha+3\omega)>0$.

把转换公式 (1.68)$\sim$(1.71) 同 $\theta=-b$ 一起代入 (3.74)$\sim$(3.78), 则得到 Hirota 方程的如下孤波解与周期解

$$u_1(x,t)=\frac{3}{\alpha}\sqrt{\frac{\omega-\alpha}{\omega}}\coth\frac{1}{2}\sqrt{\frac{\omega-\alpha}{\omega}}(x-\omega t),\quad \omega(\alpha-\omega)<0,$$

$$u_2(x,t)=\frac{3}{\alpha}\sqrt{\frac{\omega-\alpha}{\omega}}\tanh\frac{1}{2}\sqrt{\frac{\omega-\alpha}{\omega}}(x-\omega t),\quad \omega(\alpha-\omega)<0,$$

$$u_3(x,t)=\frac{3}{\alpha}\sqrt{\frac{\alpha-\omega}{\omega}}\cot\frac{1}{2}\sqrt{\frac{\alpha-\omega}{\omega}}(x-\omega t),\quad \omega(\alpha-\omega)>0,$$

$$u_4(x,t)=-\frac{3}{\alpha}\sqrt{\frac{\alpha-\omega}{\omega}}\tan\frac{1}{2}\sqrt{\frac{\alpha-\omega}{\omega}}(x-\omega t),\quad \omega(\alpha-\omega)>0,$$

$$u_5(x,t)=\frac{3}{\alpha}\left(\sqrt{\frac{\omega-\alpha}{\omega}}\tanh\frac{1}{2}\sqrt{\frac{\omega-\alpha}{\omega}}(x-\omega t)-1\right),\quad \omega(\alpha-\omega)<0,$$

$$u_6(x,t)=\frac{3}{\alpha}\left(\sqrt{\frac{\omega-\alpha}{\omega}}\coth\frac{1}{2}\sqrt{\frac{\omega-\alpha}{\omega}}(x-\omega t)-1\right),\quad \omega(\alpha-\omega)<0,$$

$$u_7(x,t)=-\frac{3}{\alpha}\left(\sqrt{\frac{\alpha-\omega}{\omega}}\tan\frac{1}{2}\sqrt{\frac{\alpha-\omega}{\omega}}(x-\omega t)+1\right),\quad \omega(\alpha-\omega)>0,$$

$$u_8(x,t)=\frac{3}{\alpha}\left(\sqrt{\frac{\alpha-\omega}{\omega}}\cot\frac{1}{2}\sqrt{\frac{\alpha-\omega}{\omega}}(x-\omega t)-1\right),\quad \omega(\alpha-\omega)>0,$$

$$u_9(x,t)=1+\frac{3}{\alpha}\sqrt{\frac{\omega-\alpha}{\omega}}\coth\frac{1}{2}\sqrt{\frac{\omega-\alpha}{\omega}}(x-\omega t),\quad \omega(\alpha-\omega)<0,$$

$$u_{10}(x,t)=1+\frac{3}{\alpha}\sqrt{\frac{\omega-\alpha}{\omega}}\tanh\frac{1}{2}\sqrt{\frac{\omega-\alpha}{\omega}}(x-\omega t),\quad \omega(\alpha-\omega)<0,$$

$$u_{11}(x,t)=1+\frac{3}{\alpha}\sqrt{\frac{\alpha-\omega}{\omega}}\cot\frac{1}{2}\sqrt{\frac{\alpha-\omega}{\omega}}(x-\omega t),\quad \omega(\alpha-\omega)>0,$$

$$u_{12}(x,t)=1-\frac{3}{\alpha}\sqrt{\frac{\alpha-\omega}{\omega}}\tan\frac{1}{2}\sqrt{\frac{\alpha-\omega}{\omega}}(x-\omega t),\quad \omega(\alpha-\omega)>0,$$

$$u_{13}(x,t) = \dfrac{\omega + (3-\omega)\sqrt{\dfrac{\omega-\alpha}{\omega}}\,\tanh\dfrac{1}{2}\sqrt{\dfrac{\omega-\alpha}{\omega}}(x-\omega t)}{\omega\left(1 - \sqrt{\dfrac{\omega-\alpha}{\omega}}\,\tanh\dfrac{1}{2}\sqrt{\dfrac{\omega-\alpha}{\omega}}(x-\omega t)\right)}, \quad \omega(\alpha-\omega)<0,$$

$$u_{14}(x,t) = \dfrac{\omega + (3-\omega)\sqrt{\dfrac{\omega-\alpha}{\omega}}\,\coth\dfrac{1}{2}\sqrt{\dfrac{\omega-\alpha}{\omega}}(x-\omega t)}{\omega\left(1 - \sqrt{\dfrac{\omega-\alpha}{\omega}}\,\coth\dfrac{1}{2}\sqrt{\dfrac{\omega-\alpha}{\omega}}(x-\omega t)\right)}, \quad \omega(\alpha-\omega)<0,$$

$$u_{15}(x,t) = \dfrac{\omega + (\omega-3)\sqrt{\dfrac{\alpha-\omega}{\omega}}\,\tan\dfrac{1}{2}\sqrt{\dfrac{\alpha-\omega}{\omega}}(x-\omega t)}{\omega\left(1 + \sqrt{\dfrac{\alpha-\omega}{\omega}}\,\tan\dfrac{1}{2}\sqrt{\dfrac{\alpha-\omega}{\omega}}(x-\omega t)\right)}, \quad \omega(\alpha-\omega)>0,$$

$$u_{16}(x,t) = \dfrac{\omega - (\omega-3)\sqrt{\dfrac{\alpha-\omega}{\omega}}\,\cot\dfrac{1}{2}\sqrt{\dfrac{\alpha-\omega}{\omega}}(x-\omega t)}{\omega\left(1 - \sqrt{\dfrac{\alpha-\omega}{\omega}}\,\cot\dfrac{1}{2}\sqrt{\dfrac{\alpha-\omega}{\omega}}(x-\omega t)\right)}, \quad \omega(\alpha-\omega)>0,$$

$$u_{17}(x,t) = \dfrac{4\omega\left(3\sqrt{\dfrac{\omega-\alpha}{\omega}}\,\sinh\eta - \varepsilon\sqrt{\dfrac{3(4\alpha\omega-3\alpha+3\omega)}{\omega}}\,\cosh\eta\right)\cosh\eta}{4\alpha\omega\cosh^2\eta - 3(\alpha-\omega)},$$

$$u_{18}(x,t) = \dfrac{4\omega\left(3\sqrt{\dfrac{\omega-\alpha}{\omega}}\,\cosh\eta - \varepsilon\sqrt{\dfrac{3(4\alpha\omega-3\alpha+3\omega)}{\omega}}\,\sinh\eta\right)\sinh\eta}{4\alpha\omega\sinh^2\eta + 3(\alpha-\omega)},$$

$$\eta = \dfrac{1}{2}\sqrt{\dfrac{\omega-\alpha}{\omega}}(x-\omega t), \quad \omega(\alpha-\omega)<0, \quad \omega(4\alpha\omega-3\alpha+3\omega)>0,$$

$$u_{19}(x,t) = -\dfrac{4\omega\left(3\sqrt{\dfrac{\alpha-\omega}{\omega}}\,\sin\zeta + \varepsilon\sqrt{\dfrac{3(4\alpha\omega-3\alpha+3\omega)}{\omega}}\,\cos\zeta\right)\cos\zeta}{4\alpha\omega\cos^2\zeta - 3(\alpha-\omega)},$$

$$u_{20}(x,t) = \dfrac{4\omega\left(3\sqrt{\dfrac{\alpha-\omega}{\omega}}\,\cos\zeta - \varepsilon\sqrt{\dfrac{3(4\alpha\omega-3\alpha+3\omega)}{\omega}}\,\sin\zeta\right)\sin\zeta}{-4\alpha\omega\sin^2\zeta + 3(\alpha-\omega)},$$

$$\zeta = \dfrac{1}{2}\sqrt{\dfrac{\alpha-\omega}{\omega}}(x-\omega t), \quad \omega(\alpha-\omega)>0, \quad \omega(4\alpha\omega-3\alpha+3\omega)>0.$$

例 3.10 试求 Vakhnenko (VE) 方程

$$u_{tx} + u_x^2 + uu_{xx} + u = 0 \tag{3.79}$$

的 Weierstrass 椭圆函数解与退化解.

作变换

$$x = T + W(X, T) + x_0, \quad t = X, \tag{3.80}$$

其中 $u(x, t) = W_X(X, T)$, x_0 为任意常数. 由 (3.80) 知

$$\frac{\partial}{\partial X} = \frac{\partial}{\partial t} + u\frac{\partial}{\partial x}, \quad \frac{\partial}{\partial T} = (1 + W_T)\frac{\partial}{\partial x}.$$

借助变换 (3.80) 以及上面导数关系式可将 VE 方程化为如下方程

$$W_{XXT} + W_X W_T + W_X = 0. \tag{3.81}$$

由 (3.80) 可知, 如果能够求出方程 (3.81) 的行波解 $W(X, T)$, 则方程 (3.79) 的解就有下面的参数形式给出

$$u(x, t) = W_X(X, T)|_{X=t}, \quad x = T + W(t, T) + x_0. \tag{3.82}$$

作行波变换

$$W(X, T) = v(\xi), \quad \xi = X - \omega T, \tag{3.83}$$

后将方程 (3.81) 变成常微分方程

$$-\omega v''' - \omega v'^2 + v' = 0. \tag{3.84}$$

假设方程 (3.84) 的解可以表示为

$$v(\xi) = a_1 F(\xi), \quad a_1 \neq 0, \tag{3.85}$$

其中 a_1 为待定常数, $F(\xi)$ 为方程 (3.55) 的某个 Weierstrass 椭圆函数解.

将 (3.85), (3.55) 代入 (3.84), 并令 F'^j $(j = 1, 2)$ 的系数等于零, 则得到代数方程组

$$\begin{cases} \omega a a_1 - \omega a_1^2 = 0, \\ \omega b a_1 + a_1 = 0. \end{cases}$$

用上面的约定将该代数方程组的解写成

$$a_1 = 1, \quad a = 1, \quad b = -\frac{1}{\omega}. \tag{3.86}$$

由 (3.57) 可以算出

$$g_2 = \frac{1}{12\omega^2}, \quad g_3 = -\frac{1}{216\omega^3}. \tag{3.87}$$

将 (3.86), (3.87) 同 (3.56) 给出的解依次代入 (3.85), 则得到方程 (3.81) 的如下 Weierstrass 椭圆函数解

$$W(X,T) = \frac{1 - 12\omega\wp(\xi, g_2, g_3)}{4\omega^2\wp'(\xi, g_2, g_3)}, \tag{3.88}$$

$$W(X,T) = -\frac{3\left(-\dfrac{1}{\omega} + 12\wp'(\xi, g_2, g_3) + 12\wp(\xi, g_2, g_3)\right)}{12\wp(\xi, g_2, g_3) - \dfrac{1}{\omega}}, \tag{3.89}$$

$$W(X,T) = \frac{72\wp^2(\xi, g_2, g_3) + \dfrac{6}{\omega}\wp(\xi, g_2, g_3) - \dfrac{54}{\omega}\wp'(\xi, g_2, g_3) - \dfrac{1}{\omega^2}}{72\wp^2(\xi, g_2, g_3) + \dfrac{6}{\omega}\wp(\xi, g_2, g_3) - \dfrac{1}{\omega^2}}, \tag{3.90}$$

$$W(X,T) = \frac{-\dfrac{1}{12\omega} + \wp(\xi, g_2, g_3) - \left(2 - \dfrac{3}{\omega}\right)\wp'(\xi, g_2, g_3)}{\wp'(\xi, g_2, g_3) + \wp(\xi, g_2, g_3) - \dfrac{1}{12\omega}}, \tag{3.91}$$

$$W(X,T) = \frac{-\dfrac{\varepsilon}{12\omega}\sqrt{\dfrac{4\omega+3}{3\omega}} + \wp'(\xi, g_2, g_3) + \varepsilon\sqrt{\dfrac{4\omega+3}{3\omega}}\wp(\xi, g_2, g_3)}{\left(\wp(\xi, g_2, g_3) - \dfrac{1}{6} - \dfrac{1}{12\omega}\right)^2 - \dfrac{1}{36}}, \tag{3.92}$$

其中 $\xi = X - \omega T$, g_2, g_3 由 (3.87) 式给定, 而 (3.92) 满足条件 $\omega(4\omega + 3) > 0$.

将转换公式 (1.68)~(1.71) 同 $\theta = -b$ 一起代入 (3.88)~(3.92), 得出方程 (3.81) 的解 $W(X,T)$ 后利用 (3.82), 则得到 VE 方程 (3.79) 的如下解

$$\begin{cases} u_1(x,t) = -\dfrac{3}{2\omega}\operatorname{csch}^2\dfrac{1}{2\sqrt{\omega}}(t - \omega T), \\[2mm] x = T + \dfrac{3}{\sqrt{\omega}}\coth\dfrac{1}{2\sqrt{\omega}}(t - \omega T) + x_0, \quad \omega > 0, \end{cases}$$

$$
\begin{cases}
u_2(x,t) = \dfrac{3}{2\omega} \operatorname{sech}^2 \dfrac{1}{2\sqrt{\omega}}(t - \omega T), \\[2mm]
x = T + \dfrac{3}{\sqrt{\omega}} \tanh \dfrac{1}{2\sqrt{\omega}}(t - \omega T) + x_0, \quad \omega > 0,
\end{cases}
$$

$$
\begin{cases}
u_3(x,t) = \dfrac{3}{2\omega} \csc^2 \dfrac{1}{2\sqrt{-\omega}}(t - \omega T), \\[2mm]
x = T + \dfrac{3}{\sqrt{-\omega}} \cot \dfrac{1}{2\sqrt{-\omega}}(t - \omega T) + x_0, \quad \omega < 0,
\end{cases}
$$

$$
\begin{cases}
u_4(x,t) = \dfrac{3}{2\omega} \sec^2 \dfrac{1}{2\sqrt{-\omega}}(t - \omega T), \\[2mm]
x = T - \dfrac{3}{\sqrt{-\omega}} \tan \dfrac{1}{2\sqrt{-\omega}}(t - \omega T) + x_0, \quad \omega < 0,
\end{cases}
$$

$$
\begin{cases}
u_5(x,t) = \dfrac{3(\omega - 1)\operatorname{sech}^2 \dfrac{1}{2\sqrt{\omega}}(t - \omega T)}{2\left(\sqrt{\omega}\tanh \dfrac{1}{2\sqrt{\omega}}(t - \omega T) - \omega\right)^2}, \\[6mm]
x = T - \dfrac{\left(2\sqrt{\omega} - \dfrac{3}{\sqrt{\omega}}\right)\tanh \dfrac{1}{2\sqrt{\omega}}(t - \omega T) + \omega}{\sqrt{\omega}\tanh \dfrac{1}{2\sqrt{\omega}}(t - \omega T) - \omega} + x_0, \quad \omega > 0,
\end{cases}
$$

$$
\begin{cases}
u_6(x,t) = -\dfrac{3(\omega - 1)\operatorname{csch}^2 \dfrac{1}{2\sqrt{\omega}}(t - \omega T)}{2\left(\sqrt{\omega}\coth \dfrac{1}{2\sqrt{\omega}}(t - \omega T) - \omega\right)^2}, \\[6mm]
x = T - \dfrac{\left(2\sqrt{\omega} - \dfrac{3}{\sqrt{\omega}}\right)\coth \dfrac{1}{2\sqrt{\omega}}(t - \omega T) + \omega}{\sqrt{\omega}\coth \dfrac{1}{2\sqrt{\omega}}(t - \omega T) - \omega} + x_0, \quad \omega > 0,
\end{cases}
$$

$$
\begin{cases}
u_7(x,t) = -\dfrac{3(\omega - 1)\sec^2 \dfrac{1}{2\sqrt{-\omega}}(t - \omega T)}{2\omega\left(-2\sqrt{-\omega}\tan \dfrac{1}{2\sqrt{-\omega}}(t - \omega T) - \tan^2 \dfrac{1}{2\sqrt{-\omega}}(t - \omega T) - \omega\right)^2}, \\[6mm]
x = T - \dfrac{\left(2\sqrt{-\omega} + \dfrac{3}{\sqrt{-\omega}}\right)\tan \dfrac{1}{2\sqrt{-\omega}}(t - \omega T) - \omega}{\sqrt{-\omega}\tan \dfrac{1}{2\sqrt{-\omega}}(t - \omega T) - \omega} + x_0, \quad \omega < 0,
\end{cases}
$$

$$\begin{cases} u_8(x,t) = \dfrac{3(\omega-1)\csc^2\dfrac{1}{2\sqrt{-\omega}}(t-\omega T)}{2\omega\left(2\sqrt{-\omega}\cot\dfrac{1}{2\sqrt{-\omega}}(t-\omega T)-\cot^2\dfrac{1}{2\sqrt{-\omega}}(t-\omega T)+\omega\right)^2}, \\[4mm] x = T - \dfrac{\left(2\sqrt{-\omega}+\dfrac{3}{\sqrt{-\omega}}\right)\cot\dfrac{1}{2\sqrt{-\omega}}(t-\omega T)-\omega}{\sqrt{-\omega}\cot\dfrac{1}{2\sqrt{-\omega}}(t-\omega T)+\omega} + x_0, \quad \omega<0, \end{cases}$$

$$\begin{cases} u_9(x,t) = \dfrac{6\left(-2\varepsilon\sqrt{3(4\omega+3)}\sinh\eta\cosh\eta+2(2\omega+3)\cosh^2\eta-3\right)}{\left(4\omega\cosh^2\eta+3\right)^2}, \\[4mm] x = T - \dfrac{4\omega\left(\varepsilon\sqrt{\dfrac{3(4\omega+3)}{\omega}}\cosh\eta-\dfrac{3}{\sqrt\omega}\sinh\eta\right)\cosh\eta}{4\omega\cosh^2\eta+3}+x_0, \\[4mm] \eta = \dfrac{1}{2\sqrt\omega}(t-\omega T), \quad \omega>0, \end{cases}$$

$$\begin{cases} u_{10}(x,t) = -\dfrac{6\left(-2\varepsilon\sqrt{3(4\omega+3)}\sinh\eta\cosh\eta+2(2\omega+3)\sinh^2\eta+3\right)}{\left(4\omega\sinh^2\eta-3\right)^2}, \\[4mm] x = T + \dfrac{4\omega\left(\varepsilon\sqrt{\dfrac{3(4\omega+3)}{\omega}}\sinh\eta-\dfrac{3}{\sqrt\omega}\cosh\eta\right)\sinh\eta}{4\omega\sinh^2\eta-3}+x_0, \\[4mm] \eta = \dfrac{1}{2\sqrt\omega}(t-\omega T), \quad \omega>0, \end{cases}$$

$$\begin{cases} u_{11}(x,t) = -\dfrac{6\left(2\varepsilon\sqrt{-3(4\omega+3)}\sin\zeta\cos\zeta-2(2\omega+3)\cos^2\zeta+3\right)}{\left(4\omega\cos^2\zeta+3\right)^2}, \\[4mm] x = T - \dfrac{4\omega\left(\varepsilon\sqrt{\dfrac{3(4\omega+3)}{\omega}}\cos\zeta+\dfrac{3}{\sqrt{-\omega}}\sin\zeta\right)\cos\zeta}{4\omega\cos^2\zeta+3}+x_0, \\[4mm] \zeta = \dfrac{1}{2\sqrt{-\omega}}(t-\omega T), \quad \omega<-\dfrac{3}{4}, \end{cases}$$

$$
\begin{cases}
u_{12}(x,t) = \dfrac{6\left(2\varepsilon\sqrt{-3(4\omega+3)}\sin\zeta\cos\zeta - 2(2\omega+3)\sin^2\zeta - 3\right)}{\left(4\omega\sin^2\zeta + 3\right)^2}, \\[4mm]
x = T - \dfrac{4\omega\left(\varepsilon\sqrt{\dfrac{3(4\omega+3)}{\omega}}\sin\zeta - \dfrac{3}{\sqrt{-\omega}}\cos\zeta\right)\sin\zeta}{4\omega\sin^2\zeta + 3} + x_0, \\[4mm]
\zeta = \dfrac{1}{2\sqrt{-\omega}}(t - \omega T), \quad \omega < -\dfrac{3}{4}.
\end{cases}
$$

这里略去了 (3.89) 和 (3.90) 给出的与前面得到的解只差一个常数的那些解.

已知的事实是 VE 方程具有环状孤波解, 以上用 Weierstrass 椭圆函数法得到的解中也包含有这类解. 图 3.4 和图 3.5 是取 $\omega = 4, x_0 = 0, t = 0$ 时作出的 VE 方程的环状孤波, 其中 u_2 和 u_5 是读者所熟悉的环状孤波解.

有意思的是, 当适当选择 ω 的值时奇异孤波解 u_6 也可给出环状孤波, 如取 $x_0 = 0, t = 2$ 时分别取 $\omega = 0.02$ 和 $\omega = 0.04$, 则得到图 3.6 中的环状孤波 (a) 和 (b). 因此, u_9 和 u_6 则为陌生的环状孤波解. 这进一步说明 Weierstrass 椭圆函数法的确能够为我们提供非线性波方程的某些有意义且感兴趣的解.

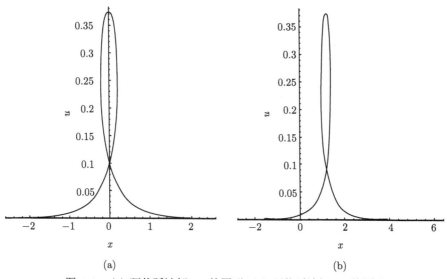

(a)　　　　　　　　　　　　(b)

图 3.4　(a) 环状孤波解 u_2 的图形; (b) 环状孤波解 u_5 的图形

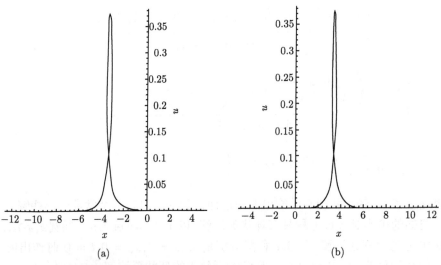

图 3.5   环状孤波解 u_9 的图形, (a) $\varepsilon = 1$; (b) $\varepsilon = -1$

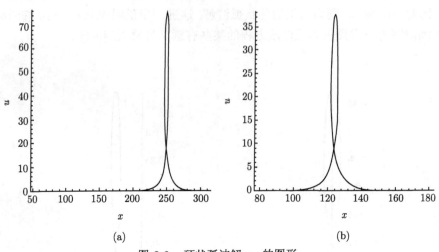

图 3.6   环状孤波解 u_6 的图形

第 4 章 Weierstrass 型子方程展开法

一般椭圆方程 (1.10) 的某些系数等于零时的方程都称为一般椭圆方程的子方程, 简称子方程. 因此, 第 2 章讨论的四种椭圆方程当然是一般椭圆方程的子方程. 不过第 2 章是在系数不为零的前提下讨论了四种 Weierstrass 型椭圆方程法, 没有考虑这四种椭圆方程的某些系数等于零时的子方程. 由于这些子方程的 Weierstrass 椭圆函数解可能比较多、比较好且不一定包含在原方程的 Weierstrass 椭圆函数解当中, 因此有必要研究这些子方程的 Weierstrass 椭圆函数解及其应用问题.

4.1 第一种 Weierstrass 型子方程展开法

当 $c_0 = 0$ 时, 第四种椭圆方程 (2.112) 给出子方程

$$F'^2(\xi) = c_1 F(\xi) + c_2 F^2(\xi), \tag{4.1}$$

其中 c_1, c_2 为常数.

第一种 Weierstrass 型子方程展开法以方程 (4.1) 为辅助方程且沿用 Weierstrass 型第四种椭圆方程展开法的步骤, 即取方程 (4.1) 的 Weierstrass 椭圆函数解为

$$F(\xi) = \begin{cases} \dfrac{3c_1}{12\wp(\xi, g_2, g_3) - c_2}, \\[3mm] \dfrac{3c_1\left(\varepsilon\sqrt{3}c_2^{\frac{3}{2}} - 18\wp'(\xi, g_2, g_3)\right)}{2c_2\left(\varepsilon\sqrt{3}c_2^{\frac{3}{2}} - 12\varepsilon\sqrt{3c_2}\wp(\xi, g_2, g_3) + 18\wp'(\xi, g_2, g_3)\right)}, \quad c_2 > 0, \\[5mm] 1 + \dfrac{\sqrt{c_1 + c_2}\wp'(\xi, g_2, g_3) + \dfrac{1}{2}(c_1 + 2c_2)\left(\wp(\xi, g_2, g_3) - \dfrac{c_2}{12}\right)}{2\left(\wp(\xi, g_2, g_3) - \dfrac{c_2}{12}\right)^2}, \quad c_1 + c_2 \geqslant 0, \\[5mm] -\dfrac{12\varepsilon(3c_1 + 2c_2)\wp(\xi, g_2, g_3) - 24\sqrt{c_1 + c_2}\wp'(\xi, g_2, g_3) - a}{12(\varepsilon c_1 + 2c_2)\wp(\xi, g_2, g_3) + 24\sqrt{c_1 + c_2}\wp'(\xi, g_2, g_3) - b}, \\[3mm] a = 3\varepsilon c_1^2 + c_2(3c_1 + 2c_2), \quad b = \varepsilon c_2(c_1 + 2c_2), \quad c_1 + c_2 \geqslant 0, \end{cases}$$

$$\tag{4.2}$$

其中

$$g_2 = \frac{c_2^2}{12}, \quad g_3 = -\frac{c_2^3}{216}, \tag{4.3}$$

以及

$$F(\xi) = \frac{\dfrac{c_1 c_2}{96} + \dfrac{c_1}{4}\wp(\xi, g_2, g_3)}{\left(\wp(\xi, g_2, g_3) - \dfrac{c_2}{48}\right)^2}, \quad g_2 = \frac{c_2^2}{192}, \quad g_3 = -\frac{c_2^3}{13824}. \tag{4.4}$$

而截断形式级数解取下面的形式

$$u(\xi) = c_2 + c_1 F(\xi), \tag{4.5}$$

其中 c_i $(i = 1, 2)$ 为方程 (4.1) 的系数, $F(\xi)$ 为方程 (4.1) 的某个 Weierstrass 椭圆函数解.

例 4.1　试给出 CH 方程

$$u_t - u_{xxt} + 2ku_x + 3uu_x = 2u_x u_{xx} + uu_{xxx} \tag{4.6}$$

的 Weierstrass 椭圆函数解及其退化解, 其中 k 为常数.

通过行波变换

$$u(x, t) = u(\xi), \quad \xi = x - \omega t \tag{4.7}$$

将 (4.6) 化为常微分方程

$$-\omega u' + \omega u''' + 2ku' + 3uu' - 2u'u'' - uu''' = 0. \tag{4.8}$$

将 (4.5), (4.1) 代入 (4.8), 并令 FF'^j $(j = 0, 1)$ 的系数等于零, 则得到代数方程组

$$\begin{cases} -3c_1^2 c_2 + 3c_1^2 = 0, \\ -c_1^3 - c_1 c_2^2 + c_1 c_2 \omega + 3c_1 c_2 + 2kc_1 - c_1\omega = 0. \end{cases}$$

解此代数方程组, 则得

$$c_1 = \mu\sqrt{2(k+1)}, \quad c_2 = 1, \quad \mu = \pm 1. \tag{4.9}$$

由 (4.3) 可以算出

$$g_2 = \frac{1}{12}, \quad g_3 = -\frac{1}{216}, \tag{4.10}$$

而对应于 (4.4) 可以算出

$$g_2 = \frac{1}{192}, \quad g_3 = -\frac{1}{13824}. \tag{4.11}$$

在以上两种情形, 转换公式所需 θ 分别为 $\theta = c_2 = 1 > 0$ 和 $\theta = \dfrac{c_2}{4} = \dfrac{1}{4} > 0$, 从而代数方程组的解 (4.9) 不能给出 CH 方程的周期解.

将 (4.9), (4.10) 同 (4.2) 中的解依次代入 (4.5), 则得到 CH 方程的下列 Weierstrass 椭圆函数解

$$u(x,t) = 1 + \frac{6(k+1)}{12\wp(\xi, g_2, g_3) - 1}, \tag{4.12}$$

$$u(x,t) = 1 + \frac{3(k+1)\left(\sqrt{3}\varepsilon - 18\wp'(\xi, g_2, g_3)\right)}{\sqrt{3}\varepsilon - 12\sqrt{3}\varepsilon\wp(\xi, g_2, g_3) + 18\wp'(\xi, g_2, g_3)}, \tag{4.13}$$

$$u(x,t) = \sqrt{2(k+1)}\left(1 + \frac{a\wp'(\xi, g_2, g_3) + \dfrac{b}{2}\left(\wp(\xi, g_2, g_3) - \dfrac{1}{12}\right)}{\left(\wp(\xi, g_2, g_3) - \dfrac{1}{12}\right)^2}\right) + 1,$$

$$a = \sqrt{\sqrt{2(k+1)} + 1}, \quad b = \sqrt{2(k+1)} + 2, \quad k > -1, \tag{4.14}$$

$$u(x,t) = -\frac{\mu\sqrt{2(k+1)}\left(12p\varepsilon\wp(\xi, g_2, g_3) - 24q\wp'(\xi, g_2, g_3) - 6\varepsilon(k+1) - p\right)}{12\left(\mu\varepsilon\sqrt{2(k+1)} + 2\right)\wp(\xi, g_2, g_3) + 24q\wp'(\xi, g_2, g_3) - r\varepsilon} + 1,$$

$$p = 3\mu\sqrt{2(k+1)} + 2, \quad q = \sqrt{\mu\sqrt{2(k+1)} + 1},$$

$$r = \mu\sqrt{2(k+1)} + 2, \quad k > -1 \ (\mu = 1), \quad -1 < k < -\frac{1}{2} \ (\mu = -1), \tag{4.15}$$

其中 $\xi = x - \omega t$, g_2, g_3 由 (4.10) 给定.

将转换公式 (1.68), (1.69) 同 $\theta = 1$ 一起代入 (4.12)~(4.15), 则得到 CH 方程的行波解

$$u_1(x,t) = -(k+1)\cosh(x - \omega t) - k,$$

$$u_2(x,t) = (k+1)\cosh(x - \omega t) - k,$$

$$u_3(x,t) = \frac{2\sqrt{3}\varepsilon(k+1)\cosh^3\eta - 3(3k+2)\sinh\eta + 2\sqrt{3}\varepsilon\cosh\eta}{2\sqrt{3}\varepsilon\cosh\eta + 3\sinh\eta},$$

$$u_4(x,t) = \frac{2\sqrt{3}\varepsilon\left(-(k+1)\cosh^2\eta + (k+2)\right)\sinh\eta - 3(3k+2)\cosh\eta}{2\sqrt{3}\varepsilon\sinh\eta + 3\cosh\eta},$$

$$u_5(x,t) = \sqrt{2(k+1)}\left(1 + 2a\sinh\eta\cosh\eta - b\cosh^2\eta\right) + 1,$$

$$u_6(x,t) = \sqrt{2(k+1)}\left(1 - 2a\sinh\eta\cosh\eta + b\sinh^2\eta\right) + 1,$$

$$a = \sqrt{\sqrt{2(k+1)}+1}, \quad b = \sqrt{2(k+1)}+2, \quad k > -1,$$

$$u_7(x,t) = \frac{-6\left(\mu\sqrt{2(k+1)}+1\right)^{\frac{3}{2}}\sinh\eta + a\cosh^3\eta + b\cosh\eta}{-6\sqrt{\mu\sqrt{2(k+1)}+1}\sinh\eta + 2(\varepsilon-1)\cosh^3\eta + c\cosh\eta},$$

$$a = -2\mu\sqrt{2(k+1)}(3k\varepsilon + 2\varepsilon + 1) + 2(3k+4)(\varepsilon-1),$$

$$b = -3\mu\varepsilon\sqrt{2(k+1)} - 6\left(3k\varepsilon + 3\varepsilon - 1\right), \quad c = 3(\varepsilon\mu\sqrt{2(k+1)}+2),$$

$$u_8(x,t) = \frac{-6\left(\mu\sqrt{2(k+1)}+1\right)^{\frac{3}{2}}\cosh\eta + \left(p\cosh^2\eta + q\right)\sinh\eta}{\left(2(1-\varepsilon)\cosh^2\eta + r\right)\sinh\eta - 6\sqrt{\mu\sqrt{2(k+1)}+1}\cosh\eta},$$

$$p = 2\mu\sqrt{2(k+1)}(3k\varepsilon + 2\varepsilon + 1) - 2(3k+4)(\varepsilon-1),$$

$$q = -\mu\sqrt{2(k+1)}(6k\varepsilon + 7\varepsilon + 2) - 6k(2\varepsilon + 1) - 2(5\varepsilon + 1),$$

$$r = 3\mu\varepsilon\sqrt{2(k+1)} + 2(\varepsilon + 2),$$

其中 $\eta = \dfrac{1}{2}(x - \omega t)$, 当 $\mu = 1$ 和 $\mu = -1$ 时 u_i $(i = 7,8)$ 分别满足条件 $k > -1$ 和 $-1 < k < -\dfrac{1}{2}$.

将 (4.9), (4.11) 同 (4.4) 一起代入 (4.5), 则得到 CH 方程的 Weierstrass 椭圆函数解

$$u(x,t) = \frac{\dfrac{k+1}{48} + \dfrac{k+1}{2}\wp(x - \omega t, g_2, g_3)}{\left(\wp(x - \omega t, g_2, g_3) - \dfrac{1}{48}\right)^2} + 1, \quad k > -1, \qquad (4.16)$$

再把转换公式 (1.68) 和 (1.69) 同 $\theta = \dfrac{1}{4}$ 一起代入 (4.16), 则得到 CH 方程的同一个行波解

$$u_9(x,t) = 8(k+1)\sinh^2\frac{1}{4}(x - \omega t)\cosh^2\frac{1}{4}(x - \omega t) + 1.$$

值得注意的是, 这里给出的方程 (4.1) 的解都不是第四种椭圆方程 (2.112) 的解, 以上给出的 CH 方程的除 u_1, u_2 外的解都与第 2 章中给出的 CH 方程的解不同. 这说明可以借助子方程的 Weierstrass 椭圆函数解构造出非线性波方程的一些新解.

例 4.2 试给出 Degasperis-Procesi (DP) 方程

$$u_t - u_{xxt} + 4uu_x = 3u_x u_{xx} + uu_{xxx} \tag{4.17}$$

的 Weierstrass 椭圆函数解及其退化解.

通过行波变换 (4.7) 可将方程 (4.17) 化为常微分方程

$$-\omega u' + \omega u''' + 4uu' - 3u'u'' - uu''' = 0. \tag{4.18}$$

将 (4.5) 同 (4.1) 一起代入 (4.18) 后, 令 $F^j F'$ $(j = 0, 1)$ 的系数等于零, 则得到代数方程组

$$\begin{cases} -\omega c_1 + \omega c_1 c_2 + 4c_1 c_2 - \dfrac{3}{2}c_1^3 - c_1 c_2^2 = 0, \\ 4c_1^2 - 4c_1^2 c_2 = 0. \end{cases}$$

解之得

$$c_1 = \mu\sqrt{2}, \quad c_1 = 1, \quad \mu = \pm 1. \tag{4.19}$$

由 (4.10) 算出

$$g_2 = \frac{1}{12}, \quad g_3 = -\frac{1}{216}. \tag{4.20}$$

再将 (4.19), (4.20) 同 (4.2) 中的解依次代入 (4.5), 则得到 DP 方程的下列 Weierstrass 椭圆函数解

$$u(x,t) = 1 + \frac{6}{12\wp(\xi, g_2, g_3) - 1}, \tag{4.21}$$

$$u(x,t) = \frac{3\left(\sqrt{3}\varepsilon - 18\wp(\xi, g_2, g_3)\right)}{\sqrt{3}\varepsilon\left(1 - 12\wp(\xi, g_2, g_3)\right) + 18\wp'(\xi, g_2, g_3)} + 1, \tag{4.22}$$

$$u(x,t) = \frac{\sqrt{2(\sqrt{2}+1)}\wp'(\xi, g_2, g_3) + (\sqrt{2}+1)\left(\wp(\xi, g_2, g_3) - \dfrac{1}{12}\right)}{2\left(\wp(\xi, g_2, g_3) - \dfrac{1}{12}\right)^2} + \sqrt{2} + 1,$$

$$\tag{4.23}$$

$$u(x,t)$$

$$= 1 - \frac{\sqrt{2}\left(12\varepsilon(3\sqrt{2}+2)\wp(\xi,g_2,g_3) - 24\sqrt{\sqrt{2}+1}\wp'(\xi,g_2,g_3) - 6\varepsilon - 3\sqrt{2} - 2\right)}{12(\sqrt{2}\varepsilon+2)\wp(\xi,g_2,g_3) + 24\sqrt{\sqrt{2}+1}\wp'(\xi,g_2,g_3) - \varepsilon(\sqrt{2}+2)},$$

$$(4.24)$$

其中 $\xi = x - \omega t$, g_2, g_3 由 (4.20) 式给定.

由 (4.20) 可知 $\theta = 1 > 0$, 从而只能给出 DP 方程的双曲函数解. 因此将 (1.68), (1.69) 同 $\theta = 1$ 代入 (4.21)~(4.24), 则得到 DP 方程的行波解

$$u_1(x,t) = -\cosh(x - \omega t),$$

$$u_2(x,t) = \cosh(x - \omega t),$$

$$u_3(x,t) = \frac{2\left(\sqrt{3}\varepsilon\cosh^3\eta + \sqrt{3}\varepsilon\cosh\eta - 3\sinh\eta\right)}{2\sqrt{3}\varepsilon\cosh\eta + 3\sinh\eta},$$

$$u_4(x,t) = -\frac{2\left(\sqrt{3}\varepsilon\sinh^3\eta - \sqrt{3}\varepsilon\sinh\eta + 3\cosh\eta\right)}{2\sqrt{3}\varepsilon\sinh\eta + 3\cosh\eta},$$

$$u_5(x,t) = -2(\sqrt{2}+1)\cosh^2\eta + 2\sqrt{2(\sqrt{2}+1)}\sinh\eta\cosh\eta + \sqrt{2} + 1,$$

$$u_6(x,t) = 2(\sqrt{2}+1)\cosh^2\eta - 2\sqrt{2(\sqrt{2}+1)}\sinh\eta\cosh\eta - \sqrt{2} - 1,$$

$$u_7(x,t) = \frac{a\cosh^3\eta - b\sinh\eta - \frac{3}{17}(\sqrt{2}+6)(\sqrt{2}-6+17\varepsilon)\cosh\eta}{2(\varepsilon-1)\cosh^3\eta - 6\sqrt{\sqrt{2}+1}\sinh\eta + 3\sqrt{2}(\sqrt{2}+\varepsilon)\cosh\eta},$$

$$u_8(x,t)$$

$$= -\frac{\left(a\cosh^2\eta + (7\sqrt{2}+10)(\varepsilon-4+3\sqrt{2})\right)\sinh\eta + b\cosh\eta}{\left(2(1-\varepsilon)\cosh^2\eta + \frac{(3\sqrt{2}+2)(7\varepsilon+6\sqrt{2}-4)}{7}\right)\sinh\eta - 6\sqrt{\sqrt{2}+1}\cosh\eta},$$

$$a = 2(\sqrt{2}-2)(5+3\sqrt{2}-2\varepsilon), \quad b = 6\sqrt{\sqrt{2}+1}(\sqrt{2}+1),$$

其中 $\eta = \frac{1}{2}(x-\omega t)$, g_2, g_3 由 (4.20) 式给定.

由 (4.4) 可以算出

$$g_2 = \frac{1}{192}, \quad g_3 = -\frac{1}{13824}. \tag{4.25}$$

因而将 (4.19), (4.25) 同 (4.4) 代入 (4.5), 则得到 DP 方程的 Weierstrass 椭圆函数解

$$u(x,t) = \frac{\frac{1}{48} + \frac{1}{2}\wp(x - \omega t, g_2, g_3)}{\left(\wp(x - \omega t, g_2, g_3) - \frac{1}{48}\right)^2} + 1, \tag{4.26}$$

其中 g_2, g_3 由 (4.25) 式给定.

由 (4.25) 可知 $\theta = \frac{1}{4} > 0$, 从而也只能给出 DP 方程的双曲函数解. 因此将转换公式 (1.68) 和 (1.69) 同 $\theta = \frac{1}{4}$ 一起代入 (4.26) 式, 则得到 DP 方程的同一个行波解

$$u_9(x,t) = 8\sinh^2 \frac{1}{4}(x - \omega t) \cosh^2 \frac{1}{4}(x - \omega t) + 1.$$

例 4.3 试给出 Dullin-Gottwald-Holm (DGH) 方程

$$u_t - \alpha^2 u_{xxt} + 2\beta u_x + 3uu_x + \gamma u_{xxx} = \alpha^2 (2u_x u_{xx} + uu_{xxx}) \tag{4.27}$$

的 Weierstrass 椭圆函数解及其退化解, 其中 α, β, γ 为常数.

通过行波变换 (4.7) 可将方程 (4.27) 化为常微分方程

$$-\omega u' + \alpha^2 \omega u''' + 2\beta u' + 3uu' + \gamma u''' - \alpha^2 (2u'u'' + uu''') = 0. \tag{4.28}$$

将 (4.5), (4.1) 代入 (4.28) 后, 令 $F^j F'$ $(j = 0, 1)$ 的系数等于零, 则得到下面的代数方程组

$$\begin{cases} -3\alpha^2 c_1^2 c_2 + 3c_1^2 = 0, \\ -\alpha^2 c_1^3 - \alpha^2 c_1 c_2^2 + \omega \alpha^2 c_1 c_2 + \gamma c_1 c_2 + 2\beta c_1 + 3c_1 c_2 - \omega c_1 = 0. \end{cases}$$

用 Maple 求得该代数方程组的解

$$c_1 = \frac{\mu\sqrt{2\alpha^2\beta + \gamma + 2}}{\alpha^2}, \quad c_2 = \frac{1}{\alpha^2}, \quad \mu = \pm 1. \tag{4.29}$$

由 (4.3) 可以算出

$$g_2 = \frac{1}{12\alpha^4}, \quad g_3 = -\frac{1}{216\alpha^6}. \tag{4.30}$$

将 (4.29), (4.30) 同 (4.2) 中的解依次代入 (4.5), 则得到 DGH 方程的下列
Weierstrass 椭圆函数解

$$u(x,t) = \frac{3\left(2\alpha^2\beta + \gamma + 2\right)}{\alpha^4\left(12\wp(\xi, g_2, g_3) - \frac{1}{\alpha^2}\right)} + \frac{1}{\alpha^2}, \tag{4.31}$$

$$u(x,t) = \frac{3(2\alpha^2\beta + \gamma + 2)\left(\sqrt{3}\varepsilon\left(\frac{1}{\alpha^2}\right)^{\frac{3}{2}} - 18\wp'(\xi, g_2, g_3)\right)}{2\alpha^2\left(\sqrt{3}\varepsilon\left(\frac{1}{\alpha^2}\right)^{\frac{3}{2}} - 12\varepsilon\sqrt{\frac{3}{\alpha^2}}\wp(\xi, g_2, g_3) + 18\wp'(\xi, g_2, g_3)\right)} + \frac{1}{\alpha^2}, \tag{4.32}$$

$$u(x,t) = \frac{a}{\alpha^2}\left(1 + \frac{\sqrt{\frac{a+1}{\alpha^2}}\wp'(\xi, g_2, g_3) + \frac{a+2}{2\alpha^2}\left(\wp(\xi, g_2, g_3) - \frac{1}{2\alpha^2}\right)}{2\left(\wp(\xi, g_2, g_3) - \frac{1}{2\alpha^2}\right)^2}\right) + \frac{1}{\alpha^2}, \tag{4.33}$$

$$u(x,t) = \frac{24\alpha^3(a+1)^{\frac{3}{2}}\wp'(\xi, g_2, g_3) - b\wp(\xi, g_2, g_3) + c}{\alpha^2\left(24\alpha^3\sqrt{a+1}\wp'(\xi, g_2, g_3) + 12\alpha^2(a\varepsilon + 2)\wp(\xi, g_2, g_3) - (a+2)\varepsilon\right)},$$

$$b = 12\alpha^2\left((3a^2 + a)\varepsilon - 2\right), \quad c = a\left((3a^2 - 1)\varepsilon + 2\right) + 3a^2 - 2\varepsilon, \tag{4.34}$$

其中 $a = \mu\sqrt{2\alpha^2\beta + \gamma + 2}$, $\xi = x - \omega t$, g_2, g_3 由 (4.30) 式给定, 而 (4.33) 和 (4.34)
当 $\mu = 1$ 和 $\mu = -1$ 时分别满足条件 $2\alpha^2\beta + \gamma + 2 > 0$ 和 $0 < 2\alpha^2\beta + \gamma + 2 < 1$.

由 (4.30) 可知 $\theta = \frac{1}{\alpha^2} > 0$, 因此只能给出 DGH 方程的双曲函数解. 于是将
(1.68), (1.69) 同 $\theta = \frac{1}{\alpha^2}$ 代入 (4.31)~(4.34), 则得到 DGH 方程的行波解

$$u_1(x,t) = \frac{1}{\alpha^2}\left(1 - (2\alpha^2\beta + \gamma + 2)\cosh^2\eta\right),$$

$$u_2(x,t) = \frac{1}{\alpha^2}\left(1 + (2\alpha^2\beta + \gamma + 2)\sinh^2\eta\right),$$

$$u_3(x,t) = \frac{\mp 3(3a^2 - 2)\sinh\eta + 2\sqrt{3}a^2\varepsilon\cosh^3\eta + 4\sqrt{3}\varepsilon\cosh\eta}{2\alpha^2\left(2\sqrt{3}\varepsilon\cosh\eta \pm 3\sinh\eta\right)},$$

$$u_4(x,t) = -\frac{\left(2\sqrt{3}a^2\varepsilon\cosh^2\eta - 2\sqrt{3}\varepsilon(a^2 + 2)\right)\sinh\eta \pm 3(3a^2 - 2)\cosh\eta}{2\alpha^2\left(2\sqrt{3}\varepsilon\sinh\eta \pm 3\cosh\eta\right)},$$

$$u_5(x,t) = \pm \frac{2a\sqrt{a+1}}{\alpha^2} \sinh\eta \cosh\eta - \frac{1}{\alpha^2}\left(a^2+2a\right)\cosh^2\eta + \frac{1}{\alpha^2}\left(a+1\right),$$

$$u_6(x,t) = \mp \frac{2a\sqrt{a+1}}{\alpha^2} \sinh\eta \cosh\eta + \frac{1}{\alpha^2}\left(a^2+2a\right)\cosh^2\eta - \frac{1}{\alpha^2}\left(a^2+a-1\right),$$

$$u_7(x,t) = -\frac{\pm 6(a+1)^{\frac{3}{2}}\sinh\eta + p\cosh^3\eta + (3(3a^2+a)\varepsilon - 6)\cosh\eta}{\alpha^2\left(2(\varepsilon-1)\cosh^3\eta - 6\sqrt{a+1}\sinh\eta + 3(a\varepsilon+2)\cosh\eta\right)},$$

$$p = a(3a^2 + 4(\varepsilon-1)) - (3a^2+2)(\varepsilon-1),$$

$$u_8(x,t) = \frac{\mp 6(a+1)^{\frac{3}{2}}\cosh\eta + \left(r\cosh^2\eta + s\right)\sinh\eta}{\alpha^2\left(\left(2(1-\varepsilon)\cosh^2\eta + 3a\varepsilon + 2(\varepsilon+2)\right)\sinh\eta - 6\sqrt{a+1}\cosh\eta\right)},$$

$$r = a\left(3a^2\varepsilon - 2(\varepsilon-1)\right) - (\varepsilon-1)(3a^2+2),$$

$$s = -a\left((3a^2+1)\varepsilon + 2\right) - 3a^2(2\varepsilon+1) + 2(\varepsilon-4),$$

其中 $a = \mu\sqrt{2\alpha^2\beta + \gamma + 2}$, $\eta = \frac{1}{2\alpha}(x - \omega t)$, 表达式前面的 "$\pm$" 号或 "$\mp$" 号对应于 $\alpha > 0$ 和 $\alpha < 0$. 另外, 解 $u_5 \sim u_8$ 当 $\mu = 1$ 和 $\mu = -1$ 时分别满足条件 $2\alpha^2\beta + \gamma + 2 > 0$ 和 $0 < 2\alpha^2\beta + \gamma + 2 < 1$.

因为由 (4.4) 可以算出

$$g_2 = \frac{1}{192\alpha^4}, \quad g_3 = -\frac{1}{13824\alpha^6}, \tag{4.35}$$

从而将 (4.29), (4.35) 同 (4.4) 代入 (4.5), 则得到 DGH 方程的 Weierstrass 椭圆函数解

$$u(x,t) = \frac{\dfrac{2\alpha^2\beta+\gamma+2}{96\alpha^4} + \dfrac{2\alpha^2\beta+\gamma+2}{4\alpha^2}\wp(x-\omega t, g_2, g_3)}{\alpha^2\left(\wp(x-\omega t, g_2, g_3) - \dfrac{1}{48\alpha^2}\right)^2} + \frac{1}{\alpha^2}, \tag{4.36}$$

其中 g_2, g_3 由 (4.35) 式给定.

由 (4.35) 可知 $\theta = \frac{1}{4\alpha^2} > 0$, 因此只能给出 DGH 方程的双曲函数解. 于是把转换公式 (1.68) 和 (1.69) 同 $\theta = \frac{1}{4\alpha^2}$ 一起代入 (4.36) 式, 则得到 DGH 方程的同一个行波解

$$u_9(x,t) = \frac{1}{\alpha^2}\left(1 + 4(2\alpha^2\beta + \gamma + 2)\sinh^2\frac{1}{4}(x-\omega t)\cosh^2\frac{1}{4}(x-\omega t)\right).$$

4.2　第二种 Weierstrass 型子方程展开法

第四种椭圆方程 (2.69) 当 $c_4 = 0$ 时给出子方程

$$F'^2(\xi) = c_2 F^2(\xi) + c_3 F^3(\xi), \tag{4.37}$$

其中 c_2, c_3 为常数.

第二种 Weierstrass 型子方程展开法以方程 (4.37) 为辅助方程且沿用 Weierstrass 型辅助方程的步骤, 即截断形式级数解取 (1.5) 的形式, 而方程 (4.37) 取下面的 Weierstrass 椭圆函数解

$$F(\xi) = \begin{cases} -\dfrac{c_2}{3c_3} + \dfrac{4}{c_3}\wp(\xi, g_2, g_3), \\[2mm] -\dfrac{c_2}{c_3} + \dfrac{c_2^2}{4c_3\left(\wp(\xi, g_2, g_3) + \dfrac{c_2}{6}\right)}, \\[4mm] \dfrac{2c_2\left(-12\varepsilon\sqrt{3c_2}\wp(\xi, g_2, g_3) + 18\wp'(\xi, g_2, g_3) + \varepsilon\sqrt{3}c_2^{\frac{3}{2}}\right)}{3c_3\left(\varepsilon\sqrt{3}c_2^{\frac{3}{2}} - 18\wp'(\xi, g_2, g_3)\right)}, \quad c_2 > 0, \\[4mm] \dfrac{6c_2\wp'(\xi, g_2, g_3)}{c_3\left(\varepsilon(-c_2)^{\frac{3}{2}} - 6\varepsilon\sqrt{-c_2}\wp(\xi, g_2, g_3) - 3\wp'(\xi, g_2, g_3)\right)}, \quad c_2 < 0, \\[4mm] 1 + \dfrac{\sqrt{c_2+c_3}\wp'(\xi, g_2, g_3) + \dfrac{1}{2}(2c_2 + 3c_3)\left(\wp(\xi, g_2, g_3) - \dfrac{c_2}{12} - \dfrac{c_3}{4}\right) + a}{2\left(\wp(\xi, g_2, g_3) - \dfrac{c_2}{12} - \dfrac{c_3}{4}\right)^2}, \\[4mm] a = \dfrac{(c_2 + c_3)c_3}{4}, \quad c_2 + c_3 \geqslant 0, \\[4mm] \dfrac{24\varepsilon\sqrt{c_2+c_3}\wp'(\xi, g_2, g_3) - 12(2c_2 + 3c_3)\wp(\xi, g_2, g_3) + c_2(2c_2 + c_3)}{24\varepsilon\sqrt{c_2+c_3}\wp'(\xi, g_2, g_3) + 12(2c_2 + 3c_3)\wp(\xi, g_2, g_3) - 2c_2^2 - b}, \\[4mm] b = 3c_3(c_2 + c_3), \quad c_2 + c_3 \geqslant 0, \end{cases} \tag{4.38}$$

其中

$$g_2 = \frac{c_2^2}{12}, \quad g_3 = -\frac{c_2^3}{216}. \tag{4.39}$$

例 4.4　试给出 Dodd-Bullough-Mikhailov (DBM) 方程

$$u_{xt} + pe^u + qe^{-2u} = 0 \tag{4.40}$$

的 Weierstrass 椭圆函数解及其退化解, 其中 p, q 为常数.

作变换

$$u(x, t) = \ln v(x, t), \tag{4.41}$$

则把方程 (4.40) 化为

$$v_{xt}v - v_x v_t + pv^3 + q = 0. \tag{4.42}$$

将行波变换

$$v(x, t) = v(\xi), \quad \xi = x - \omega t \tag{4.43}$$

代入 (4.42), 则得到常微分方程

$$-\omega \left(vv'' - (v')^2 \right) + pv^3 + q = 0. \tag{4.44}$$

由于辅助方程为 (4.37), 所以 $m = 3$. 假设 $O(v) = n$, 则由 (1.19) 知 $O(vv'') = 2n + 1$, $O(v^3) = 3n$, 所以平衡常数为 $n = 1$. 于是可取

$$v(\xi) = a_0 + a_1 F(\xi), \tag{4.45}$$

其中 a_i $(i = 0, 1)$ 为待定常数, $F(\xi)$ 为方程 (4.37) 的某个 Weierstrass 椭圆函数解.

将 (4.45), (4.37) 代入 (4.44), 并令 F^j $(j = 0, 1, 2, 3)$ 的系数等于零, 则得到代数方程组

$$\begin{cases} -\dfrac{1}{2}\omega a_1^2 c_3 + pa_1^3 = 0, \\[2mm] -\dfrac{3}{2}\omega a_1 a_0 c_3 + 3pa_1^2 a_0 = 0, \\[2mm] a_0^3 p + q = 0, \\[2mm] 3a_0^2 a_1 p - a_0 a_1 c_2 \omega = 0. \end{cases}$$

由 Maple 求解以上代数方程组, 则得

$$a_0 = \frac{1}{p} \left(-qp^2 \right)^{\frac{1}{3}}, \quad a_1 = \frac{c_3 \omega}{2p}, \quad c_2 = \frac{3}{\omega} \left(-qp^2 \right)^{\frac{1}{3}}. \tag{4.46}$$

由 (4.39) 可以算出

$$g_2 = \frac{3}{4\omega^2} \left(-qp^2 \right)^{\frac{2}{3}}, \quad g_3 = \frac{qp^2}{8\omega^3}. \tag{4.47}$$

将 (4.46), (4.47) 和 (4.38) 中的前四个解依次代入 (4.45), 则得到方程 (4.42) 的如下 Weierstrass 椭圆函数解

$$v(x,t) = \frac{(-qp^2)^{\frac{1}{3}}}{2p} + \frac{2\omega}{p}\wp(\xi, g_2, g_3), \tag{4.48}$$

$$v(x,t) = -\frac{(-qp^2)^{\frac{1}{3}}}{2p} + \frac{9\,(-qp^2)^{\frac{2}{3}}}{8\omega p\left(\wp(\xi, g_2, g_3) + \frac{(-qp^2)^{\frac{1}{3}}}{2\omega}\right)}, \tag{4.49}$$

$$v(x,t) = \frac{2\varepsilon\,(-qp^2)^{\frac{1}{3}}\sqrt{\omega\,(-qp^2)^{\frac{1}{3}}}\left(2\omega\wp(\xi, g_2, g_3) - (-qp^2)^{\frac{1}{3}}\right)}{p\left(2\omega^2\wp'(\xi, g_2, g_3) - \varepsilon\,(-qp^2)^{\frac{1}{3}}\sqrt{\omega\,(-qp^2)^{\frac{1}{3}}}\right)}, \quad q\omega < 0, \tag{4.50}$$

$$v(x,t) = \frac{(-qp^2)^{\frac{1}{3}}\left(2\varepsilon\omega\sqrt{-3\omega\,(-qp^2)^{\frac{1}{3}}}\,\wp(\xi, g_2, g_3) - 2\omega^2\wp'(\xi, g_2, g_3) + a\varepsilon\right)}{p\left(2\varepsilon\omega\sqrt{-3\omega\,(-qp^2)^{\frac{1}{3}}}\,\wp(\xi, g_2, g_3) + \omega^2\wp'(\xi, g_2, g_3) + a\varepsilon\right)},$$

$$a = (-qp^2)^{\frac{1}{3}}\sqrt{-3\omega\,(-qp^2)^{\frac{1}{3}}}, \quad q\omega > 0, \tag{4.51}$$

其中 $\xi = x - \omega t$, g_2, g_3 由 (4.47) 式给定.

将转换公式 (1.68)~(1.71) 同 $\theta = c_2$ 一起代入 (4.48) 和 (4.49) 并用变换 (4.41), 则得到 DBM 方程的如下孤波解与周期解

$$u_1(x,t) = \ln\left(\frac{(-qp^2)^{\frac{1}{3}}}{2p}\left(2 - 3\operatorname{sech}^2\frac{\sqrt{3\omega\,(-qp^2)^{\frac{1}{3}}}}{2\omega}(x - \omega t)\right)\right), \quad q\omega < 0,$$

$$u_2(x,t) = \ln\left(\frac{(-qp^2)^{\frac{1}{3}}}{2p}\left(2 + 3\operatorname{csch}^2\frac{\sqrt{3\omega\,(-qp^2)^{\frac{1}{3}}}}{2\omega}(x - \omega t)\right)\right), \quad q\omega < 0,$$

$$u_3(x,t) = \ln\left(\frac{(-qp^2)^{\frac{1}{3}}}{2p}\left(2 - 3\sec^2\frac{\sqrt{-3\omega\,(-qp^2)^{\frac{1}{3}}}}{2\omega}(x - \omega t)\right)\right), \quad q\omega > 0,$$

$$u_4(x,t) = \ln\left(\frac{(-qp^2)^{\frac{1}{3}}}{2p}\left(2 - 3\csc^2\frac{\sqrt{-3\omega\,(-qp^2)^{\frac{1}{3}}}}{2\omega}(x - \omega t)\right)\right), \quad q\omega > 0,$$

$$u_5(x,t) = \ln\left(-\frac{(-qp^2)^{\frac{1}{3}}}{2p}\left(1 - 3\coth^2\frac{\sqrt{3\omega\,(-qp^2)^{\frac{1}{3}}}}{2\omega}(x-\omega t)\right)\right), \quad q\omega < 0,$$

$$u_6(x,t) = \ln\left(-\frac{(-qp^2)^{\frac{1}{3}}}{2p}\left(1 - 3\tanh^2\frac{\sqrt{3\omega\,(-qp^2)^{\frac{1}{3}}}}{2\omega}(x-\omega t)\right)\right), \quad q\omega < 0,$$

$$u_7(x,t) = \ln\left(-\frac{(-qp^2)^{\frac{1}{3}}}{2p}\left(1 + 3\cot^2\frac{\sqrt{-3\omega\,(-qp^2)^{\frac{1}{3}}}}{2\omega}(x-\omega t)\right)\right), \quad q\omega > 0,$$

$$u_8(x,t) = \ln\left(-\frac{(-qp^2)^{\frac{1}{3}}}{2p}\left(1 + 3\tan^2\frac{\sqrt{-3\omega\,(-qp^2)^{\frac{1}{3}}}}{2\omega}(x-\omega t)\right)\right), \quad q\omega > 0,$$

由于 (4.38) 的第三个解中要求 $c_2 > 0$, 而转换公式 (1.70) 和 (1.71) 中要求 $c_2 < 0$, 因两者不能同时成立, 这说明解 (4.38) 的第三个解, 从而解 (4.50) 不能给出方程 (4.42) 的三角函数解. 因此, 将转换公式 (1.68) 和 (1.69) 同 $\theta = c_2$ 一起代入 (4.50) 并借用变换 (4.41), 则得到 DBM 方程的如下孤波解

$$u_9(x,t) = \ln\left(\frac{2\varepsilon\,(-qp^2)^{\frac{1}{3}}\left(\cosh^2\eta + 3\right)\cosh\eta}{p\left(2\varepsilon\cosh^3\eta - 3\sqrt{3}\sinh\eta\right)}\right),$$

$$u_{10}(x,t) = \ln\left(\frac{2\varepsilon\,(-qp^2)^{\frac{1}{3}}\left(\sinh^2\eta - 3\right)\sinh\eta}{p\left(2\varepsilon\sinh^3\eta + 3\sqrt{3}\cosh\eta\right)}\right),$$

$$\eta = \frac{\sqrt{3\omega\,(-qp^2)^{\frac{1}{3}}}}{2\omega}(x-\omega t), \quad q\omega < 0.$$

因为 (4.38) 的第四个解要求 $c_2 < 0$, 而转换公式 (1.68) 和 (1.69) 则要求 $c_2 > 0$, 这两者不能同时成立, 所以解 (4.38) 的第四个解, 从而解 (4.51) 不能给出方程 (4.42) 的孤波解. 据此, 将转换公式 (1.70) 和 (1.71) 同 $\theta = c_2$ 一起代入 (4.51) 并借助变换 (4.41), 则得到 DBM 方程的如下周期解

$$u_{11}(x,t) = \ln\left(\frac{(-qp^2)^{\frac{1}{3}}\left(\sin\frac{1}{\omega}\sqrt{-3\omega\,(-qp^2)^{\frac{1}{3}}}(x-\omega t) - 2\varepsilon\right)}{p\left(\sin\frac{1}{\omega}\sqrt{-3\omega\,(-qp^2)^{\frac{1}{3}}}(x-\omega t) + \varepsilon\right)}\right), \quad q\omega > 0,$$

$$u_{12}(x,t) = \ln\left(\frac{(-qp^2)^{\frac{1}{3}}\left(\sin\frac{1}{\omega}\sqrt{-3\omega\,(-qp^2)^{\frac{1}{3}}}(x-\omega t)+2\varepsilon\right)}{p\left(\sin\frac{1}{\omega}\sqrt{-3\omega\,(-qp^2)^{\frac{1}{3}}}(x-\omega t)-\varepsilon\right)}\right), \quad q\omega > 0.$$

由于 (4.38) 中的第五个解所包含的任意常数 c_3 在计算过程中不能约去, 从而将给出很复杂的解. 因此, 为简化解的表达式可以选取 c_3 的合适的值, 即考虑 (4.38) 中第五个解所要求的条件 $c_2 + c_3 > 0$ 与转换公式所需 c_2 的符号的一致性. 具体来讲, 就是当 $c_2 > 0$, $c_2 + c_3 > 0$ 时可以得到双曲函数解, 而当 $c_2 < 0$, $c_2 + c_3 > 0$ 时可以得到三角函数解.

据以上分析可以给出参数 c_3 的以下两种取值

$$c_3 = -\frac{2\,(-qp^2)^{\frac{1}{3}}}{\omega} \tag{4.52}$$

及

$$c_3 = -\frac{6\,(-qp^2)^{\frac{1}{3}}}{\omega}, \tag{4.53}$$

与此对应地分别有

$$c_2 + c_3 = \frac{(-qp^2)^{\frac{1}{3}}}{\omega} \tag{4.54}$$

和

$$c_2 + c_3 = -\frac{3\,(-qp^2)^{\frac{1}{3}}}{\omega}. \tag{4.55}$$

由 (4.52) 和 (4.54) 可以看出当 $c_2 > 0$ 时 $c_2 + c_3 > 0$, 而由 (4.53) 和 (4.55) 可以看出当 $c_2 < 0$ 时 $c_2 + c_3 > 0$, 也就是说 c_3 分别由 (4.52) 和 (4.53) 给定时可以得到方程 (4.42) 的双曲函数解与三角函数解.

根据以上讨论, 当 c_3 由 (4.52) 和 (4.53) 给定时, 分别将 (4.46), (4.47) 和 (4.38) 中的第五个解代入 (4.45), 则得到方程 (4.42) 的 Weierstrass 椭圆函数解

$$v(x,t) = -\frac{4\,(-qp^2)^{\frac{1}{3}}\left(2\omega\sqrt{\omega\,(-qp^2)^{\frac{1}{3}}}\,\wp'(\xi,g_2,g_3)-(-qp^2)^{\frac{2}{3}}\right)}{p\left(4\omega\wp(\xi,g_2,g_3)+(-qp^2)^{\frac{1}{3}}\right)^2}, \quad q\omega < 0,$$

$$\tag{4.56}$$

$$v(x,t) = -\frac{2\left(-qp^2\right)^{\frac{1}{3}}\left(12\omega a\wp'(\xi,g_2,g_3) + \left(16\omega^2\wp(\xi,g_2,g_3) + b\right)\wp(\xi,g_2,g_3) + c\right)}{p\left(4\omega\wp(\xi,g_2,g_3) + 5\left(-qp^2\right)^{\frac{1}{3}}\right)^2},$$

$$a = \sqrt{-3\omega\left(-qp^2\right)^{\frac{1}{3}}}, \quad b = -32\omega\left(-qp^2\right)^{\frac{1}{3}}, \quad c = -11\left(-qp^2\right)^{\frac{2}{3}}, \quad q\omega > 0,$$

$$(4.57)$$

其中 $\xi = x - \omega t$, g_2, g_3 由 (4.47) 式给定.

将 (1.68), (1.69) 同 $\theta = c_2$ 代入 (4.56), 而把 (1.70), (1.71) 同 $\theta = c_2$ 代入 (4.57), 并借助变换 (4.41), 则得到 DBM 方程的如下孤波解与周期解

$$u_{13}(x,t) = \ln\left(\frac{2\left(-qp^2\right)^{\frac{1}{3}}\left(2\cosh^3\eta - 3\sqrt{3}\sinh\eta\right)\cosh\eta}{p\left(2\cosh^2\eta - 3\right)^2}\right), \quad q\omega < 0,$$

$$u_{14}(x,t) = \ln\left(\frac{2\left(-qp^2\right)^{\frac{1}{3}}\left(2\sinh^3\eta + 3\sqrt{3}\cosh\eta\right)\sinh\eta}{p\left(2\sinh^2\eta + 3\right)^2}\right), \quad q\omega < 0,$$

$$u_{15}(x,t) = \ln\left(-\frac{\left(-qp^2\right)^{\frac{1}{3}}}{p}\left(\tan^2\zeta + 3\tan\zeta\sec\zeta + 2\sec^2\zeta\right)\right), \quad q\omega > 0,$$

$$u_{16}(x,t) = \ln\left(-\frac{\left(-qp^2\right)^{\frac{1}{3}}}{p}\left(\tan^2\zeta - 3\tan\zeta\sec\zeta + 2\sec^2\zeta\right)\right), \quad q\omega > 0,$$

其中 $\eta = \dfrac{\sqrt{3\omega\left(-qp^2\right)^{\frac{1}{3}}}}{2\omega}$, $\zeta = \dfrac{\sqrt{-3\omega\left(-qp^2\right)^{\frac{1}{3}}}}{\omega}$.

同理, 当 c_3 由 (4.52) 和 (4.53) 给定时, 分别将 (4.46), (4.47) 和 (4.38) 中的第六个解代入 (4.45), 则得到方程 (4.42) 的 Weierstrass 椭圆函数解

$$v(x,t) = \frac{2\left(-qp^2\right)^{\frac{2}{3}}\left(2\omega\wp(\xi,g_2,g_3) - \left(-qp^2\right)^{\frac{1}{3}}\right)}{p\left(2\omega\varepsilon\sqrt{\omega\left(-qp^2\right)^{\frac{1}{3}}}\wp(\xi,g_2,g_3) - \left(-qp^2\right)^{\frac{2}{3}}\right)}, \quad q\omega < 0, \qquad (4.58)$$

$$v(x,t) = \frac{2a\omega\varepsilon\wp'(\xi,g_2,g_3) + 6\omega\left(-qp^2\right)^{\frac{2}{3}}\wp(\xi,g_2,g_3) - 3qp^2}{p\left(b\omega\varepsilon\wp'(\xi,g_2,g_3) + 6\omega\left(-qp^2\right)^{\frac{1}{3}}\wp(\xi,g_2,g_3) + 3\left(-qp^2\right)^{\frac{2}{3}}\right)},$$

$$a = \left(-qp^2\right)^{\frac{1}{3}}\sqrt{-3\omega\left(-qp^2\right)^{\frac{1}{3}}}, \quad b = -\sqrt{-3\omega\left(-qp^2\right)^{\frac{1}{3}}}, \quad q\omega > 0, \quad (4.59)$$

其中 $\xi = x - \omega t$, g_2, g_3 由 (4.47) 式给定.

将 (1.68), (1.69) 同 $\theta = c_2$ 代入 (4.58) 并借助 (4.41), 则得到 DBM 方程的如下孤波解

$$u_{17}(x,t) = \ln\left(\frac{2\left(-qp^2\right)^{\frac{1}{3}}\left(\cosh^2\eta + 3\right)\cosh\eta}{p\left(2\cosh^3\eta - 3\sqrt{3}\varepsilon\sinh\eta\right)}\right), \quad q\omega < 0,$$

$$u_{18}(x,t) = \ln\left(\frac{2\left(-qp^2\right)^{\frac{1}{3}}\left(\sinh^2\zeta - 3\right)\sinh\zeta}{p\left(2\sinh^3\zeta + 3\sqrt{3}\varepsilon\cosh\eta\right)}\right), \quad q\omega < 0,$$

其中 $\eta = \dfrac{\sqrt{3\omega\left(-qp^2\right)^{\frac{1}{3}}}}{2\omega}(x - \omega t)$.

把 (1.70), (1.71) 同 $\theta = c_2$ 代入 (4.59), 并借助变换 (4.41), 则得到 DBM 方程的同一个周期解

$$u_{19}(x,t) = \ln\left(\frac{2\left(-qp^2\right)^{\frac{1}{3}}\left(\sin\zeta\cos\zeta - \varepsilon\right)}{p\left(2\sin\zeta\cos\zeta + \varepsilon\right)}\right),$$

$$\zeta = \frac{\sqrt{-3\omega\left(-qp^2\right)^{\frac{1}{3}}}}{2\omega}(x - \omega t), \quad q\omega > 0.$$

例 4.5 试给出 sine-Gordon (SG) 方程

$$u_{xt} = \sin u \tag{4.60}$$

的 Weierstrass 椭圆函数解及其退化解.

作变换

$$v(x,t) = e^{iu(x,t)}, \tag{4.61}$$

则由于

$$\sin u = \frac{v - v^{-1}}{2i}, \quad \cos u = \frac{v + v^{-1}}{2},$$

从而有

$$u(x,t) = \arccos\frac{1}{2}\left(v + \frac{1}{v}\right), \tag{4.62}$$

且方程 (4.60) 化为

$$2\left(vv_{xt} - v_x v_t\right) - v^3 + v = 0. \tag{4.63}$$

将行波变换

$$v(x,t) = v(\xi), \quad \xi = x - \omega t \tag{4.64}$$

代入方程 (4.63), 则得到常微分方程

$$-2\omega v v'' + 2\omega (v')^2 - v^3 + v = 0. \tag{4.65}$$

由于使用的辅助方程为 (4.37), 故 $m = 3$. 假设 $O(v) = n$, 则由 (1.19) 可知 $O(vv'') = 2n + 1, O(v^3) = 3n$, 从而平衡常数 $n = 1$. 于是可取方程 (4.65) 的截断形式级数解为

$$v(\xi) = a_0 + a_1 F(\xi), \tag{4.66}$$

其中 a_i $(i = 0, 1)$ 为待定常数, $F(\xi)$ 为方程 (4.37) 的某个 Weierstrass 椭圆函数解.

将 (4.66) 和 (4.37) 代入方程 (4.65) 后, 令 F^j $(j = 0, 1, 2, 3)$ 的系数等于零, 则得到

$$\begin{cases} -a_0^3 + a_0 = 0, \\ -\omega c_3 a_1^2 - a_1^3 = 0, \\ -3\omega c_3 a_0 a_1 - 3a_0 a_1^2 = 0, \\ -2\omega c_2 a_0 a_1 - 3a_0^2 a_1 + a_1 = 0. \end{cases}$$

下面分情形来讨论由 Maple 给出的以上代数方程组的两组解所确定的 SG 方程的 Weierstrass 椭圆函数解及其退化解.

情形 1 代数方程组的第一组解为

$$a_0 = 1, \quad a_1 = -\omega c_3, \quad c_2 = -\frac{1}{\omega}. \tag{4.67}$$

由 (4.39) 可以算出

$$g_2 = \frac{1}{12\omega^2}, \quad g_3 = \frac{1}{216\omega^3}. \tag{4.68}$$

将 (4.67), (4.68) 同 (4.38) 中的第一个解到第三个解一起代入 (4.66) 并用 (4.64), 则得到方程 (4.63) 的 Weierstrass 椭圆函数解

$$v(x,t) = \frac{2}{3} - 4\omega\wp(\xi, g_2, g_3), \tag{4.69}$$

$$v(x,t) = 1 + \frac{2\left(-12\varepsilon\sqrt{-\dfrac{3}{\omega}}\wp(\xi,g_2,g_3) + 18\wp'(\xi,g_2,g_3) + \sqrt{3}\varepsilon\left(-\dfrac{1}{\omega}\right)^{\frac{3}{2}}\right)}{3\left(\sqrt{3}\varepsilon\left(-\dfrac{1}{\omega}\right)^{\frac{3}{2}} - 18\wp'(\xi,g_2,g_3)\right)}, \quad \omega < 0,$$

$$(4.70)$$

$$v(x,t) = 1 + \frac{6\wp'(\xi,g_2,g_3)}{\varepsilon\left(\dfrac{1}{\omega}\right)^{\frac{3}{2}} - 6\varepsilon\sqrt{\dfrac{1}{\omega}}\wp(\xi,g_2,g_3) - 3\wp'(\xi,g_2,g_3)}, \quad \omega > 0, \qquad (4.71)$$

其中 $\xi = x - \omega t$, g_2, g_3 由 (4.68) 式给定.

将 (1.68) 或 (1.69) 以及 (1.70) 或 (1.71) 同 $\theta = c_2$ 一起代入 (4.69) 并用变换 (4.62), 则分别得到 SG 方程的同一个解

$$u_1(x,t) = \arccos\frac{1}{2}\left(\tanh^2\frac{1}{2\sqrt{-\omega}}(x-\omega t) + \coth^2\frac{1}{2\sqrt{-\omega}}(x-\omega t)\right), \quad \omega < 0,$$

$$u_2(x,t) = \pi - \arccos\frac{1}{2}\left(\tan^2\frac{1}{2\sqrt{\omega}}(x-\omega t) + \cot^2\frac{1}{2\sqrt{\omega}}(x-\omega t)\right), \quad \omega > 0.$$

由于 (4.70) 要求 $\omega < 0$, 而 $c_2 = -\dfrac{1}{\omega} > 0$, 故 (4.70) 只能给出双曲函数解. 因此, 将 (1.68), (1.69) 同 $\theta = c_2$ 一起代入 (4.70) 并用变换 (4.62), 则分别得到 SG 方程的解

$$u_i(x,t) = \arccos\frac{1}{2}\left(v_i(x,t) + \frac{1}{v_i(x,t)}\right), \quad i = 3,4,$$

$$v_3(x,t) = \frac{2\sqrt{3}\varepsilon\cosh^3\eta + 4\sqrt{3}\varepsilon\cosh\eta - 3\sinh\eta}{2\sqrt{3}\varepsilon\cosh^3\eta - 9\sinh\eta}, \quad \omega < 0,$$

$$v_4(x,t) = \frac{2\sqrt{3}\varepsilon\cosh^2\eta\sinh\eta - 6\sqrt{3}\varepsilon\sinh\eta + 3\cosh\eta}{2\sqrt{3}\varepsilon\cosh^2\eta\sinh\eta - 2\sqrt{3}\varepsilon\sinh\eta + 9\cosh\eta}, \quad \omega < 0,$$

其中 $\eta = \dfrac{1}{2\sqrt{-\omega}}(x-\omega t)$.

由于 (4.71) 要求 $\omega > 0$, 而 $c_2 = -\dfrac{1}{\omega} < 0$, 故 (4.71) 只能给出三角函数解. 因此, 将 (1.70), (1.71) 同 $\theta = c_2$ 一起代入 (4.71) 并用变换 (4.62), 则得到 SG 方程

的同一个解

$$u_5(x,t) = \arccos\left(\frac{\cos\dfrac{2}{\sqrt{\omega}}(x-\omega t) - 3}{\cos\dfrac{2}{\sqrt{\omega}}(x-\omega t) + 1}\right), \quad \omega > 0.$$

分别将 $c_3 = -\dfrac{1}{\omega}$ 和 $c_3 = \dfrac{2}{\omega}$ 同 (4.67), (4.68) 和 (4.38) 中的第四个解一起代入 (4.66) 并用 (4.64), 则得到方程 (4.63) 的 Weierstrass 椭圆函数解

$$v(x,t)$$
$$= 2 + \frac{\sqrt{-\dfrac{2}{\omega}}\,\wp'(x-\omega t, g_2, g_3) - \dfrac{5}{2\omega}\left(\wp(x-\omega t, g_2, g_3) + \dfrac{1}{3\omega}\right) + \dfrac{1}{2\omega^2}}{2\left(\wp(x-\omega t, g_2, g_3) + \dfrac{1}{3\omega}\right)^2}, \quad \omega < 0,$$

$$(4.72)$$

$$v(x,t)$$
$$= -1 - \frac{\dfrac{1}{\sqrt{\omega}}\wp'(x-\omega t, g_2, g_3) + \dfrac{2}{\omega}\left(\wp(x-\omega t, g_2, g_3) - \dfrac{5}{12\omega}\right) + \dfrac{1}{2\omega^2}}{\left(\wp(x-\omega t, g_2, g_3) - \dfrac{5}{12\omega}\right)^2}, \quad \omega > 0,$$

$$(4.73)$$

其中 g_2, g_3 由 (4.68) 式给定.

不难判断 (4.72) 和 (4.73) 分别退化到双曲函数解与三角函数解. 于是将 (1.68) 和 (1.69) 同 $\theta = c_2$ 一起代入 (4.72), 并用变换 (4.62), 则得到 SG 方程的解

$$u_i(x,t) = \arccos\frac{1}{2}\left(v_i(x,t) + \frac{1}{v_i(x,t)}\right), \quad i = 6, 7,$$

$$v_6(x,t) = \frac{\left(2\sqrt{2} + \cosh\eta\sinh\eta\right)\cosh\eta\sinh\eta + 2}{\left(\cosh^2\eta + 1\right)^2}, \quad \omega < 0,$$

$$v_7(x,t) = \frac{\left(-2\sqrt{2} + \cosh\eta\sinh\eta\right)\cosh\eta\sinh\eta + 2}{\left(\sinh^2\eta - 1\right)^2}, \quad \omega < 0,$$

其中 $\eta = \dfrac{1}{2\sqrt{-\omega}}(x-\omega t)$.

(1.70) 和 (1.71) 同 $\theta = c_2$ 一起代入 (4.73) 后得到的 SG 方程的三角函数解是前面给出的 u_5, 故不再重写.

分别将 $c_3 = -\dfrac{1}{\omega}$ 和 $c_3 = \dfrac{2}{\omega}$ 同 (4.67), (4.68) 和 (4.38) 中的第五个解一起代入 (4.66) 并用 (4.64), 则得到方程 (4.63) 的 Weierstrass 椭圆函数解

$$v(x,t) = 1 + \dfrac{\dfrac{36}{\omega}\wp(\xi, g_2, g_3) + 24\varepsilon\sqrt{-\dfrac{2}{\omega}}\wp'(\xi, g_2, g_3) + \dfrac{3}{\omega^2}}{-\dfrac{60}{\omega}\wp(\xi, g_2, g_3) + 24\varepsilon\sqrt{-\dfrac{2}{\omega}}\wp'(\xi, g_2, g_3) - \dfrac{8}{\omega^2}}, \quad \omega < 0, \quad (4.74)$$

$$v(x,t) = 1 - \dfrac{\dfrac{48\varepsilon}{\sqrt{\omega}}\wp'(\xi, g_2, g_3)}{\dfrac{48}{\omega}\wp(\xi, g_2, g_3) + \dfrac{24\varepsilon}{\sqrt{\omega}}\wp'(\xi, g_2, g_3) - \dfrac{8}{\omega^2}}, \quad \omega > 0, \quad (4.75)$$

其中 $\xi = x - \omega t$, g_2, g_3 由 (4.68) 式给定.

将 (1.68) 和 (1.69) 同 $\theta = c_2$ 一起代入 (4.74), 并用变换 (4.62), 则得到 SG 方程的解

$$u_i(x,t) = \arccos \dfrac{1}{2}\left(v_i(x,t) + \dfrac{1}{v_i(x,t)}\right), \quad i = 8, 9,$$

$$v_8(x,t) = \dfrac{\cosh^3 \eta - 4\sqrt{2}\varepsilon \sinh \eta + 2\cosh \eta}{\cosh^3 \eta - 2\sqrt{2}\varepsilon \sinh \eta + 5\cosh \eta}, \quad \omega < 0,$$

$$v_9(x,t) = \dfrac{4\sqrt{2}\varepsilon \cosh \eta + (\cosh^2 \eta - 3)\sinh \eta}{2\sqrt{2}\varepsilon \cosh \eta + (\cosh^2 \eta - 6)\sinh \eta}, \quad \omega < 0,$$

其中 $\eta = \dfrac{1}{2\sqrt{-\omega}}(x - \omega t)$.

(1.70) 和 (1.71) 同 $\theta = c_2$ 一起代入 (4.75) 后得到的 SG 方程的三角函数解也是前面给出的解 u_5.

情形 2　代数方程组的第二组解为

$$a_0 = -1, \quad a_1 = -\omega c_3, \quad c_2 = \dfrac{1}{\omega}. \quad (4.76)$$

由 (4.39) 可以算出

$$g_2 = \dfrac{1}{12\omega^2}, \quad g_3 = -\dfrac{1}{216\omega^3}. \quad (4.77)$$

将 (4.76), (4.77) 同 (4.38) 中的第一个解到第三个解一起代入 (4.66) 并用 (4.64), 则得到方程 (4.63) 的 Weierstrass 椭圆函数解

$$v(x,t) = -\frac{2}{3} - 4\omega \wp(\xi, g_2, g_3), \tag{4.78}$$

$$v(x,t) = -1 - \frac{2\left(-12\varepsilon\sqrt{\dfrac{3}{\omega}}\wp(\xi,g_2,g_3) + 18\wp'(\xi,g_2,g_3) + \sqrt{3}\varepsilon\left(\dfrac{1}{\omega}\right)^{\frac{3}{2}}\right)}{3\left(\sqrt{3}\varepsilon\left(\dfrac{1}{\omega}\right)^{\frac{3}{2}} - 18\wp'(\xi,g_2,g_3)\right)}, \quad \omega > 0,$$

$$\tag{4.79}$$

$$v(x,t) = -1 - \frac{6\wp'(\xi,g_2,g_3)}{\varepsilon\left(-\dfrac{1}{\omega}\right)^{\frac{3}{2}} - 6\varepsilon\sqrt{-\dfrac{1}{\omega}}\wp(\xi,g_2,g_3) - 3\wp'(\xi,g_2,g_3)}, \quad \omega < 0, \tag{4.80}$$

其中 $\xi = x - \omega t$, g_2, g_3 由 (4.77) 式给定.

将 (1.68) 或 (1.69) 同 $\theta = c_2$ 一起代入 (4.78) 并用变换 (4.62), 则分别得到 SG 方程的同一个解

$$u_1(x,t) = \pi - \arccos\frac{1}{2}\left(\tanh^2\frac{1}{2\sqrt{\omega}}(x-\omega t) + \coth^2\frac{1}{2\sqrt{\omega}}(x-\omega t)\right), \quad \omega > 0,$$

$$u_2(x,t) = \arccos\frac{1}{2}\left(\tan^2\frac{1}{2\sqrt{-\omega}}(x-\omega t) + \cot^2\frac{1}{2\sqrt{-\omega}}(x-\omega t)\right), \quad \omega < 0.$$

与情形 1 一样, (4.79) 只能给出双曲函数解. 将 (1.68), (1.69) 同 $\theta = c_2$ 一起代入 (4.79) 并用变换 (4.62), 则得到 SG 方程的解

$$u_i(x,t) = \pi - \arccos\frac{1}{2}\left(v_i(x,t) + \frac{1}{v_i(x,t)}\right), \quad i = 3, 4,$$

$$v_3(x,t) = \frac{2\sqrt{3}\varepsilon\cosh^3\eta + 4\sqrt{3}\varepsilon\cosh\eta - 3\sinh\eta}{2\sqrt{3}\varepsilon\cosh^3\eta - 9\sinh\eta}, \quad \omega > 0,$$

$$v_4(x,t) = \frac{2\sqrt{3}\varepsilon\cosh^2\eta\sinh\eta - 6\sqrt{3}\varepsilon\sinh\eta + 3\cosh\eta}{2\sqrt{3}\varepsilon\cosh^2\eta\sinh\eta - 2\sqrt{3}\varepsilon\sinh\eta + 9\cosh\eta}, \quad \omega > 0,$$

其中 $\eta = \dfrac{1}{2\sqrt{\omega}}(x-\omega t)$.

由于 (4.80) 只能给出三角函数解, 将 (1.70), (1.71) 同 $\theta = c_2$ 一起代入 (4.80)

并用变换 (4.62), 则得到 SG 方程的同一个解

$$u_5(x,t) = \pi - \arccos\left(\frac{\cos\dfrac{2}{\sqrt{-\omega}}(x-\omega t) - 3}{\cos\dfrac{2}{\sqrt{-\omega}}(x-\omega t) + 1}\right), \quad \omega < 0.$$

分别将 $c_3 = \dfrac{1}{\omega}$ 和 $c_3 = -\dfrac{2}{\omega}$ 同 (4.76), (4.77) 和 (4.38) 中的第四个解一起代入 (4.66) 并用 (4.64), 则得到方程 (4.63) 的 Weierstrass 椭圆函数解

$$
\begin{aligned}
&v(x,t)\\
&= -2 - \frac{\sqrt{\dfrac{2}{\omega}}\,\wp'(x-\omega t, g_2, g_3) + \dfrac{5}{2\omega}\left(\wp(x-\omega t, g_2, g_3) - \dfrac{1}{3\omega}\right) + \dfrac{1}{2\omega^2}}{2\left(\wp(x-\omega t, g_2, g_3) - \dfrac{1}{3\omega}\right)^2}, \quad \omega > 0,
\end{aligned}
$$
(4.81)

$$
\begin{aligned}
&v(x,t)\\
&= 1 + \frac{\dfrac{1}{\sqrt{-\omega}}\,\wp'(x-\omega t, g_2, g_3) - \dfrac{2}{\omega}\left(\wp(x-\omega t, g_2, g_3) + \dfrac{5}{12\omega}\right) + \dfrac{1}{2\omega^2}}{\left(\wp(x-\omega t, g_2, g_3) + \dfrac{5}{12\omega}\right)^2}, \quad \omega < 0,
\end{aligned}
$$
(4.82)

其中 g_2, g_3 由 (4.77) 式给定.

不难判断 (4.81) 和 (4.82) 分别退化到双曲函数解与三角函数解. 于是将 (1.68) 和 (1.69) 同 $\theta = c_2$ 一起代入 (4.81), 并用变换 (4.62), 则得到 SG 方程的解

$$u_i(x,t) = \pi - \arccos\frac{1}{2}\left(v_i(x,t) + \frac{1}{v_i(x,t)}\right), \quad i = 6,7,$$

$$v_6(x,t) = \frac{(2\sqrt{2} + \cosh\eta\sinh\eta)\cosh\eta\sinh\eta + 2}{(\cosh^2\eta + 1)^2}, \quad \omega > 0,$$

$$v_7(x,t) = \frac{(-2\sqrt{2} + \cosh\eta\sinh\eta)\cosh\eta\sinh\eta + 2}{(\sinh^2\eta - 1)^2}, \quad \omega > 0,$$

其中 $\eta = \dfrac{1}{2\sqrt{\omega}}(x-\omega t)$.

(1.70) 和 (1.71) 同 $\theta = c_2$ 一起代入 (4.82) 后得到的 SG 方程的三角函数解是前面给出的 u_5, 故不再重写.

分别将 $c_3 = \dfrac{1}{\omega}$ 和 $c_3 = -\dfrac{2}{\omega}$ 同 (4.76), (4.77) 和 (4.38) 中的第五个解一起代入 (4.66) 并用 (4.64), 则得到方程 (4.63) 的 Weierstrass 椭圆函数解

$$v(x,t) = -1 - \frac{-\dfrac{36}{\omega}\wp(\xi, g_2, g_3) + 24\varepsilon\sqrt{\dfrac{2}{\omega}}\wp'(\xi, g_2, g_3) + \dfrac{3}{\omega^2}}{\dfrac{60}{\omega}\wp(\xi, g_2, g_3) + 24\varepsilon\sqrt{\dfrac{2}{\omega}}\wp'(\xi, g_2, g_3) - \dfrac{8}{\omega^2}}, \quad \omega > 0, \quad (4.83)$$

$$v(x,t) = -1 + \frac{\dfrac{48\varepsilon}{\sqrt{-\omega}}\wp'(\xi, g_2, g_3)}{-\dfrac{48}{\omega}\wp(\xi, g_2, g_3) + \dfrac{24\varepsilon}{\sqrt{-\omega}}\wp'(\xi, g_2, g_3) - \dfrac{8}{\omega^2}}, \quad \omega < 0, \quad (4.84)$$

其中 $\xi = x - \omega t$, g_2, g_3 由 (4.77) 式给定.

将 (1.68) 和 (1.69) 同 $\theta = c_2$ 一起代入 (4.83), 并用变换 (4.62), 则得到 SG 方程的解

$$u_i(x,t) = \pi - \arccos \frac{1}{2}\left(v_i(x,t) + \frac{1}{v_i(x,t)}\right), \quad i = 8, 9,$$

$$v_8(x,t) = \frac{\cosh^3\eta - 4\sqrt{2}\varepsilon\sinh\eta + 2\cosh\eta}{\cosh^3\eta - 2\sqrt{2}\varepsilon\sinh\eta + 5\cosh\eta}, \quad \omega > 0,$$

$$v_9(x,t) = \frac{4\sqrt{2}\varepsilon\cosh\eta + \left(\cosh^2\eta - 3\right)\sinh\eta}{2\sqrt{2}\varepsilon\cosh\eta + \left(\cosh^2\eta - 6\right)\sinh\eta}, \quad \omega > 0,$$

其中 $\eta = \dfrac{1}{2\sqrt{\omega}}(x - \omega t)$.

(1.70) 和 (1.71) 同 $\theta = c_2$ 一起代入 (4.84) 后得到的 SG 方程的三角函数解也是前面给出的解 u_5.

例 4.6 试给出 Kaup-Kupershmit (KK) 方程

$$u_t + 180u^2 u_x + 75u_x u_{xx} + 30u u_{xxx} + u_{xxxxx} = 0 \quad (4.85)$$

的 Weierstrass 椭圆函数解及其退化解.

将行波变换

$$u(x,t) = u(\xi), \quad \xi = x - \omega t \quad (4.86)$$

代入 (4.85), 则得到常微分方程

$$-\omega u' + 180u^2 u' + 75u'u'' + 30uu''' + u^{(5)} = 0. \tag{4.87}$$

由于所用辅助方程为 (4.37), 故 $m = 3$. 假设 $O(u) = n$, 则由 (1.19) 可知 $O(u^{(5)}) = n + \dfrac{5}{2}$, $O(u^2 u') = 3n + \dfrac{1}{2}$, 从而平衡常数 $n = 1$. 于是可取方程 (4.87) 的截断形式级数解为

$$u(\xi) = a_0 + a_1 F(\xi), \tag{4.88}$$

其中 a_i $(i = 0,1)$ 为待定常数, $F(\xi)$ 为方程 (4.37) 的某个 Weierstrass 椭圆函数解.

将 (4.88) 和 (4.37) 代入 (4.87), 并令 $F^j F'$ $(j = 0,1,2)$ 的系数等于零, 则得到代数方程组

$$\begin{cases} 180a_1^3 + \dfrac{405}{2}a_1^2 c_3 + \dfrac{45}{2}a_1 c_3^2 = 0, \\[2mm] 360a_0 a_1^2 + 90a_0 a_1 c_3 + 105a_1^2 c_2 + 15a_1 c_2 c_3 = 0, \\[2mm] 180a_0^2 a_1 + 30a_0 a_1 c_2 + a_1 c_2^2 - \omega a_1 = 0. \end{cases}$$

用 Maple 求解此代数方程组则得到四组解, 下面给出这四组解所确定的 KK 方程的 Weierstrass 椭圆函数解及其退化解.

情形 1 代数方程组的第一组解为

$$a_0 = -\frac{\sqrt{\omega}}{6}, \quad a_1 = -\frac{c_3}{8}, \quad c_2 = 4\sqrt{\omega}. \tag{4.89}$$

由 (4.39) 算出

$$g_2 = \frac{4\omega}{3}, \quad g_3 = -\frac{8\omega^{\frac{3}{2}}}{27}. \tag{4.90}$$

将 (4.89), (4.90) 同 (4.38) 中的第一和第二个解代入 (4.88) 并用 (4.86), 则得到 KK 方程的 Weierstrass 椭圆函数解

$$u(x,t) = -\frac{1}{2}\wp(x - \omega t, g_2, g_3), \tag{4.91}$$

$$u(x,t) = \frac{\omega^{\frac{1}{4}}\left(8\sqrt{3\omega}\varepsilon\wp(x - \omega t, g_2, g_3) - 3\omega^{\frac{1}{4}}\wp'(x - \omega t, g_2, g_3) - 4\sqrt{3}\omega\varepsilon\right)}{2\left(4\sqrt{3}\omega^{\frac{3}{4}}\varepsilon - 9\wp'(x - \omega t, g_2, g_3)\right)}, \quad \omega > 0, \tag{4.92}$$

其中 g_2, g_3 由 (4.90) 式给定.

注意到 $c_2 = 4\sqrt{\omega} > 0$, 从而在代数方程组的这组解下 (4.91) 和 (4.92) 只能退化到 KK 方程的双曲函数解. 因此, 将 (1.68) 和 (1.69) 同 $\theta = c_2$ 一起代入 (4.91) 和 (4.92), 则得到 KK 方程的如下孤波解

$$u_1(x,t) = -\frac{\sqrt{\omega}}{6}\left(1 - 3\operatorname{sech}^2\eta\right),$$

$$u_1(x,t) = -\frac{\sqrt{\omega}}{6}\left(1 + 3\operatorname{csch}^2\eta\right),$$

$$u_3(x,t) = -\frac{\sqrt{\omega}\left(2\sqrt{3}\varepsilon\cosh^3\eta + 12\sqrt{3}\varepsilon\cosh\eta + 9\sinh\eta\right)}{6\left(2\sqrt{3}\varepsilon\cosh^3\eta - 9\sinh\eta\right)},$$

$$u_4(x,t) = -\frac{\sqrt{\omega}\left(2\sqrt{3}\varepsilon\sinh^3\eta - 12\sqrt{3}\varepsilon\sinh\eta - 9\cosh\eta\right)}{6\left(2\sqrt{3}\varepsilon\sinh^3\eta + 9\cosh\eta\right)},$$

其中 $\eta = \omega^{\frac{1}{4}}(x - \omega t)$, $\omega > 0$.

由于代数方程组的解中 $c_2 > 0$ 为恒定, 而 (4.38) 的第三个解要求 $c_2 < 0$, 从而可知 (4.38) 的第三个解不存在, 而 (4.38) 的第四和第五个解只有当 $c_2 + c_3 > 0$ 时退化到双曲函数解. 因此, 如果选取

$$c_3 = -3\sqrt{\omega}, \tag{4.93}$$

则满足双曲函数解的存在条件. 于是将 (4.93), (4.89), (4.90) 同 (4.38) 的第四和第五个解一起代入 (4.88) 并用 (4.86), 则得到 KK 方程的 Weierstrass 椭圆函数解

$$u(x,t) = \frac{5\sqrt{\omega}}{24} + \frac{3\sqrt{\omega}\left(\omega^{\frac{1}{4}}\wp'(\xi,g_2,g_3) - \frac{\sqrt{\omega}}{2}\left(\wp(\xi,g_2,g_3) + \frac{5\sqrt{\omega}}{12}\right) - \frac{3\omega}{4}\right)}{16\left(\wp(\xi,g_2,g_3) + \frac{5\sqrt{\omega}}{12}\right)^2}, \quad \omega > 0, \tag{4.94}$$

$$u(x,t) = \frac{30\omega^{\frac{3}{4}}\varepsilon\wp'(\xi,g_2,g_3) - 123\omega\wp(\xi,g_2,g_3) + 68\omega^{\frac{3}{2}}}{6\left(24\varepsilon\omega^{\frac{1}{4}}\wp'(\xi,g_2,g_3) - 12\sqrt{\omega}\wp(\xi,g_2,g_3) - 23\omega\right)}, \quad \omega > 0, \tag{4.95}$$

其中 $\xi = x - \omega t$, g_2, g_3 由 (4.90) 式给定.

将 (1.68), (1.69) 同 $\theta = c_2$ 一起代入 (4.94) 和 (4.95) 式, 则得到 KK 方程的孤波解

$$u_5(x,t) = -\frac{\sqrt{\omega}\left(9\cosh^4\eta + 21\cosh^2\eta - 36\sinh\eta\cosh\eta - 20\right)}{6\left(3\cosh^2\eta - 4\right)^2},$$

$$u_6(x,t) = -\frac{\sqrt{\omega}\left(9\cosh^4\eta - 39\cosh^2\eta + 36\sinh\eta\cosh\eta + 10\right)}{6\left(3\cosh^2\eta + 1\right)^2},$$

$$u_7(x,t) = -\frac{\sqrt{\omega}\left(9\cosh^3\eta + 20\varepsilon\sinh\eta + 41\cosh\eta\right)}{6\left(9\cosh^3\eta - 16\varepsilon\sinh\eta - 4\cosh\eta\right)},$$

$$u_8(x,t) = -\frac{\sqrt{\omega}\left(9\sinh^3\eta - 20\varepsilon\cosh\eta - 41\sinh\eta\right)}{6\left(9\sinh^3\eta + 16\varepsilon\cosh\eta + 4\sinh\eta\right)},$$

其中 $\eta = \omega^{\frac{1}{4}}(x - \omega t)$, $\omega > 0$.

情形 2 代数方程组的第二组解为

$$a_0 = \frac{\sqrt{\omega}}{6}, \quad a_1 = -\frac{c_3}{8}, \quad c_2 = -4\sqrt{\omega}. \tag{4.96}$$

由 (4.39) 算出

$$g_2 = \frac{4\omega}{3}, \quad g_3 = \frac{8\omega^{\frac{3}{2}}}{27}. \tag{4.97}$$

这里 $c_2 = -4\sqrt{\omega} < 0$ 为恒定, 而 (4.38) 的第二个解要求 $c_2 > 0$, 由此知 (4.38) 的第二个解不存在. 另外, 由于 $c_2 < 0$, 从而代数方程组的这组解下只能给出 KK 方程的三角函数解. 从而将 (4.96), (4.97) 同 (4.38) 中的第一和第三个解代入 (4.88) 并用 (4.86), 则得 KK 方程的 Weierstrass 椭圆函数解

$$u(x,t) = -\frac{1}{2}\wp(x - \omega t, g_2, g_3), \tag{4.98}$$

$$u(x,t) = \frac{\omega^{\frac{1}{4}}\left(12\sqrt{\omega}\varepsilon\wp(x - \omega t, g_2, g_3) - 15\omega^{\frac{1}{4}}\wp'(x - \omega t, g_2, g_3) - 8\omega\varepsilon\right)}{6\left(12\omega^{\frac{1}{4}}\varepsilon\wp(x - \omega t, g_2, g_3) + 3\wp'(x - \omega t, g_2, g_3) - 8\omega^{\frac{3}{4}}\varepsilon\right)}, \quad \omega > 0, \tag{4.99}$$

其中 g_2, g_3 由 (4.97) 式给定.

将 (1.70), (1.71) 同 $\theta = c_2$ 一起代入 (4.98) 和 (4.99), 则得 KK 方程的如下周期解

$$u_1(x,t) = \frac{\sqrt{\omega}}{6}\left(1 - 3\sec^2\zeta\right),$$

$$u_2(x,t) = \frac{\sqrt{\omega}}{6}\left(1 - 3\csc^2\zeta\right),$$

$$u_3(x,t) = \frac{\sqrt{\omega}\left(2\varepsilon\cos^3\zeta - 2\varepsilon\cos\zeta + 5\sin\zeta\right)}{6\left(2\varepsilon\cos^3\zeta - 2\varepsilon\cos\zeta - \sin\zeta\right)},$$

$$u_4(x,t) = \frac{\sqrt{\omega}\,(\varepsilon \sin 2\zeta + 5)}{6\,(\varepsilon \sin 2\zeta - 1)},$$

其中 $\zeta = \omega^{\frac{1}{4}}(x - \omega t), \omega > 0$.

如果取

$$c_3 = 5\sqrt{\omega}, \tag{4.100}$$

则 $c_2 + c_3 > 0$ 成立, 从而将 (4.100), (4.96), (4.97) 同 (4.38) 中的第四和第五个解代入 (4.88) 并用 (4.86), 则得到 KK 方程的 Weierstrass 椭圆函数解

$$u(x,t) = -\frac{11\sqrt{\omega}}{24} - \frac{5\sqrt{\omega}\left(\omega^{\frac{1}{4}}\wp'(\xi,g_2,g_3) + \frac{7\sqrt{\omega}}{2}\left(\wp(\xi,g_2,g_3) - \frac{11\sqrt{\omega}}{12}\right) + \frac{5\omega}{4}\right)}{16\left(\wp(\xi,g_2,g_3) - \frac{11\sqrt{\omega}}{12}\right)^2}, \tag{4.101}$$

$$u(x,t) = -\frac{66\omega^{\frac{3}{4}}\varepsilon\wp'(\xi,g_2,g_3) + 51\omega\wp(\xi,g_2,g_3) + 92\omega^{\frac{3}{2}}}{6\left(24\omega^{\frac{1}{4}}\varepsilon\wp'(\xi,g_2,g_3) + 84\sqrt{\omega}\wp(\xi,g_2,g_3) - 47\omega\right)}, \tag{4.102}$$

其中 $\xi = x - \omega t, \omega > 0$, g_2, g_3 由 (4.97) 式给定.

将 (1.70), (1.71) 同 $\theta = c_2$ 一起代入 (4.101) 和 (4.102), 则得到 KK 方程的周期解

$$u_5(x,t) = \frac{\sqrt{\omega}\,(25\cos^4\zeta + 5\cos^2\zeta - 60\sin\zeta\cos\zeta - 44)}{6\,(25\cos^4\zeta - 40\cos^2\zeta + 16)},$$

$$u_6(x,t) = \frac{\sqrt{\omega}\,(25\cos^4\zeta - 55\cos^2\zeta + 60\sin\zeta\cos\zeta - 14)}{6\,(25\cos^4\zeta - 10\cos^2\zeta + 1)},$$

$$u_7(x,t) = \frac{\sqrt{\omega}\,(25\cos^3\zeta + 44\varepsilon\sin\zeta + 17\cos\zeta)}{6\,(25\cos^3\zeta - 16\varepsilon\sin\zeta - 28\cos\zeta)},$$

$$u_8(x,t) = \frac{\sqrt{\omega}\,(25\sin^3\zeta - 44\varepsilon\cos\zeta + 17\sin\zeta)}{6\,(25\sin^3\zeta + 16\varepsilon\cos\zeta + 22\sin\zeta)},$$

其中 $\zeta = \omega^{\frac{1}{4}}(x - \omega t), \omega > 0$.

情形 3 代数方程组的第三组解为

$$a_0 = -\frac{\sqrt{11\omega}}{33}, \quad a_1 = -c_3, \quad c_2 = \frac{\sqrt{11\omega}}{11}. \tag{4.103}$$

由 (4.39) 容易算出

$$g_2 = \frac{\omega}{132}, \quad g_3 = -\frac{\sqrt{11}\omega^{\frac{3}{2}}}{26136}. \tag{4.104}$$

将 (4.103), (4.104) 同 (4.38) 的第一和第二个解一起代入 (4.88) 并用 (4.86), 则得 KK 方程的 Weierstrass 椭圆函数解

$$u(x,t) = -4\wp(\xi, g_2, g_3), \tag{4.105}$$

$$u(x,t) = -\frac{\sqrt{\omega}\left(66\sqrt{11}\wp'(\xi, g_2, g_3) - 88(11\omega)^{\frac{1}{4}}\sqrt{3}\varepsilon\wp(\xi, g_2, g_3) - \sqrt{3}(11\omega)^{\frac{3}{4}}\varepsilon\right)}{11\left(11^{\frac{1}{4}}\omega^{\frac{3}{4}}\sqrt{3}\varepsilon - 198\wp(\xi, g_2, g_3)\right)}, \tag{4.106}$$

其中 $\xi = x - \omega t$, g_2, g_3 由 (4.104) 式给定, 而 (4.106) 满足条件 $\omega > 0$.

由于 $c_2 > 0$ 为恒定, 从而以上两个 Weierstrass 椭圆函数解只能退化到双曲函数解. 于是将 (1.68), (1.69) 同 $\theta = c_2$ 一起代入 (4.105) 和 (4.106), 则得到 KK 方程的孤波解

$$u_1(x,t) = -\frac{\sqrt{11\omega}}{33}\left(1 - 3\mathrm{sech}^2\eta\right),$$

$$u_2(x,t) = -\frac{\sqrt{11\omega}}{33}\left(1 + 3\mathrm{csch}^2\eta\right),$$

$$u_3(x,t) = -\frac{\sqrt{11\omega}\left(2\sqrt{3}\varepsilon\cosh^3\eta + 12\sqrt{3}\varepsilon\cosh\eta + 9\sinh\eta\right)}{33\left(2\sqrt{3}\varepsilon\cosh^3\eta - 9\sinh\eta\right)},$$

$$u_4(x,t) = -\frac{\sqrt{11\omega}\left(2\sqrt{3}\varepsilon\sinh^3\eta - 12\sqrt{3}\varepsilon\sinh\eta - 9\cosh\eta\right)}{33\left(2\sqrt{3}\varepsilon\sinh^3\eta + 9\cosh\eta\right)},$$

其中 $\eta = \frac{11^{\frac{3}{4}}\omega^{\frac{1}{4}}}{22}(x - \omega t), \omega > 0$.

取 $c_3 = \frac{\sqrt{11\omega}}{11}$, 则 $c_2 + c_3 = \frac{2\sqrt{11\omega}}{11} > 0$, 而 $c_2 > 0$ 为恒定, 从而此时 (4.38) 中的第四和第五个解将退化到双曲函数解. 于是将 $c_3 = \frac{\sqrt{11\omega}}{11}$, (4.103), (4.104) 同 (4.38) 的第四和第五个解一起代入 (4.88) 并用 (4.86), 则得 KK 方程的 Weierstrass 椭圆函数解

$$u(x,t)$$

$$= -\frac{\sqrt{11\omega}\left(\frac{\sqrt{22}(11\omega)^{\frac{1}{4}}}{11}\wp'(\xi,g_2,g_3) + \frac{5\sqrt{11\omega}}{22}\left(\wp(\xi,g_2,g_3) - \frac{\sqrt{11\omega}}{33}\right) + \frac{\omega}{22}\right)}{22\left(\wp(\xi,g_2,g_3) - \frac{\sqrt{11\omega}}{33}\right)^2}$$

$$- \frac{4\sqrt{11\omega}}{33}, \tag{4.107}$$

$$u(x,t) = -\frac{1056 \times 11^{\frac{1}{4}}\sqrt{2}\omega^{\frac{3}{4}}\varepsilon\wp'(\xi,g_2,g_3) - 528\omega\wp(\xi,g_2,g_3) + \sqrt{11}\omega^{\frac{3}{2}}}{132\left(6 \times 11^{\frac{3}{4}}\sqrt{2}\omega^{\frac{1}{4}}\varepsilon\wp'(\xi,g_2,g_3) + 15\sqrt{11\omega}\wp(\xi,g_2,g_3) - 2\omega\right)}, \tag{4.108}$$

其中 $\xi = x - \omega t, \omega > 0$, g_2, g_3 由 (4.104) 式给定.

将 (1.68), (1.69) 同 $\theta = c_2$ 一起代入 (4.107) 和 (4.108), 则得到 KK 方程的如下孤波解

$$u_5(x,t) = -\frac{\sqrt{11\omega}\left(\cosh^4\eta - 7\cosh^2\eta + 6\sqrt{2}\sinh\eta\cosh\eta + 4\right)}{33\left(\cosh^2\eta + 1\right)^2},$$

$$u_6(x,t) = -\frac{\sqrt{11\omega}\left(\cosh^4\eta + 5\cosh^2\eta + 6\sqrt{2}\sinh\eta\cosh\eta - 2\right)}{33\left(\cosh^2\eta - 2\right)^2},$$

$$u_7(x,t) = -\frac{\sqrt{11\omega}\left(\cosh^3\eta - 8\sqrt{2}\varepsilon\sinh\eta - 4\cosh\eta\right)}{33\left(\cosh^3\eta - 2\sqrt{2}\varepsilon\sinh\eta + 5\cosh\eta\right)},$$

$$u_8(x,t) = -\frac{\sqrt{11\omega}\left(\sinh^3\eta + 8\sqrt{2}\varepsilon\cosh\eta + 4\sinh\eta\right)}{33\left(\sinh^3\eta + 2\sqrt{2}\varepsilon\cosh\eta - 5\sinh\eta\right)},$$

其中 $\eta = \dfrac{11^{\frac{3}{4}}\omega^{\frac{1}{4}}}{22}(x - \omega t), \omega > 0$.

情形 4 代数方程组的第四组解为

$$a_0 = \frac{\sqrt{11\omega}}{33}, \quad a_1 = -c_3, \quad c_2 = -\frac{\sqrt{11\omega}}{11}. \tag{4.109}$$

由 (4.39) 容易算出

$$g_2 = \frac{\omega}{132}, \quad g_3 = \frac{\sqrt{11}\omega^{\frac{3}{2}}}{26136}. \tag{4.110}$$

　　代数方程组的这组解下 $c_2 < 0$ 为恒定, 除 (4.38) 中的第二个解要求 $c_2 < 0$ 而不存在外其余解都将退化到三角函数解. 从而将 (4.109), (4.110) 同 (4.38) 的第一和第三个解一起代入 (4.88) 并用 (4.86), 则得 KK 方程的 Weierstrass 椭圆函数解

$$u(x,t) = -4\wp(\xi, g_2, g_3), \tag{4.111}$$

$$u(x,t) = -\frac{\sqrt{\omega}\left(165\sqrt{11}\wp'(\xi, g_2, g_3) - 66(11\omega)^{\frac{1}{4}}\varepsilon\wp(\xi, g_2, g_3) - (11\omega)^{\frac{3}{4}}\varepsilon\right)}{33\left(33\wp'(\xi, g_2, g_3) + 6 \times 11^{\frac{3}{4}}\omega^{\frac{1}{4}}\varepsilon\wp(\xi, g_2, g_3) - 11^{\frac{1}{4}}\omega^{\frac{3}{4}}\varepsilon\right)}, \tag{4.112}$$

其中 $\xi = x - \omega t$, g_2, g_3 由 (4.110) 式给定, 而 (4.112) 满足条件 $\omega > 0$.

　　将 (1.70), (1.71) 同 $\theta = c_2$ 一起代入 (4.111) 和 (4.112), 则得到 KK 方程的如下周期解

$$u_1(x,t) = \frac{\sqrt{11\omega}}{33}\left(1 - 3\sec^2\zeta\right),$$

$$u_2(x,t) = \frac{\sqrt{11\omega}}{33}\left(1 - 3\csc^2\zeta\right),$$

$$u_3(x,t) = \frac{\sqrt{11\omega}\left(2\varepsilon\cos^3\zeta - 2\varepsilon\cos\zeta + 5\sin\zeta\right)}{33\left(2\varepsilon\cos^3\zeta - 2\varepsilon\cos\zeta - \sin\zeta\right)},$$

$$u_4(x,t) = \frac{\sqrt{11\omega}\left(\varepsilon\sin 2\zeta + 5\right)}{33\left(\varepsilon\sin 2\zeta - 1\right)},$$

其中 $\zeta = \frac{11^{\frac{3}{4}}\omega^{\frac{1}{4}}}{22}(x - \omega t), \omega > 0$.

　　若取 $c_3 = \frac{2\sqrt{11\omega}}{11}$, 则 $c_2 + c_3 = \frac{\sqrt{11\omega}}{11} > 0$ 成立. 从而 (4.38) 的第四和第五个解将退化到三角函数解. 于是将 $c_3 = \frac{2\sqrt{11\omega}}{11}$, (4.109), (4.110) 同 (4.38) 的第四和第五个解一起代入 (4.88) 并用 (4.86), 则得 KK 方程的 Weierstrass 椭圆函数解

$$u(x,t) = -\frac{5\sqrt{11\omega}}{33}$$

$$-\frac{\sqrt{11\omega}\left(\left(\frac{\omega}{11}\right)^{\frac{1}{4}}\wp'(\xi,g_2,g_3)+\frac{2\sqrt{11\omega}}{11}\left(\wp(\xi,g_2,g_3)-\frac{5\sqrt{11\omega}}{132}\right)+\frac{\omega}{22}\right)}{22\left(\wp(\xi,g_2,g_3)-\frac{5\sqrt{11\omega}}{132}\right)^2},$$

$$(4.113)$$

$$u(x,t)=-\frac{165\times 11^{\frac{1}{4}}\omega^{\frac{3}{4}}\varepsilon\wp'(\xi,g_2,g_3)-66\omega\wp(\xi,g_2,g_3)+\sqrt{11}\omega^{\frac{3}{2}}}{33\left(3\times 11^{\frac{3}{4}}\omega^{\frac{1}{4}}\varepsilon\wp'(\xi,g_2,g_3)+6\sqrt{11\omega}\wp(\xi,g_2,g_3)-\omega\right)},\qquad (4.114)$$

其中 $\xi = x - \omega t, \omega > 0$, g_2, g_3 由 (4.110) 式给定.

将 (1.70), (1.71) 同 $\theta = c_2$ 一起代入 (4.113) 和 (4.114), 则得到 KK 方程的周期解

$$u_5(x,t)=\frac{\sqrt{11\omega}\left(4\cos^4\zeta-4\cos^2\zeta-12\sin\zeta\cos\zeta-5\right)}{33\left(2\cos^2\zeta-1\right)^2},$$

$$u_6(x,t)=\frac{\sqrt{11\omega}\left(4\cos^4\zeta-4\cos^2\zeta+12\sin\zeta\cos\zeta-5\right)}{33\left(2\cos^2\zeta-1\right)^2},$$

$$u_7(x,t)=\frac{\sqrt{11\omega}\left(2\cos^3\zeta+5\varepsilon\sin\zeta-2\cos\zeta\right)}{33\left(2\cos^3\zeta-\varepsilon\sin\zeta-2\cos\zeta\right)},$$

$$u_8(x,t)=\frac{\sqrt{11\omega}\left(\sin 2\zeta+5\varepsilon\right)}{33\left(\sin 2\zeta-\varepsilon\right)},$$

其中 $\zeta = \frac{11^{\frac{3}{4}}\omega^{\frac{1}{4}}}{22}(x-\omega t), \omega > 0$.

4.3 第三种 Weierstrass 型子方程展开法

第四种椭圆方程 (2.69) 当 $c_3 = 0$ 时给出子方程

$$F'^2(\xi) = c_2 F^2(\xi) + c_4 F^4(\xi),\qquad (4.115)$$

其中 c_2, c_4 为常数.

第三种 Weierstrass 型子方程展开法以 (4.115) 为辅助方程且沿用 Weierstrass 型辅助方程的步骤, 即截断形式级数解取 (1.5) 的形式, 而方程 (4.115) 取下面的 Weierstrass 椭圆函数解

$$F(\xi) = \begin{cases} \dfrac{\sqrt{-\dfrac{c_2}{c_4}\left(c_2 - 12\wp(\xi, g_2, g_3)\right)}}{12\wp(\xi, g_2, g_3) + 5c_2}, \quad c_2 c_4 < 0, \\[4mm] \dfrac{3\wp'(\xi, g_2, g_3)}{\sqrt{c_4}\left(6\wp(\xi, g_2, g_3) + c_2\right)}, \quad c_4 > 0, \\[4mm] \dfrac{\varepsilon\left(-12\sqrt{6}c_2\wp(\xi, g_2, g_3) + \sqrt{6}c_2^2 - 36\sqrt{c_2}\wp'(\xi, g_2, g_3)\right)}{2\sqrt{c_4}\left(-24\sqrt{3c_2}\wp(\xi, g_2, g_3) - \sqrt{3}c_2^{\frac{3}{2}} + 18\sqrt{2}\wp'(\xi, g_2, g_3)\right)}, \\[2mm] \quad c_2 > 0, \quad c_4 > 0, \\[3mm] 1 + \dfrac{\sqrt{c_2 + c_4}\,\wp'(\xi, g_2, g_3) + (c_2 + 2c_4)\left(\wp(\xi, g_2, g_3) - \dfrac{c_2}{12} - \dfrac{c_4}{2}\right) + a}{2\left(\wp(\xi, g_2, g_3) - \dfrac{c_2}{12} - \dfrac{c_4}{2}\right)^2 - \dfrac{1}{2}a}, \\[4mm] \quad a = (c_2 + c_4)c_4, \quad c_2 + c_4 \geqslant 0, \\[3mm] \dfrac{12\varepsilon\sqrt{c_2 + c_4}\,\wp'(g_2, g_3) + c_2^2 - 12c_2\wp(\xi, g_2, g_3)}{12\varepsilon\sqrt{c_2 + c_4}\,\wp'(g_2, g_3) + 12(c_2 + 2c_4)\wp(\xi, g_2, g_3) - c_2(c_2 - 4c_4)}, \\[3mm] \quad c_2 + c_4 \geqslant 0, \end{cases} \tag{4.116}$$

其中

$$g_2 = \frac{c_2^2}{12}, \quad g_3 = -\frac{c_2^3}{216}. \tag{4.117}$$

例 4.7　试给出 Boussinesq 方程

$$u_{tt} + \alpha u_{xx} + \beta(u^2)_{xx} + \gamma u_{xxxx} = 0 \tag{4.118}$$

的 Weierstrass 椭圆函数解及其退化解, 其中 α, β, γ 为常数.

将行波变换

$$u(x, t) = u(\xi), \quad \xi = x - \omega t \tag{4.119}$$

代入 (4.118) 后积分两次并取积分常数为零, 则得到常微分方程

$$\left(\omega^2 + \alpha\right)u + \beta u^2 + \gamma u'' = 0. \tag{4.120}$$

由于辅助方程为 (4.115), 故 $m = 4$. 假设 $O(u) = n$, 则由 (1.19) 知 $O(u'') = n + 2$, $O(u^2) = 2n$, 从而平衡常数 $n = 2$. 于是可取方程 (4.120) 的截断形式级数解为

$$u(\xi) = a_0 + a_1 F(\xi) + a_2 F^2(\xi), \tag{4.121}$$

其中 a_i $(i = 0, 1, 2)$ 为待定常数, $F(\xi)$ 为方程 (4.115) 的某个 Weierstrass 椭圆函数解.

将 (4.121) 和 (4.115) 代入 (4.120), 并令 F^j $(j = 0, 1, 2, 3, 4)$ 的系数等于零, 则得代数方程组

$$
\begin{cases}
\beta a_2^2 + 6\gamma a_2 c_4 = 0, \\
2\beta a_1 a_2 + 2\gamma a_1 c_4 = 0, \\
\beta a_0^2 + \omega^2 a_0 + \alpha a_0 = 0, \\
2\beta a_0 a_1 + \gamma a_1 c_2 + \omega^2 a_1 + \alpha a_1 = 0, \\
2\beta a_0 a_2 + \beta a_1^2 + 4\gamma a_2 c_2 + \omega^2 a_2 + \alpha a_2 = 0.
\end{cases}
$$

用 Maple 求解可得该代数方程组的两组解. 下面分情形讨论代数方程组的这两组解所确定的 Boussinesq 方程的 Weierstrass 椭圆函数解与退化解.

情形 1 代数方程组的第一组解为

$$
a_0 = 0, \quad a_1 = 0, \quad c_2 = -\frac{\omega^2 + \alpha}{4\gamma}, \quad c_4 = -\frac{a_2 \beta}{6\gamma}. \tag{4.122}
$$

由 (4.117) 容易算出

$$
g_2 = \frac{(\omega^2 + \alpha)^2}{192\gamma^2}, \quad g_3 = \frac{(\omega^2 + \alpha)^3}{13824\gamma^3}. \tag{4.123}
$$

将 (4.122), (4.123) 和 (4.116) 中的前三个解代入 (4.121) 并用 (4.119), 则得到 Boussinesq 方程的 Weierstrass 椭圆函数解

$$
u(x, t) = -\frac{3(\omega^2 + \alpha)}{2\beta} \left(\frac{48\gamma\wp(\xi, g_2, g_3) + \omega^2 + \alpha}{48\gamma\wp(\xi, g_2, g_3) - 5(\omega^2 + \alpha)} \right)^2, \tag{4.124}
$$

$$
u(x, t) = -\frac{864\gamma^3}{\beta} \left(\frac{\wp'(\xi, g_2, g_3)}{24\gamma\wp(\xi, g_2, g_3) - \omega^2 - \alpha} \right)^2, \tag{4.125}
$$

$$
u(x, t) = -\frac{3\gamma}{2\beta} \left(\frac{3\sqrt{6}a\wp(\xi, g_2, g_3) - 18\sqrt{-a}\wp'(\xi, g_2, g_3) + \dfrac{\sqrt{6}a^2}{16}}{-12\sqrt{-3a}\wp(\xi, g_2, g_3) + 18\sqrt{2}\wp'(\xi, g_2, g_3) + \sqrt{3}\left(-\dfrac{a}{4}\right)^{\frac{3}{2}}} \right)^2,
$$

$$
a = \frac{\omega^2 + \alpha}{\gamma}, \quad (\omega^2 + \alpha)\gamma < 0, \tag{4.126}
$$

其中 $\xi = x - \omega t$, 而 g_2, g_3 由 (4.123) 式给定.

将 (1.68) 或 (1.69) 同 $\theta = c_2$ 一起代入 (4.124) 和 (4.125), 则得到 Boussinesq 方程的如下孤波解

$$u_1(x,t) = -\frac{3(\omega^2 + \alpha)}{2\beta} \operatorname{sech}^2 \frac{1}{2} \sqrt{-\frac{\omega^2 + \alpha}{\gamma}} (x - \omega t), \quad (\omega^2 + \alpha)\gamma < 0,$$

$$u_2(x,t) = \frac{3(\omega^2 + \alpha)}{2\beta} \operatorname{csch}^2 \frac{1}{2} \sqrt{-\frac{\omega^2 + \alpha}{\gamma}} (x - \omega t), \quad (\omega^2 + \alpha)\gamma < 0.$$

将 (1.70) 或 (1.71) 同 $\theta = c_2$ 一起代入 (4.124) 和 (4.125), 则得到 Boussinesq 方程的如下周期解

$$u_3(x,t) = -\frac{3(\omega^2 + \alpha)}{2\beta} \sec^2 \frac{1}{2} \sqrt{\frac{\omega^2 + \alpha}{\gamma}} (x - \omega t), \quad (\omega^2 + \alpha)\gamma > 0,$$

$$u_4(x,t) = -\frac{3(\omega^2 + \alpha)}{2\beta} \csc^2 \frac{1}{2} \sqrt{\frac{\omega^2 + \alpha}{\gamma}} (x - \omega t), \quad (\omega^2 + \alpha)\gamma > 0.$$

由于解 (4.126) 要求 $c_2 > 0$, 而转换为三角函数解时要求 $c_2 < 0$, 这两者不能同时成立, 从而 (4.126) 只能退化到双曲函数解. 于是将 (1.68) 和 (1.69) 同 $\theta = c_2$ 一起代入 (4.126), 则得到 Boussinesq 方程的如下孤波解

$$u_5(x,t) = \frac{3(\omega^2 + \alpha)}{4\beta} \left(\frac{\sqrt{6} \sinh \eta - 2 \cosh \eta}{2 \cosh^3 \eta - \sqrt{6} \sinh \eta - 4 \cosh \eta} \right)^2, \quad (\omega^2 + \alpha)\gamma < 0,$$

$$u_6(x,t) = \frac{3(\omega^2 + \alpha)}{4\beta} \left(\frac{\sqrt{6} \cosh \eta - 2 \sinh \eta}{2 \sinh^3 \eta + \sqrt{6} \cosh \eta + 4 \sinh \eta} \right)^2, \quad (\omega^2 + \alpha)\gamma < 0,$$

其中 $\eta = \frac{1}{4} \sqrt{-\frac{\omega^2 + \alpha}{\gamma}} (x - \omega t)$.

因为 (4.116) 中的第四和第五个解当 $c_2 + c_4 > 0$ 且 $c_2 > 0$ 时退化为双曲函数解, 而当 $c_2 + c_4 > 0$ 且 $c_2 < 0$ 时退化为三角函数解, 因此可以选取符合以上要求的 a_2 值, 如取

$$a_2 = \frac{3(\omega^2 + \alpha)}{2\beta} \tag{4.127}$$

和

$$a_2 = -\frac{3(\omega^2 + \alpha)}{\beta}, \tag{4.128}$$

则 (4.127) 和 (4.128) 将分别满足以上两个条件.

分别将 (4.127) 和 (4.128) 同 (4.122), (4.123) 和 (4.116) 中的第四个解一起代入 (4.121) 并注意到 (4.119), 则得到 Boussinesq 方程的 Weierstrass 椭圆函数解

$$
u(x,t) = \frac{3(\omega^2+\alpha)}{2\beta}\left(1 + \frac{\sqrt{-b}\,\wp'(\xi,g_2,g_3) - \dfrac{3b}{2}\left(\wp(\xi,g_2,g_3) + \dfrac{7b}{24}\right) + \dfrac{b^2}{2}}{2\left(\wp(\xi,g_2,g_3) + \dfrac{7b}{24}\right)^2 - \dfrac{b^2}{4}}\right)^2,
$$
(4.129)

$$
u(x,t) = -\frac{3(\omega^2+\alpha)}{2\beta}\left(1 + \frac{\dfrac{1}{2}\sqrt{2b}\,\wp'(\xi,g_2,g_3) + \dfrac{3b}{2}\left(\wp(\xi,g_2,g_3) - \dfrac{11b}{24}\right) + \dfrac{b^2}{2}}{2\left(\wp(\xi,g_2,g_3) - \dfrac{11b}{24}\right)^2 - \dfrac{b^2}{4}}\right)^2,
$$
(4.130)

其中 $b = \dfrac{\omega^2+\alpha}{2\gamma}$, $\xi = x - \omega t$, g_2, g_3 由 (4.123) 式给定, 且 (4.129) 和 (4.130) 分别满足 $(\omega^2+\alpha)\gamma < 0$ 和 $(\omega^2+\alpha)\gamma > 0$.

取 $\theta = c_2$ 并将 (1.68) 或 (1.69) 代入 (4.129), (1.70) 或 (1.71) 代入 (4.130), 则得到 Boussinesq 方程的如下孤波解与周期解

$$
u_7(x,t) = \frac{3(\omega^2+\alpha)}{2\beta}
$$
$$
\times \left(\frac{\sqrt{2}\sinh\dfrac{1}{2}\sqrt{-\dfrac{\omega^2+\alpha}{\gamma}}(x-\omega t) - \cosh\dfrac{1}{2}\sqrt{-\dfrac{\omega^2+\alpha}{\gamma}}(x-\omega t)}{\cosh^2\dfrac{1}{2}\sqrt{-\dfrac{\omega^2+\alpha}{\gamma}}(x-\omega t) - 2}\right)^2,
$$

$$
u_8(x,t) = -\frac{3(\omega^2+\alpha)}{2\beta}\left(\frac{\sin\dfrac{1}{2}\sqrt{\dfrac{\omega^2+\alpha}{\gamma}}(x-\omega t) - \cos\dfrac{1}{2}\sqrt{\dfrac{\omega^2+\alpha}{\gamma}}(x-\omega t)}{2\sin^2\dfrac{1}{2}\sqrt{\dfrac{\omega^2+\alpha}{\gamma}}(x-\omega t) - 1}\right)^2,
$$

以上两式分别满足条件 $(\omega^2+\alpha)\gamma < 0$ 和 $(\omega^2+\alpha)\gamma > 0$.

同理, 分别将 (4.127) 和 (4.128) 同 (4.122), (4.123) 和 (4.116) 中的第五个解一起代入 (4.121) 并注意到 (4.119), 则得到 Boussinesq 方程的 Weierstrass 椭圆

函数解

$$u(x,t) = \frac{3(\omega^2+\alpha)}{2\beta}\left(\frac{6c\wp(\xi,g_2,g_3)+12\varepsilon\sqrt{-c}\wp'(\xi,g_2,g_3)+\dfrac{c^2}{4}}{-18c\wp(\xi,g_2,g_3)+12\varepsilon\sqrt{-c}\wp'(\xi,g_2,g_3)+\dfrac{3c^2}{4}}\right)^2, \quad (4.131)$$

$$u(x,t) = -\frac{3(\omega^2+\alpha)}{2\beta}\left(\frac{6c\wp(\xi,g_2,g_3)+6\varepsilon\sqrt{2c}\wp'(\xi,g_2,g_3)+\dfrac{c^2}{4}}{18c\wp(\xi,g_2,g_3)+6\varepsilon\sqrt{2c}\wp'(\xi,g_2,g_3)-\dfrac{9c^2}{4}}\right)^2, \quad (4.132)$$

其中 $c = \dfrac{\omega^2+\alpha}{2\gamma}$, $\xi = x - \omega t$, g_2, g_3 由 (4.123) 式给定, 且 (4.131) 和 (4.132) 分别满足 $(\omega^2+\alpha)\gamma < 0$ 和 $(\omega^2+\alpha)\gamma > 0$.

置 $\theta = c_2$ 并将 (1.68) 和 (1.69) 代入 (4.131), 将 (1.70) 和 (1.71) 代入 (4.132), 则得到 Boussinesq 方程的如下孤波解与周期解

$$u_9(x,t) = \frac{3(\omega^2+\alpha)}{2\beta}\left(\frac{\sqrt{2}\varepsilon\sinh\eta+\cosh\eta}{2\cosh^3\eta+\sqrt{2}\varepsilon\sinh\eta-3\cosh\eta}\right)^2, \quad (\omega^2+\alpha)\gamma < 0,$$

$$u_{10}(x,t) = \frac{3(\omega^2+\alpha)}{2\beta}\left(\frac{\sqrt{2}\varepsilon\cosh\eta+\sinh\eta}{2\sinh^3\eta-\sqrt{2}\varepsilon\cosh\eta+3\sinh\eta}\right)^2, \quad (\omega^2+\alpha)\gamma < 0,$$

$$u_{11}(x,t) = -\frac{3(\omega^2+\alpha)}{\beta}\left(\frac{\varepsilon\sin\zeta+\cos\zeta}{4\cos^3\zeta-\varepsilon\sin\zeta-3\cos\zeta}\right)^2, \quad (\omega^2+\alpha)\gamma > 0,$$

$$u_{12}(x,t) = \frac{3(\omega^2+\alpha)}{\beta}\left(\frac{\varepsilon\cos\zeta-\sin\zeta}{4\sin^3\zeta+\varepsilon\cos\zeta-3\sin\zeta}\right)^2, \quad (\omega^2+\alpha)\gamma > 0,$$

其中 $\eta = \dfrac{1}{4}\sqrt{-\dfrac{\omega^2+\alpha}{\gamma}}(x-\omega t)$, $\zeta = \dfrac{1}{4}\sqrt{\dfrac{\omega^2+\alpha}{\gamma}}(x-\omega t)$.

情形 2　代数方程组的第二组解为

$$a_0 = -\frac{\omega^2+\alpha}{\gamma}, \quad a_1 = 0, \quad c_2 = \frac{\omega^2+\alpha}{4\gamma}, \quad c_4 = -\frac{a_2\beta}{6\gamma}. \quad (4.133)$$

由 (4.117) 容易算出

$$g_2 = \frac{(\omega^2+\alpha)^2}{192\gamma^2}, \quad g_3 = -\frac{(\omega^2+\alpha)^3}{13824\gamma^3}. \quad (4.134)$$

将 (4.133), (4.134) 和 (4.116) 中的前三个解代入 (4.121) 并用 (4.119), 则得到 Boussinesq 方程的 Weierstrass 椭圆函数解

$$u(x,t) = -\frac{3(\omega^2+\alpha)}{\beta} + \frac{3(\omega^2+\alpha)}{2\beta}\left(\frac{48\gamma\wp(\xi,g_2,g_3)-\omega^2-\alpha}{48\gamma\wp(\xi,g_2,g_3)+5(\omega^2+\alpha)}\right)^2, \qquad (4.135)$$

$$u(x,t) = -\frac{3(\omega^2+\alpha)}{\beta} - \frac{864\gamma^3}{\beta}\left(\frac{\wp'(\xi,g_2,g_3)}{24\gamma\wp(\xi,g_2,g_3)+\omega^2+\alpha}\right)^2, \qquad (4.136)$$

$$u(x,t) = -\frac{3(\omega^2+\alpha)}{\beta} - \frac{3\gamma}{2\beta}\left(\frac{-3\sqrt{6}a\wp(\xi,g_2,g_3)-18\sqrt{a}\wp'(\xi,g_2,g_3)+\dfrac{\sqrt{6}a^2}{16}}{-12\sqrt{3}a\wp(\xi,g_2,g_3)+18\sqrt{2}\wp'(\xi,g_2,g_3)-\dfrac{\sqrt{3}}{8}a^{\frac{3}{2}}}\right)^2,$$

$$a = \frac{\omega^2+\alpha}{\gamma}, \quad (\omega^2+\alpha)\gamma > 0, \qquad (4.137)$$

其中 $\xi = x - \omega t$, 而 g_2, g_3 由 (4.134) 式给定.

将 (1.68) 或 (1.69) 同 $\theta = c_2$ 一起代入 (4.135) 和 (4.136), 则得到 Boussinesq 方程的如下孤波解

$$u_1(x,t) = -\frac{\omega^2+\alpha}{\beta}\left(1 - \frac{3}{2}\text{sech}^2\frac{1}{2}\sqrt{\frac{\omega^2+\alpha}{\gamma}}(x-\omega t)\right), \quad (\omega^2+\alpha)\gamma > 0,$$

$$u_2(x,t) = -\frac{\omega^2+\alpha}{\beta}\left(1 + \frac{3}{2}\text{csch}^2\frac{1}{2}\sqrt{\frac{\omega^2+\alpha}{\gamma}}(x-\omega t)\right), \quad (\omega^2+\alpha)\gamma > 0.$$

将 (1.70) 或 (1.71) 同 $\theta = c_2$ 一起代入 (4.135) 和 (4.136), 则得到 Boussinesq 方程的如下周期解

$$u_3(x,t) = -\frac{\omega^2+\alpha}{\beta}\left(1 - \frac{3}{2}\sec^2\frac{1}{2}\sqrt{-\frac{\omega^2+\alpha}{\gamma}}(x-\omega t)\right), \quad (\omega^2+\alpha)\gamma < 0,$$

$$u_4(x,t) = -\frac{\omega^2+\alpha}{\beta}\left(1 - \frac{3}{2}\csc^2\frac{1}{2}\sqrt{-\frac{\omega^2+\alpha}{\gamma}}(x-\omega t)\right), \quad (\omega^2+\alpha)\gamma < 0.$$

由于解 (4.137) 要求 $c_2 > 0$, 这与 $c_2 < 0$ 不能同时成立, 从而 (4.137) 只能退化到双曲函数解. 于是将 (1.68) 和 (1.69) 同 $\theta = c_2$ 一起代入 (4.137), 则得到 Boussinesq 方程的如下孤波解

$$u_5(x,t) = -\frac{\omega^2+\alpha}{\beta}\left(1 + \frac{3}{4}\left(\frac{\sqrt{6}\sinh\eta - 2\cosh\eta}{-2\cosh^3\eta + \sqrt{6}\sinh\eta + 4\cosh\eta}\right)^2\right),$$

$$(\omega^2 + \alpha)\gamma > 0,$$

$$u_6(x,t) = -\frac{\omega^2 + \alpha}{\beta}\left(1 + \frac{3}{4}\left(\frac{\sqrt{6}\cosh\eta - 2\sinh\eta}{2\sinh^3\eta + \sqrt{6}\cosh\eta + 4\sinh\eta}\right)^2\right),$$

$$(\omega^2 + \alpha)\gamma > 0,$$

其中 $\eta = \dfrac{1}{4}\sqrt{\dfrac{\omega^2 + \alpha}{\gamma}}(x - \omega t)$.

由于 (4.116) 中的第四和第五个解当 $c_2 + c_4 > 0$ 且 $c_2 > 0$ 时退化为双曲函数解, 而当 $c_2 + c_4 > 0$ 且 $c_2 < 0$ 时退化为三角函数解, 与情形 1 一样, 只要选取

$$a_2 = -\frac{3(\omega^2 + \alpha)}{2\beta} \tag{4.138}$$

和

$$a_2 = \frac{3(\omega^2 + \alpha)}{\beta}, \tag{4.139}$$

就可以分别给出双曲函数解和三角函数解. 为此, 分别将 (4.138) 和 (4.139) 同 (4.133), (4.134) 和 (4.116) 中的第四个解一起代入 (4.121) 并用变换 (4.119), 则得到 Boussinesq 方程的 Weierstrass 椭圆函数解

$$u(x,t) = -\frac{3(\omega^2 + \alpha)}{2\beta}\left(1 + \frac{\sqrt{b}\wp'(\xi,g_2,g_3) + \frac{3b}{2}\left(\wp(\xi,g_2,g_3) - \frac{7b}{24}\right) + \frac{b^2}{2}}{2\left(\wp(\xi,g_2,g_3) - \frac{7b}{24}\right)^2 - \frac{b^2}{4}}\right)^2$$
$$-\frac{\omega^2 + \alpha}{\beta}, \quad (\omega^2 + \alpha)\gamma > 0, \tag{4.140}$$

$$u(x,t) = \frac{3(\omega^2 + \alpha)}{\beta}\left(1 + \frac{\sqrt{-\frac{b}{2}}\wp'(\xi,g_2,g_3) - \frac{3b}{2}\left(\wp(\xi,g_2,g_3) + \frac{11b}{24}\right) + \frac{b^2}{2}}{2\left(\wp(\xi,g_2,g_3) + \frac{11b}{24}\right)^2 - \frac{b^2}{4}}\right)^2$$
$$-\frac{\omega^2 + \alpha}{\beta}, \quad (\omega^2 + \alpha)\gamma < 0, \tag{4.141}$$

其中 $b = \dfrac{\omega^2 + \alpha}{2\gamma}, \xi = x - \omega t, g_2, g_3$ 由 (4.134) 式给定.

取 $\theta = c_2$ 并将 (1.68) 或 (1.69) 代入 (4.140), 将 (1.70) 或 (1.71) 代入 (4.141), 则得到 Boussinesq 方程的如下孤波解与周期解

$$u_7(x,t) = -\frac{\omega^2 + \alpha}{\beta}$$

$$\times \left(1+\frac{3}{2}\left(\frac{\sqrt{2}\sinh\frac{1}{2}\sqrt{\frac{\omega^2+\alpha}{\gamma}}(x-\omega t)-\cosh\frac{1}{2}\sqrt{\frac{\omega^2+\alpha}{\gamma}}(x-\omega t)}{\cosh^2\frac{1}{2}\sqrt{\frac{\omega^2+\alpha}{\gamma}}(x-\omega t)-2}\right)^2\right),$$

$$u_8(x,t)=-\frac{\omega^2+\alpha}{\beta}$$

$$\times\left(1-3\left(\frac{\sin\frac{1}{2}\sqrt{-\frac{\omega^2+\alpha}{\gamma}}(x-\omega t)-\cos\frac{1}{2}\sqrt{-\frac{\omega^2+\alpha}{\gamma}}(x-\omega t)}{2\cos^2\frac{1}{2}\sqrt{-\frac{\omega^2+\alpha}{\gamma}}(x-\omega t)-1}\right)^2\right),$$

以上两式分别满足条件 $(\omega^2+\alpha)\gamma>0$ 和 $(\omega^2+\alpha)\gamma<0$.

同理, 分别将 (4.138) 和 (4.139) 同 (4.133), (4.134) 和 (4.116) 中的第五个解一起代入 (4.121) 并用 (4.119), 则得到 Boussinesq 方程的 Weierstrass 椭圆函数解

$$u(x,t)=-\frac{3(\omega^2+\alpha)}{2\beta}\left(\frac{-6c\wp(\xi,g_2,g_3)+12\varepsilon\sqrt{c}\wp'(\xi,g_2,g_3)+\frac{c^2}{4}}{18c\wp(\xi,g_2,g_3)+12\varepsilon\sqrt{c}\wp'(\xi,g_2,g_3)+\frac{3c^2}{4}}\right)^2$$

$$-\frac{\omega^2+\alpha}{\beta},\quad (\omega^2+\alpha)\gamma>0,\tag{4.142}$$

$$u(x,t)=\frac{3(\omega^2+\alpha)}{\beta}\left(\frac{-6c\wp(\xi,g_2,g_3)+12\varepsilon\sqrt{-2c}\wp'(\xi,g_2,g_3)+\frac{c^2}{4}}{-18c\wp(\xi,g_2,g_3)+12\varepsilon\sqrt{-2c}\wp'(\xi,g_2,g_3)-\frac{9c^2}{4}}\right)^2$$

$$-\frac{\omega^2+\alpha}{\beta},\quad (\omega^2+\alpha)\gamma<0,\tag{4.143}$$

其中 $c=\dfrac{\omega^2+\alpha}{2\gamma}$, $\xi=x-\omega t$, g_2,g_3 由 (4.134) 式给定.

置 $\theta=c_2$ 并将 (1.68) 和 (1.69) 代入 (4.142), 将 (1.70) 和 (1.71) 代入 (4.143), 则得到 Boussinesq 方程的如下孤波解与周期解

$$u_9(x,t)=-\frac{\omega^2+\alpha}{\beta}\left(1+\frac{3}{2}\left(\frac{\sqrt{2}\varepsilon\sinh\eta+\cosh\eta}{2\cosh^3\eta+\sqrt{2}\varepsilon\sinh\eta-3\cosh\eta}\right)^2\right),$$

$$(\omega^2 + \alpha)\gamma > 0,$$

$$u_{10}(x,t) = -\frac{\omega^2 + \alpha}{\beta}\left(1 + \frac{3}{2}\left(\frac{\sqrt{2}\varepsilon\cosh\eta + \sinh\eta}{2\sinh^3\eta - \sqrt{2}\varepsilon\cosh\eta + 3\sinh\eta}\right)^2\right),$$

$$(\omega^2 + \alpha)\gamma > 0,$$

$$u_{11}(x,t) = -\frac{\omega^2 + \alpha}{\beta}\left(1 - 3\left(\frac{\varepsilon\sin\zeta + \cos\zeta}{4\cos^3\zeta - \varepsilon\sin\zeta - 3\cos\zeta}\right)^2\right), \quad (\omega^2 + \alpha)\gamma < 0,$$

$$u_{12}(x,t) = -\frac{\omega^2 + \alpha}{\beta}\left(1 + 3\left(\frac{\varepsilon\cos\zeta - \sin\zeta}{4\sin^3\zeta + \varepsilon\cos\zeta - 3\sin\zeta}\right)^2\right), \quad (\omega^2 + \alpha)\gamma < 0,$$

其中 $\eta = \frac{1}{4}\sqrt{\frac{\omega^2 + \alpha}{\gamma}}(x - \omega t)$, $\zeta = \frac{1}{4}\sqrt{-\frac{\omega^2 + \alpha}{\gamma}}(x - \omega t)$.

例 4.8 试给出 Kadomtsev-Petviashvil (KP) 方程

$$u_{xt} + \alpha\left(u_x^2 + uu_{xx}\right) + \beta u_{xxxx} + \gamma u_{yy} = 0 \tag{4.144}$$

的 Weierstrass 椭圆函数解及其退化解, 其中 α, β, γ 为常数.

考虑 KP 方程的如下形式的行波解

$$u(x,y,t) = u(\xi), \quad \xi = x + ky - \omega t, \tag{4.145}$$

其中 k, ω 为常数.

将 (4.145) 代入 (4.144) 后积分两次并置积分常数为零, 则得到常微分方程

$$\beta u'' + \left(\gamma k^2 - \omega\right)u + \frac{\alpha}{2}u^2 = 0. \tag{4.146}$$

由于所选取的辅助方程为 (4.115), 故 $m = 4$. 因此, 如果假设 $O(u) = n$, 则由 (1.19) 可知 $O(u'') = n + 2$, $O(u^2) = 2n$, 从而平衡常数 $n = 2$. 于是可设方程 (4.146) 的截断形式级数解取下面形式

$$u(\xi) = a_0 + a_1 F(\xi) + a_2 F^2(\xi), \tag{4.147}$$

其中 a_i $(i = 0, 1, 2)$ 为待定常数, $F(\xi)$ 为方程 (4.115) 的某个 Weierstrass 椭圆函数解.

将 (4.147) 和 (4.115) 代入 (4.146), 并令 F^j $(j = 0, 1, 2, 3, 4)$ 的系数等于零,

则得到

$$
\begin{cases}
6\beta c_4 a_2 + \dfrac{1}{2}\alpha a_2^2 = 0, \\[2mm]
\gamma k^2 a_0 - \omega a_0 + \dfrac{1}{2}\alpha a_0^2 = 0, \\[2mm]
4\beta c_2 a_2 + \gamma k^2 a_2 - \omega a_2 + \alpha a_0 a_2 + \dfrac{1}{2}\alpha a_1^2 = 0, \\[2mm]
\alpha a_1 a_2 + 2\beta c_4 a_1 = 0, \\[2mm]
\gamma k^2 a_1 + \alpha a_0 a_1 + \beta c_2 a_1 - \omega a_1 = 0.
\end{cases}
$$

用 Maple 求得该代数方程组的两组解. 下面分情形讨论这两组解所确定的 KP 方程的 Weierstrass 椭圆函数解与退化解.

情形 1 代数方程组的第一组解为

$$
a_0 = 0, \quad a_1 = 0, \quad c_2 = -\frac{\gamma k^2 - \omega}{4\beta}, \quad c_4 = -\frac{\alpha a_2}{12\beta}. \tag{4.148}
$$

由 (4.117) 可以算出

$$
g_2 = \frac{(\gamma k^2 - \omega)^2}{192\beta^2}, \quad g_3 = \frac{(\gamma k^2 - \omega)^3}{13824\beta^3}. \tag{4.149}
$$

将 (4.148), (4.149) 和 (4.116) 中的前三个解一起代入 (4.147) 并借助变换 (4.145), 则得到 KP 方程的下列 Weierstrass 椭圆函数解

$$
u(x, y, t) = -\frac{3(\gamma k^2 - \omega)}{\alpha}\left(\frac{\gamma k^2 - \omega + 48\beta\wp(\xi, g_2, g_3)}{5(\gamma k^2 - \omega) - 48\beta\wp(\xi, g_2, g_3)}\right)^2, \tag{4.150}
$$

$$
u(x, y, t) = -\frac{108\beta}{\alpha}\left(\frac{\wp'(\xi, g_2, g_3)}{6\wp(\xi, g_2, g_3) - \dfrac{\gamma k^2 - \omega}{4\beta}}\right)^2, \tag{4.151}
$$

$$
u(x, y, t) = -\frac{3\beta}{\alpha}\left(\frac{3\sqrt{6}b\wp(\xi, g_2, g_3) - 18\sqrt{-b}\wp'(\xi, g_2, g_3) + \dfrac{\sqrt{6}b^2}{16}}{-12\sqrt{-3b}\wp(\xi, g_2, g_3) + 8\sqrt{2}\wp'(\xi, g_2, g_3) - \sqrt{3}\left(-\dfrac{b}{4}\right)^{\frac{3}{2}}}\right)^2,
$$

$$
b = \frac{\gamma k^2 - \omega}{\beta}, \quad (\gamma k^2 - \omega)\beta < 0, \tag{4.152}
$$

其中 $\xi = x + ky - \omega t$, g_2, g_3 由 (4.149) 式给定.

将 (1.68) 或 (1.69) 同 $\theta = c_2$ 一起代入 (4.150) 和 (4.151), 则得到 KP 方程的如下孤波解

$$u_1(x, y, t) = -\frac{3(\gamma k^2 - \omega)}{\alpha} \operatorname{sech}^2 \frac{1}{2} \sqrt{-\frac{\gamma k^2 - \omega}{\beta}} (x + ky - \omega t), \quad (\gamma k^2 - \omega)\beta < 0,$$

$$u_2(x, y, t) = \frac{3(\gamma k^2 - \omega)}{\alpha} \operatorname{csch}^2 \frac{1}{2} \sqrt{-\frac{\gamma k^2 - \omega}{\beta}} (x + ky - \omega t), \quad (\gamma k^2 - \omega)\beta < 0.$$

将 (1.70) 或 (1.71) 同 $\theta = c_2$ 一起代入 (4.150) 和 (4.151), 则得到 KP 方程的如下周期解

$$u_3(x, y, t) = -\frac{3(\gamma k^2 - \omega)}{\alpha} \sec^2 \frac{1}{2} \sqrt{\frac{\gamma k^2 - \omega}{\beta}} (x + ky - \omega t), \quad (\gamma k^2 - \omega)\beta > 0,$$

$$u_4(x, y, t) = -\frac{3(\gamma k^2 - \omega)}{\alpha} \csc^2 \frac{1}{2} \sqrt{\frac{\gamma k^2 - \omega}{\beta}} (x + ky - \omega t), \quad (\gamma k^2 - \omega)\beta > 0.$$

由于 (4.116) 的第三个解要求 $c_2 > 0$, 而将这个解转换为三角函数解的转换公式 (1.70) 和 (1.71) 中要求 $c_2 < 0$, 显然二者不能同时成立, 由此可知 (4.116) 的第三个解不能退化到三角函数解, 从而解 (4.152) 不能退化到 KP 方程的三角函数解. 于是将 (1.68) 和 (1.69) 同 $\theta = c_2$ 代入 (4.152), 则得到 KP 方程的如下孤波解

$$u_5(x, y, t) = \frac{3(\gamma k^2 - \omega)}{\alpha} \left(\frac{\sqrt{6} \cosh \eta - 3 \sinh \eta}{2\sqrt{3} \cosh^3 \eta - 4\sqrt{3} \cosh \eta - 3\sqrt{2} \sinh \eta} \right)^2,$$

$$u_6(x, y, t) = \frac{3(\gamma k^2 - \omega)}{\alpha} \left(\frac{\sqrt{6} \sinh \eta - 3 \cosh \eta}{2\sqrt{3} \sinh^3 \eta + 4\sqrt{3} \sinh \eta + 3\sqrt{2} \cosh \eta} \right)^2,$$

$$\eta = \frac{1}{4} \sqrt{-\frac{\gamma k^2 - \omega}{\beta}} (x + ky - \omega t), \quad (\gamma k^2 - \omega)\beta < 0.$$

由于 (4.116) 的第四和第五个解要求 $c_2 + c_4 > 0$, 所以这两个解满足条件 $c_2 + c_4 > 0$ 且 $c_2 > 0$ 时退化为双曲函数解, 而当 $c_2 + c_4 > 0$ 且 $c_2 < 0$ 时退化为三角函数解. 为简化计算且符合这两个条件, 任意常数 a_2 可分别取为

$$a_2 = \frac{3(\gamma k^2 - \omega)}{\alpha} \tag{4.153}$$

与

$$a_2 = -\frac{6(\gamma k^2 - \omega)}{\alpha}. \tag{4.154}$$

分别将 (4.153) 和 (4.154) 同 (4.148), (4.149) 与 (4.116) 的第四个解代入 (4.147) 并借助变换 (4.145), 则得到 KP 方程的 Weierstrass 椭圆函数解

$$u(x, y, t) = \frac{3(\gamma k^2 - \omega)}{\alpha}$$

$$\times \left(1 + \frac{\sqrt{-a}\wp'(\xi, g_2, g_3) - \dfrac{3a}{2}\left(\wp(\xi, g_2, g_3) + \dfrac{7(\gamma k^2 - \omega)}{48\beta} \right) + \dfrac{a^2}{2}}{2\left(\wp(\xi, g_2, g_3) + \dfrac{7(\gamma k^2 - \omega)}{48\beta} \right)^2 - \dfrac{a^2}{4}} \right)^2,$$

$$a = \frac{\gamma k^2 - \omega}{2\beta}, \quad (\gamma k^2 - \omega)\beta < 0, \quad \xi = x + ky - \omega t, \tag{4.155}$$

$$u(x, y, t) = -\frac{6(\gamma k^2 - \omega)}{\alpha}$$

$$\times \left(1 + \frac{\sqrt{b}\wp'(\xi, g_2, g_3) + 3b\left(\wp(\xi, g_2, g_3) - \dfrac{11(\gamma k^2 - \omega)}{48\beta} \right) + 2b^2}{2\left(\wp(\xi, g_2, g_3) - \dfrac{11(\gamma k^2 - \omega)}{48\beta} \right)^2 - b^2} \right)^2,$$

$$b = \frac{\gamma k^2 - \omega}{4\beta}, \quad (\gamma k^2 - \omega)\beta > 0, \quad \xi = x + ky - \omega t. \tag{4.156}$$

将 (1.68) 和 (1.69) 同 $\theta = c_2$ 代入 (4.155), 则得到 KP 方程的同一个孤波解

$$u_7(x, y, t) = \frac{3(\gamma k^2 - \omega)}{\alpha} \left(\frac{\sqrt{2}\sinh\eta\cosh\eta - \cosh\eta}{\sinh^2\eta - 1} \right)^2,$$

$$\eta = \frac{1}{2}\sqrt{-\frac{\gamma k^2 - \omega}{\beta}}(x + ky - \omega t), \quad (\gamma k^2 - \omega)\beta < 0.$$

同理, 将 (1.70) 和 (1.71) 同 $\theta = c_2$ 代入 (4.156), 则得到 KP 方程的同一个周期解

$$u_8(x, y, t) = -\frac{6(\gamma k^2 - \omega)}{\alpha} \left(\frac{\cos\zeta - \sin\zeta}{2\sin^2\zeta - 1} \right)^2,$$

$$\zeta = \frac{1}{2}\sqrt{\frac{\gamma k^2 - \omega}{\beta}}(x + ky - \omega t), \quad (\gamma k^2 - \omega)\beta > 0.$$

分别将 (4.153) 和 (4.154) 同 (4.148), (4.149) 与 (4.116) 的第五个解代入 (4.147) 并借助变换 (4.145), 则得到 KP 方程的 Weierstrass 椭圆函数解

$$u(x,y,t) = \frac{3(\gamma k^2 - \omega)}{\alpha} \left(\frac{6a\wp(\xi,g_2,g_3) + 12\varepsilon\sqrt{-a}\wp'(\xi,g_2,g_3) + \frac{a^2}{4}}{-18a\wp(\xi,g_2,g_3) + 12\varepsilon\sqrt{-a}\wp'(\xi,g_2,g_3) + \frac{3a^2}{4}} \right)^2,$$

$$a = \frac{\gamma k^2 - \omega}{2\beta}, \quad (\gamma k^2 - \omega)\beta < 0, \quad \xi = x + ky - \omega t. \tag{4.157}$$

$$u(x,y,t) = -\frac{6(\gamma k^2 - \omega)}{\alpha} \left(\frac{6b\wp(\xi,g_2,g_3) + 3\varepsilon\sqrt{8b}\wp'(\xi,g_2,g_3) + \frac{b^2}{4}}{18b\wp(\xi,g_2,g_3) + 3\varepsilon\sqrt{8b}\wp'(\xi,g_2,g_3) - \frac{9b^2}{4}} \right)^2,$$

$$b = \frac{\gamma k^2 - \omega}{2\beta}, \quad (\gamma k^2 - \omega)\beta > 0, \quad \xi = x + ky - \omega t. \tag{4.158}$$

将 (1.68) 和 (1.69) 同 $\theta = c_2$ 代入 (4.157), 则得到 KP 方程的孤波解

$$u_9(x,y,t) = \frac{3(\gamma k^2 - \omega)}{\alpha} \left(\frac{\varepsilon\sqrt{2}\sinh\eta + \cosh\eta}{\varepsilon\sqrt{2}\sinh\eta + 2\cosh^3\eta - 3\cosh\eta} \right)^2,$$

$$u_{10}(x,y,t) = \frac{3(\gamma k^2 - \omega)}{\alpha} \left(\frac{\varepsilon\sqrt{2}\cosh\eta + \sinh\eta}{\varepsilon\sqrt{2}\cosh\eta - 2\sinh^3\eta - 3\sinh\eta} \right)^2,$$

$$\eta = \frac{1}{4}\sqrt{-\frac{\gamma k^2 - \omega}{\beta}}(x + ky - \omega t), \quad (\gamma k^2 - \omega)\beta < 0.$$

将 (1.70) 和 (1.71) 同 $\theta = c_2$ 代入 (4.158), 则得到 KP 方程的周期解

$$u_{11}(x,y,t) = -\frac{6(\gamma k^2 - \omega)}{\alpha} \left(\frac{\varepsilon\sin\zeta + \cos\zeta}{4\cos^3\zeta - \varepsilon\sin\zeta - 3\cos\zeta} \right)^2,$$

$$u_{12}(x,y,t) = -\frac{6(\gamma k^2 - \omega)}{\alpha} \left(\frac{\varepsilon\cos\zeta - \sin\zeta}{4\sin^3\zeta - \varepsilon\cos\zeta - 3\sin\zeta} \right)^2,$$

$$\zeta = \frac{1}{4}\sqrt{\frac{\gamma k^2 - \omega}{\beta}}(x + ky - \omega t), \quad (\gamma k^2 - \omega)\beta > 0.$$

情形 2　代数方程组的第二组解为

$$a_0 = -\frac{2(\gamma k^2 - \omega)}{\alpha}, \quad a_1 = 0, \quad c_2 = \frac{\gamma k^2 - \omega}{4\beta}, \quad c_4 = -\frac{\alpha a_2}{12\beta}. \tag{4.159}$$

由 (4.117) 可以算出

$$g_2 = \frac{(\gamma k^2 - \omega)^2}{192\beta^2}, \quad g_3 = -\frac{(\gamma k^2 - \omega)^3}{13824\beta^3}. \tag{4.160}$$

将 (4.159), (4.160) 和 (4.116) 中的前三个解一起代入 (4.147) 并借助变换 (4.145), 则得到 KP 方程的下列 Weierstrass 椭圆函数解

$$u(x, y, t) = -\frac{2(\gamma k^2 - \omega)}{\alpha} + \frac{3(\gamma k^2 - \omega)}{\alpha}\left(\frac{\gamma k^2 - \omega + 48\beta\wp(\xi, g_2, g_3)}{5(\gamma k^2 - \omega) + 48\beta\wp(\xi, g_2, g_3)}\right)^2,$$

$$\tag{4.161}$$

$$u(x, y, t) = -\frac{2(\gamma k^2 - \omega)}{\alpha} - \frac{108\beta}{\alpha}\left(\frac{\wp'(\xi, g_2, g_3)}{6\wp(\xi, g_2, g_3) + \dfrac{\gamma k^2 - \omega}{4\beta}}\right)^2, \tag{4.162}$$

$$u(x, y, t) = -\frac{3\beta}{\alpha}\left(\frac{3\sqrt{6}a\wp(\xi, g_2, g_3) + 18\sqrt{a}\wp'(\xi, g_2, g_3) - \dfrac{\sqrt{6}a^2}{16}}{12\sqrt{3a}\wp(\xi, g_2, g_3) - 18\sqrt{2}\wp'(\xi, g_2, g_3) + \dfrac{\sqrt{12}a^{\frac{3}{2}}}{16}}\right)^2$$

$$-\frac{2(\gamma k^2 - \omega)}{\alpha}, \quad a = \frac{\gamma k^2 - \omega}{\beta}, \quad (\gamma k^2 - \omega)\beta > 0, \tag{4.163}$$

其中 $\xi = x + ky - \omega t$, g_2, g_3 由 (4.160) 式给定.

将 (1.68) 或 (1.69) 同 $\theta = c_2$ 一起代入 (4.161) 和 (4.162), 则得到 KP 方程的如下孤波解

$$u_1(x, y, t) = -\frac{\gamma k^2 - \omega}{\alpha}\left(2 - 3\operatorname{sech}^2 \frac{1}{2}\sqrt{\frac{\gamma k^2 - \omega}{\beta}}(x + ky - \omega t)\right), \quad (\gamma k^2 - \omega)\beta > 0,$$

$$u_2(x, y, t) = -\frac{\gamma k^2 - \omega}{\alpha}\left(2 + 3\operatorname{csch}^2 \frac{1}{2}\sqrt{\frac{\gamma k^2 - \omega}{\beta}}(x + ky - \omega t)\right), \quad (\gamma k^2 - \omega)\beta > 0.$$

将 (1.70) 或 (1.71) 同 $\theta = c_2$ 一起代入 (4.161) 和 (4.162), 则得到 KP 方程的如下周期解

$$u_3(x, t) = -\frac{\gamma k^2 - \omega}{\alpha}\left(2 - 3\sec^2 \frac{1}{2}\sqrt{-\frac{\gamma k^2 - \omega}{\beta}}(x + ky - \omega t)\right), \quad (\gamma k^2 - \omega)\beta < 0,$$

$$u_4(x,t) = -\frac{\gamma k^2 - \omega}{\alpha}\left(2 - 3\csc^2\frac{1}{2}\sqrt{-\frac{\gamma k^2 - \omega}{\beta}}(x+ky-\omega t)\right), \quad (\gamma k^2 - \omega)\beta < 0.$$

与情形 1 一样, (4.163) 不能退化到 KP 方程的三角函数解. 于是将 (1.68) 和 (1.69) 同 $\theta = c_2$ 代入 (4.163), 则得到 KP 方程的如下孤波解

$$u_5(x,y,t) = -\frac{\gamma k^2 - \omega}{\alpha}\left(2 + 3\left(\frac{\sqrt{6}\cosh\eta - 3\sinh\eta}{2\sqrt{3}\cosh^3\eta - 4\sqrt{3}\cosh\eta - 3\sqrt{2}\sinh\eta}\right)^2\right),$$

$$u_6(x,y,t) = -\frac{\gamma k^2 - \omega}{\alpha}\left(2 + 3\left(\frac{\sqrt{6}\sinh\eta - 3\cosh\eta}{2\sqrt{3}\sinh^3\eta + 4\sqrt{3}\sinh\eta + 3\sqrt{2}\cosh\eta}\right)^2\right),$$

$$\eta = \frac{1}{4}\sqrt{\frac{\gamma k^2 - \omega}{\beta}}(x + ky - \omega t), \quad (\gamma k^2 - \omega)\beta > 0.$$

与情形 1 相仿, 当 (4.116) 的第四和第五个解满足条件 $c_2 + c_4 > 0$ 且 $c_2 > 0$ 时退化为双曲函数解, 而当 $c_2 + c_4 > 0$ 且 $c_2 < 0$ 时退化为三角函数解. 将任意常数 a_2 分别取为

$$a_2 = -\frac{3(\gamma k^2 - \omega)}{\alpha} \tag{4.164}$$

与

$$a_2 = \frac{6(\gamma k^2 - \omega)}{\alpha}. \tag{4.165}$$

分别将 (4.164) 和 (4.165) 同 (4.159), (4.160) 与 (4.116) 的第四个解代入 (4.147) 并借助变换 (4.145), 则得到 KP 方程的 Weierstrass 椭圆函数解

$$u(x,y,t) = -\frac{3(\gamma k^2 - \omega)}{\alpha}$$

$$\times \left(1 + \frac{\sqrt{a}\wp'(\xi,g_2,g_3) + \frac{3a}{2}\left(\wp(\xi,g_2,g_3) - \frac{7(\gamma k^2 - \omega)}{48\beta}\right) + \frac{a^2}{2}}{2\left(\wp(\xi,g_2,g_3) - \frac{7(\gamma k^2 - \omega)}{48\beta}\right)^2 - \frac{a^2}{4}}\right)^2$$

$$-\frac{2(\gamma k^2 - \omega)}{\alpha},$$

$$a = \frac{\gamma k^2 - \omega}{2\beta}, \quad (\gamma k^2 - \omega)\beta > 0, \quad \xi = x + ky - \omega t, \tag{4.166}$$

$$u(x,y,t) = \frac{6(\gamma k^2 - \omega)}{\alpha}$$

$$\times \left(1 + \frac{\sqrt{-b}\wp'(\xi, g_2, g_3) - 3b\left(\wp(\xi, g_2, g_3) + \dfrac{11(\gamma k^2 - \omega)}{48\beta}\right) + 2b^2}{2\left(\wp(\xi, g_2, g_3) + \dfrac{11(\gamma k^2 - \omega)}{48\beta}\right)^2 - b^2} \right)^2$$

$$- \frac{2(\gamma k^2 - \omega)}{\alpha},$$

$$b = \frac{\gamma k^2 - \omega}{4\beta}, \quad (\gamma k^2 - \omega)\beta < 0, \quad \xi = x + ky - \omega t. \tag{4.167}$$

将 (1.68) 和 (1.69) 同 $\theta = c_2$ 代入 (4.166), 则得到 KP 方程的同一个孤波解

$$u_7(x,y,t) = -\frac{\gamma k^2 - \omega}{\alpha}\left(2 + 3\left(\frac{\sqrt{2}\sinh\eta - \cosh\eta}{\cosh^2\eta - 2}\right)^2 \right),$$

$$\eta = \frac{1}{2}\sqrt{\frac{\gamma k^2 - \omega}{\beta}}(x + ky - \omega t), \quad (\gamma k^2 - \omega)\beta > 0.$$

同理, 将 (1.70) 和 (1.71) 同 $\theta = c_2$ 代入 (4.167), 则得到 KP 方程的同一个周期解

$$u_8(x,y,t) = -\frac{2(\gamma k^2 - \omega)}{\alpha}\left(1 - 3\left(\frac{\cos\zeta - 2\sin\zeta}{2\cos^2\zeta - 1}\right)^2 \right),$$

$$\zeta = \frac{1}{2}\sqrt{-\frac{\gamma k^2 - \omega}{\beta}}(x + ky - \omega t), \quad (\gamma k^2 - \omega)\beta < 0.$$

分别将 (4.164) 和 (4.165) 同 (4.159), (4.160) 与 (4.116) 的第五个解代入 (4.147) 并借助变换 (4.145), 则得到 KP 方程的 Weierstrass 椭圆函数解

$$u(x,y,t) = -\frac{3(\gamma k^2 - \omega)}{\alpha}\left(\frac{-6a\wp(\xi, g_2, g_3) + 12\varepsilon\sqrt{a}\wp'(\xi, g_2, g_3) + \dfrac{a^2}{4}}{18a\wp(\xi, g_2, g_3) + 12\varepsilon\sqrt{a}\wp'(\xi, g_2, g_3) + \dfrac{3a^2}{4}} \right)^2$$

$$- \frac{2(\gamma k^2 - \omega)}{\alpha}, \tag{4.168}$$

$$a = \frac{\gamma k^2 - \omega}{2\beta}, \quad (\gamma k^2 - \omega)\beta > 0, \quad \xi = x + ky - \omega t.$$

$$u(x,y,t) = \frac{6(\gamma k^2 - \omega)}{\alpha} \left(\frac{-6b\wp(\xi, g_2, g_3) + 12\varepsilon\sqrt{-\frac{b}{2}}\wp'(\xi, g_2, g_3) + \frac{b^2}{4}}{-18b\wp(\xi, g_2, g_3) + 12\varepsilon\sqrt{-\frac{b}{2}}\wp'(\xi, g_2, g_3) - \frac{9b^2}{4}} \right)^2$$

$$- \frac{2(\gamma k^2 - \omega)}{\alpha},$$

$$b = \frac{\gamma k^2 - \omega}{2\beta}, \quad (\gamma k^2 - \omega)\beta < 0, \quad \xi = x + ky - \omega t. \tag{4.169}$$

将 (1.68) 和 (1.69) 同 $\theta = c_2$ 代入 (4.168), 则得到 KP 方程的孤波解

$$u_9(x,y,t) = -\frac{\gamma k^2 - \omega}{\alpha} \left(2 + 3 \left(\frac{\sqrt{2}\varepsilon \sinh \eta + \cosh \eta}{\sqrt{2}\varepsilon \sinh \eta + 2\cosh^3 \eta - 3\cosh \eta} \right)^2 \right),$$

$$u_{10}(x,y,t) = -\frac{\gamma k^2 - \omega}{\alpha} \left(2 + 3 \left(\frac{\sqrt{2}\varepsilon \cosh \eta + \sinh \eta}{\sqrt{2}\varepsilon \cosh \eta - 2\sinh^3 \eta - 3\sinh \eta} \right)^2 \right),$$

$$\eta = \frac{1}{4}\sqrt{\frac{\gamma k^2 - \omega}{\beta}}(x + ky - \omega t), \quad (\gamma k^2 - \omega)\beta > 0.$$

将 (1.70) 和 (1.71) 同 $\theta = c_2$ 代入 (4.169), 则得到 KP 方程的周期解

$$u_{11}(x,y,t) = -\frac{2(\gamma k^2 - \omega)}{\alpha} \left(1 - 3 \left(\frac{\varepsilon \sin \zeta + \cos \zeta}{4\cos^3 \zeta - \varepsilon \sin \zeta - 3\cos \zeta} \right)^2 \right),$$

$$u_{12}(x,y,t) = -\frac{2(\gamma k^2 - \omega)}{\alpha} \left(1 - 3 \left(\frac{\varepsilon \cos \zeta - \sin \zeta}{4\sin^3 \zeta + \varepsilon \cos \zeta - 3\sin \zeta} \right)^2 \right),$$

$$\zeta = \frac{1}{4}\sqrt{-\frac{\gamma k^2 - \omega}{\beta}}(x + ky - \omega t), \quad (\gamma k^2 - \omega)\beta < 0.$$

参 考 文 献

[1] 斯仁道尔吉. 非线性波方程的行波解——辅助方程法理论与应用. 北京: 科学出版社, 2019.

[2] Weierstrass K. Mathematische Werke V. New York: Johnson, 1915.

[3] Whittaker E T, Watson G N. A Course of Modern Analysis. Cambridge: Cambridge University Press, 1927.

[4] Abramowitz M, Stegun I A. Handbook of Mathematical Functions. New York: Dover Publications, Inc., 1972.

[5] Nickel J, Schürmann H W. Comment on "exact solutions of the derivative nonlinear Schrödinger equation for a nonlinear transmission line". Phys. Rev. E, 2007, 75: 038601.

[6] 杜兴华. 非线性数学物理方程的精确解. 哈尔滨: 哈尔滨工程大学出版社, 2010.

[7] Sirendaoreji, Sun J. Auxiliary equation method for solving nonlinear partial differential equations. Phys. Lett. A, 2003, 309(5-6): 387-396.